>>> 赵兰英 雷世俊 编著

果树
嫁接技术 全图解

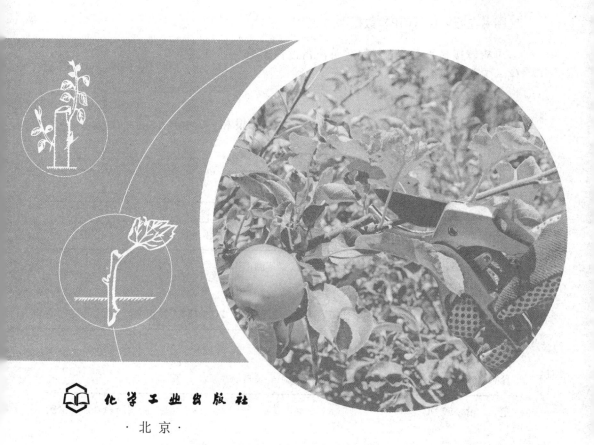

化学工业出版社
·北京·

内容提要

《果树嫁接技术全图解》全面、系统地介绍了果树嫁接的知识、理论和技术。包括与嫁接有关的果树基础知识，嫁接基本知识，嫁接的时期、砧木、接穗、工具和用品、方法，嫁接在果树育苗、果园改造、提高果品产量和质量、恢复树势、果树盆栽、果树育种等方面的具体应用。本书以图文结合的方式详细介绍了3大类常用果树砧木嫁接苗培育方法与管理技术、25种果树嫁接方法以及13种常见果树高接换头更新品种技术。可供果树生产企业、广大果农和果树爱好者学习使用，也可供果树技术人员、果树及园艺专业师生和果树科研人员阅读参考。

图书在版编目（CIP）数据

果树嫁接技术全图解/赵兰英，雷世俊编著. —北京：化学工业出版社，2020.10
ISBN 978-7-122-37522-3

Ⅰ.①果… Ⅱ.①赵…②雷… Ⅲ.①果树-嫁接-图解 Ⅳ.①S660.4-64

中国版本图书馆CIP数据核字（2020）第148801号

责任编辑：李　丽　　　　　　　　　　加工编辑：孙高洁
责任校对：王素芹　　　　　　　　　　装帧设计：刘丽华

出版发行：化学工业出版社（北京市东城区青年湖南街13号　邮政编码100011）
印　　刷：三河市航远印刷有限公司
装　　订：三河市宇新装订厂
710mm×1000mm　1/16　印张15　字数269千字　2020年11月北京第1版第1次印刷

购书咨询：010-64518888　　　　　　　售后服务：010-64518899
网　　址：http://www.cip.com.cn
凡购买本书，如有缺损质量问题，本社销售中心负责调换。

定　　价：59.90元

前言

　　嫁接是植物无性繁殖的一种方法，是果树生产的一项重要技术。嫁接技术在果树育苗、果园改造、提高果品产量和质量、果树盆栽、果树育种等方面发挥着重要作用。为了帮助读者了解嫁接基本知识、掌握果树嫁接技术，我们编著了这本《果树嫁接技术全图解》，以推动果树科技的推广普及，为我国果树产业的发展做出贡献。

　　本书内容在人们已经习惯的本学科内容的大框架下，分六章全面系统地介绍了与嫁接有关的果树基础知识、嫁接基本知识、嫁接的各个技术环节、嫁接在果树上的应用等内容，循序渐进，深入浅出，理论讲透，技术说精说全；在内容选材上力图将传统技术与高新技术有机结合，充分挖掘我国优秀的传统技术，大量介绍最新科研生产成果和技术。在编写形式上采用图文结合，让读者看得懂、易理解、学得会、易掌握、用得上、易操作。

　　本书在编写过程中，查阅了大量文献资料，参考了多本同类图书，采众家所长，并得到有关专家、同行、同事的大力支持，在此一并致谢。我们已经出版果树方面的图书13部，涉及果树生产、果树新品种、果树设施栽培、苹果栽培、梨栽培、葡萄栽培、草莓栽培等方面，受到广大读者的认可和好评，有的连续再版，在此非常感谢读者的厚爱，感谢出版社的大力支持。能够通过图书传播技术和知识，为我国的果树科技推广贡献一份力量，我们倍感欣慰。我们会不忘初心，继续努力，为社会和读者奉献更多更好的作品。

　　诚恳欢迎广大读者、同行和有关专家对书中不足与错误之处，提出批评、指正和建议。

潍坊职业学院　赵兰英　雷世俊

2020年5月于山东潍坊

目录

第三章　果树各类砧木嫁接苗的培育方法与管理

第四章　果树根接育苗与子苗嫁接育苗

第五章　主要果树高接换头更新品种

第六章　果树嫁接的应用

参考文献

果树及嫁接的基础知识

第一节　果树基础知识

一、果树的概念

果树是能够生产供人类食用的果实或种子及其衍生物（砧木等）的多年生植物的总称。

果树多数是木本植物，如苹果、葡萄、柑橘等；少数为草本，如香蕉、菠萝、草莓等。食用果实的果树，如桃、杏、樱桃等；食用种子的果树，如核桃、板栗等。砧木是指嫁接时承受品种接穗的植株，如山定子、杜梨等的果实不堪食用，但山定子可以作为砧木嫁接苹果，杜梨可以作为砧木嫁接梨，它们也属于果树。果树绝大多数为被子植物；少数为裸子植物，如银杏、果松等。

果树是园艺植物，园艺植物是一类供人类食用或观赏的植物。狭义地讲，园艺植物包括果树、蔬菜、花卉；广义地讲，园艺植物还包括西瓜、甜瓜、茶树、芳香植物、药用植物和食用菌。园艺植物既有乔木、灌木、藤本，也有一、二年生及多年生草本，还有许多真菌和藻类植物（如蘑菇、木耳、紫菜、海带等），资源十分丰富，种类极其繁多。果树嫁接技术大部分也适用于其他园艺植物，尤其是观赏植物。

二、果树的种类

果树种类繁多，全世界主要果树（包括栽培、半栽培和野生果树）分属于134科、659属、2972种，另有变种110个。我国有果树59科、158属、

670余种。这是按照植物分类学分类的。分类系统通常包括七个主要级别：界、门、纲、目、科、属、种。例如，植物界—被子植物门—双子叶植物纲—蔷薇目—蔷薇科，蔷薇科包括苹果属、梨属、桃属、樱桃属、山楂属、草莓属等，其中苹果属包括苹果、海棠果、新疆野苹果、山定子、西府海棠等种。

"种"是植物学分类的基本单位。一个果树树种是指形态结构基本相同，个体间能够进行有性生殖，遗传特性相对稳定，在一定环境条件下生存的果树群体。例如苹果、梨、葡萄、桃等。

"品种"是指来源于同一祖先，遗传性状稳定一致，具有人类需要的经济性状，能满足人们生产目的的栽培植物群体。例如富士是苹果品种，莱阳梨是梨品种，肥城桃是桃品种等。

生产上一般根据果树生物学特性进行分类。

1.根据冬季叶幕特性分类

根据冬季叶幕特性分为落叶果树和常绿果树。

（1）落叶果树　秋季集中落叶的为落叶果树，如苹果、沙果、梨、桃、梅、李、杏、樱桃、山楂、核桃、板栗、枣、葡萄等。

（2）常绿果树　不集中落叶，树上常年有叶的为常绿果树，如柑橘、荔枝、龙眼、杨梅、橄榄等。

落叶果树一般生长在我国北方，常绿果树一般生长在我国南方，就有了"北方落叶果树""南方常绿果树"的说法。其实南方也有落叶果树，尤其在云贵高原常绿落叶果树混交带，落叶果树、常绿果树都有；有些常绿果树北方也有栽培，尤其是柑橘类，现在常绿果树设施栽培在北方已相当普遍。常绿果树、落叶果树一般是通过嫁接来进行繁殖的。

2.根据植株形态特性分类

根据植株形态特性分为木本果树和草本果树，木本果树包括乔木果树、灌木果树、蔓性果树。嫁接在木本果树上进行。

（1）乔木果树　多年生木本，高2m以上，具明显的主干。果树绝大部分是乔木果树，如苹果、梨、桃、柑橘、荔枝等。

（2）灌木果树　多年生木本，无明显的主干。从地面开始分枝，呈丛生状，高度0.5～3m。灌木果树种类不多，如榛子、醋栗、长叶金柑等。

（3）蔓性果树　也叫藤本果树，具有细长的蔓生茎，依靠其他植物或支架而攀缘生长，如葡萄、猕猴桃等。

（4）草本果树　多年生，无木质茎，具草本植物形态。我国北方主要有草莓，南方主要有香蕉、凤梨等。

3.根据果实含水量分类

果树的产品是果实，根据果实含水量分为水果和干果。

（1）水果　果实含水分较多。如苹果、梨、葡萄、桃、香蕉、柑橘等。新鲜水果的含水量达90%。

（2）干果　果实含水分较少，一般含有较多的糖、脂肪、蛋白质等。如核桃、板栗等。核桃含17%的蛋白质和67%～70%的脂肪，板栗含淀粉50%～65%，干枣含碳水化合物50%～87%。

苹果、梨、葡萄、桃为我国北方"四大水果"，我国北方"四大干果"为核桃、板栗、柿、枣。"四大水果"和"四大干果"称谓的由来主要是这些树种种植面积比较大，果品产量比较高。但有些果实既可作水果又可作干果，例如柿，新鲜柿是水果，柿饼是干果；枣作为干果主要是干枣，冬枣、梨枣作为水果也很有名。

4.根据果树生态适应性分类

根据果树生态适应性分为寒带果树、温带果树、亚热带果树、热带果树。这是按照地球气候带划分的。

（1）寒带果树　顾名思义是指分布在寒带的果树，能抗-40～-50℃低温。如山葡萄、山定子、秋子梨、蒙古杏、榛、树莓等。我国寒带果树主要分布在东北地区。

（2）温带果树　指适应温带气候的果树，秋冬季节落叶。如苹果、沙果、梨、葡萄、桃、梅、李、杏、樱桃、核桃、板栗、柿、枣、山楂等。

（3）亚热带果树　指分布在亚热带的果树，适应亚热带气候，这些果树需要短时间冷凉气候，以促进花芽形成。亚热带果树有落叶果树，也有常绿果树。落叶果树如扁桃、猕猴桃、石榴、无花果等，常绿果树如柑橘、荔枝、龙眼、杨梅、枇杷、橄榄等。

（4）热带果树　指原产于热带地区的果树。有一般热带果树和纯热带果树之分，一般热带果树如番荔枝、人心果、番木瓜、香蕉、菠萝等；纯热带果树如榴莲、山竹、面包果、可可、槟榔等。

5.根据果实构造分类

根据果实构造分为仁果类、核果类、浆果类、坚果类、柑果类。

（1）仁果类　果实由子房和花托共同发育而成，为假果。果实的外层是肉质化的花托，占果实的绝大部分；内果皮革质或骨质化，内有多个种仁；花托和内果皮之间为肉质化的外果皮、中果皮。食用部分主要是花托，其次为外果皮、中果皮（图1-1）。果实大多耐贮运，鲜果供应期长。如苹果、沙

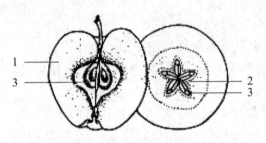

图1-1　苹果果实构造

1—花托部分；2—外果皮、中果皮；3—内果皮

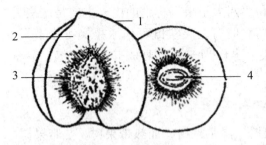

图1-2　桃果实构造

1—外果皮；2—中果皮；3—内果皮；4—种子

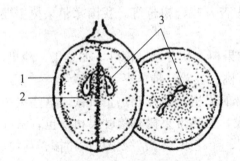

图1-3　葡萄果实构造

1—外果皮；2—中果皮；3—内果皮

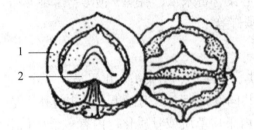

图1-4　核桃果实构造

1—内果皮；2—种子

果（花红）、海棠果、梨、山楂、木瓜等。

（2）核果类　果实由子房发育而成，为真果。所谓真果，是指果实由子房发育而成，子房的外壁、中壁、内壁分别发育为果实的外果皮、中果皮、内果皮，不是由子房发育而成的果实就是假果。核果类外果皮很薄，中果皮肉质化，内果皮木质化成为坚硬的核，核内有种子（图1-2）。食用部分为中果皮。果实不耐贮运。如桃、梅、李、杏、樱桃、枣等。

（3）浆果类　浆果类的果实柔软多汁，果实构造树种间差异很大，如葡萄、柿、猕猴桃、草莓、树莓、醋栗等。以葡萄为例，果实由子房发育而成，外果皮膜质，中果皮柔软多汁，内果皮变为分离的浆状细胞围绕在种子附近（图1-3）。食用部分为中果皮、内果皮。浆果类的果实富有汁液，大都不耐贮运。

（4）坚果类　坚果类是真果，果实外面多具有坚硬的外壳，壳内有种子，种子富含脂肪、淀粉、蛋白质。食用部分多为种子（图1-4）。坚果类果实含水分少，极耐贮运。如核桃、山核桃、长山核桃、板栗、榛、银杏、香榧等。

（5）柑果类　果实由子房发育而成，外果皮革质具有油泡，中果皮白色海绵状，内果皮发育为多汁的囊瓣。食用部分为内果皮囊瓣（图1-5）。果实大多耐贮运，鲜果供应期长。如柑、橘、橙、柚、柠檬、葡萄柚等。

6.综合分类

果树生产上按照生物学特性相似、栽培管理措施相近的原则，将各种分类方法综合进行归类。首先分为木本果树和草本果树，果树绝大部分为木本的。再按照树性、果实特点进行归类。主要类别及包含果树种类见表1-1。

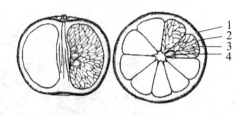

图1-5　柑橘果实构造

1—外果皮；2—中果皮（海绵层）；
3—囊瓣（内果皮）；4—子叶

表1-1　果树综合分类

木本果树	木本落叶果树	仁果类	属于蔷薇科，包括苹果、梨、山楂、木瓜等
		核果类	多数属于蔷薇科，包括桃、李、杏、梅、樱桃和枣等
		浆果类	包括葡萄、猕猴桃、柿、君迁子、石榴、无花果、树莓、醋栗、穗醋栗等
		坚果类	包括板栗、核桃、榛、银杏等
	木本常绿果树	柑果类	属于芸香科柑橘属植物，包括柑、橘、橙、柚等
		其他	包括龙眼、荔枝、枇杷、杨梅、橄榄、椰子、香榧、芒果、油梨等
草本果树	草本果树	乔生草本	包括香蕉、椰子、番木瓜等，均属于热带果树
		矮生草本	包括菠萝、草莓等

三、果树的树体结构及枝芽类型

1.树体组成

果树属于种子植物，由根、茎、叶、花、果实和种子组成。果树树体分为地上部和地下部两部分。地下部为根系，根系由主根、各级侧根、须根组成。地上部包括主干和树冠，茎反复分枝组成树冠，树冠包括中心干、主枝、侧枝、非骨干枝、叶片（图1-6）。果树高接换头要明确树体组成，根据具体树形来改造树体。

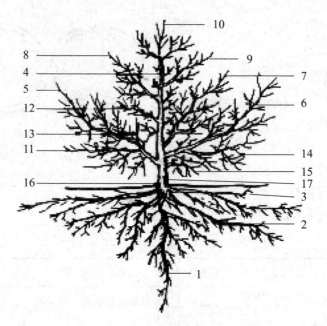

图1-6 果树树体结构

1—主根；2—侧根；3—须根；4—中心干；5～9—第1、第2、第3、第4、第5主枝；

10—中心干延长枝；11—侧枝；12—辅养枝；13—徒长枝；14—枝组；

15—裙枝；16—根颈；17—主干

（1）根颈 地上部和地下部的交界处称为根颈。根颈部位温度变化大，又是冬季休眠与不休眠器官交接处，容易受害。有的嫁接在根颈进行，便于埋土保湿保温。

（2）主干 主干指根颈到第一主枝之间的部分。木本果树除少数呈丛状外，都有主干。主干如果进行嫁接更换品种，一般采用多头枝接。

（3）中心干 树冠中央直立生长的永久性大枝为中心干，亦称中央领导干。

（4）树干 是指树体的中轴，包括主干和中心干。

（5）主枝 着生在中心干上的永久性分枝称为主枝，蔓性果树的主枝称为主蔓。

（6）侧枝 着生在主枝上的永久性分枝称为侧枝，侧枝上的主要分枝称为副侧枝。

（7）骨干枝 指中心干、主枝和侧枝构成地上部（树冠）骨架的永久性枝。果树高接换头一般在骨干枝上进行，长成新的主枝、侧枝，形成新的树冠。

（8）延长枝 骨干枝先端的一年生枝称为延长枝。

（9）非骨干枝　着生在骨干枝上的非永久性分枝。

（10）枝组　指着生在各级骨干枝上、有两个以上分枝的小枝群。枝组也称结果枝组，是果树构成树冠和叶幕，以及生长结果的基本单位。

（11）叶幕　指树冠所着生叶片的总体，即全部叶片构成叶幕。

（12）主根　种子的胚根垂直向下生长形成的初生根为主根。

（13）侧根　主根上产生的各级较粗的分枝为侧根。

（14）骨干根　主根和各级侧根构成根系的骨架，称为骨干根。

（15）须根　主根和各级侧根上着生的细小根统称为须根。

2.芽的类型

果树的芽是枝、叶或花的雏体，是枝、花形成过程中的临时器官。芽萌发及开花结果后形成新梢。

果树芽的种类很多。由于分类方法不同，同一个芽可以有多个名称。生产上应用较多的分类方法有以下几种（图1-7）。

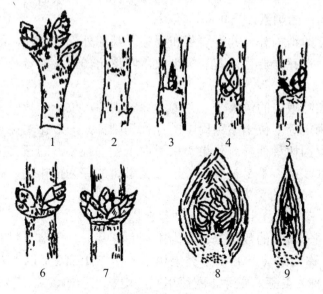

图1-7　桃的芽

1—短果枝上的单芽（从左到右依次为花芽、叶芽、花芽、花芽，叶芽为顶芽，其余为侧芽，2～7均为侧芽）；2—隐芽；3—单叶芽；4—单花芽；5—复芽（左叶芽为主芽，右花芽为副芽）；6—复芽（中间叶芽为主芽，两边花芽为副芽）；7—复芽（全为花芽，中间花芽为主芽，两边花芽为副芽）；8—花芽剖面；9—叶芽剖面

（1）按着生位置分　分为顶芽和侧芽。位于枝条顶端的芽称为顶芽；侧面叶腋间的芽称为侧芽，也称为腋芽。还有定芽、不定芽之分，顶芽、侧芽

在枝条上按一定位置发生，称为定芽；无一定位置发生的芽，以及根上发生的芽，称为不定芽。嫁接接穗一般采用侧芽。

（2）按性质分　分为叶芽和花芽。具有雏梢和叶原始体，萌发后形成新梢的芽叫叶芽；包含有花器官，萌发后开花的芽叫花芽。花芽又分为纯花芽和混合花芽。纯花芽内只有花的原始体，萌发后只开花结果而不长枝叶，如桃、李、杏、樱桃等核果类果树的花芽；混合花芽内既有枝、叶原始体，又有花的原始体，萌发后先长一段新梢，再在新梢上开花结果。多数落叶果树的花芽是混合花芽，如苹果、梨、山楂、柿、枣、板栗、核桃、葡萄等。顶芽是花芽的叫顶花芽，侧（腋）芽是花芽的叫侧（腋）花芽。嫁接一般采用叶芽、混合花芽，萌发后长成新的枝条和植株；特殊情况下嫁接纯花芽。

（3）按萌发时间分　分为早熟性芽、晚熟性芽和潜伏性芽。当年形成当年萌发的芽称为早熟性芽；果树的大多数芽为当年形成第二年萌发，称为晚熟性芽；形成后在第二年不萌发的芽称为潜伏芽。晚熟性芽、潜伏芽受到刺激可以早发。苹果等果树的芽，多数为晚熟性芽，形成后第二年萌发，但嫁接后经过对伤口的刺激，当年即可萌发。

（4）按芽的结构分　分为鳞芽和裸芽。鳞芽外部有鳞片，绝大部分落叶果树为鳞芽；裸芽内器官裸露，极少数落叶果树如核桃的雄花芽、葡萄的夏芽为裸芽。

（5）按在叶腋内的位置分　分为主芽和副芽。位于叶腋中央较大而发育充实的芽称为主芽；位于主芽周围的芽称为副芽，一般比主芽小。主芽和副芽的排列位置因树种而异。仁果类果树由于副芽很小，隐藏在主芽基部的芽鳞内，呈休眠状态，不易被看到。核果类果树的芽为横排列，副芽在主芽两侧，很明显。核桃的芽为竖排列，副芽在主芽下方，1～2个。葡萄的主芽和副芽在同一芽内，主芽在中央，副芽在周围。

（6）按同一节上的数量分　分为主芽和复芽。一个节上只有一个明显的芽（主芽），称为单芽，如仁果类果树；一个节上有2个以上明显的芽（主芽、副芽），称为复芽。主芽、副芽相似，均发达，如核桃、枣等。

3.枝的类型

果树枝的类型因分类方法不同而十分繁多，并且随树种而变化。生产上应用较多的是按枝条的年龄和性质进行分类。

（1）按年龄分　按照枝条的年龄分为新梢、一年生枝、二年生枝及多年生枝。芽萌发后长出的新枝，落叶之前称为新梢（图1-8）。新梢在一年中不同季节抽生的枝段分别称为春梢、夏梢和秋梢；生产上常将未木质化的新梢，称为嫩梢；新梢叶腋间抽生的分枝叫副梢或二次枝，副梢再抽生分枝叫二次副梢或三次枝，依此类推；苹果等花序下一段新梢因坐果后膨大，称为果台，果台发生的新梢称为果台副梢。

新梢落叶后到翌年萌发以前的当年生枝，称为一年生枝。一年生枝在春季萌芽后到下一年萌发前，称为二年生枝，以此类推。二年生以上的枝统称为多年生枝。

春季嫁接用一年生枝作为接穗，枣等树种也可用2～3年生枝作为接穗。生长季嫁接用新梢作为接穗。

（2）按性质分　按照枝条的性质和功能分为营养枝、结果枝和结果母枝。

营养枝有两种情况，一是指只有叶芽的一年生枝，如苹果、梨、桃等；二是指没有花序或果实的新梢，如葡萄。营养枝按照其形态特征和作用可分为发育枝、徒长枝、纤细枝和叶丛枝。发育枝也称普通营养枝，其特点是生长健壮、组织充实、芽饱满、叶片肥大，是扩大树冠、营养树体和产生结果枝的主要枝类。徒长枝生长过旺而发育不充实，直立，节间长，叶片大而薄，芽不饱满，停止生长晚，多数由潜伏芽受刺激萌发而成。纤细枝比发育枝纤细而短，芽发育不良，多发生在光照和营养条件均差的树冠内部或下部。叶丛枝极短，小于0.5cm，仁果类、核果类果树上较多，一般由发育枝中下部的芽萌发而成。

结果枝也有两种情况，一是指着生花芽的一年生枝，如苹果、梨、桃、杏、李、樱桃等。其中桃、杏、李、樱桃等的结果枝就是着生纯花芽的一年生枝，而苹果、梨等的果台是结果枝，着生混合花芽的一年生枝实质上是结果母枝，习惯上叫结果枝。结果枝按长度分为徒长性果枝、长果枝、中果枝、短果枝、花束状果枝、花簇状果枝。一个母枝上有多个短果枝组成的群体叫短果枝群（图1-9）。二是指带有果

图1-8　葡萄的新梢（结果枝）

1—结果母枝；2—新梢（结果枝）；3—节间；4—节；5—冬芽；6—夏芽副梢；7—花序；8—叶片；9—卷须

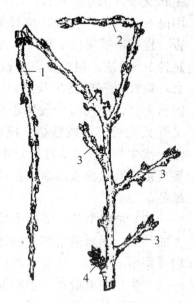

图1-9　桃的结果枝

1—长果枝；2—中果枝；3—短果枝；4—花束状果枝

实的新梢，如葡萄、柿、板栗、核桃等。

结果母枝是指具有混合花芽的一年生枝。葡萄、山楂、柿、核桃、板栗等果树，结果母枝的混合花芽萌发后抽生比较长的结果枝，开花结果。苹果、梨等果树的混合花芽萌发后抽生的结果新梢很短，习惯上叫果台，而将结果母枝称为结果枝。

4. 枝的生长

果树每年春季萌芽后进入新梢生长阶段，新梢生长使树冠扩大、叶幕形成，并与根的活动相配合，从而成为果树生长结果的一个最基本的环节。枝的生长包括加长生长和加粗生长。

（1）加长生长　新梢加长生长是从叶芽萌发后露出芽外的幼叶彼此分离后开始，至新梢顶芽形成或停止生长为止。新梢加长生长的实质是枝条顶端分生组织细胞分裂分化的结果，只发生在当年生枝上。细胞分裂发生在新梢顶端，细胞伸长则延续到顶端以下几节，随着与顶端距离的增加伸长逐渐缓慢下来。随着枝条的伸长，进一步分化出侧生叶和芽，枝条形成表皮、皮层、木质部、韧皮部、形成层、髓和中柱鞘等各种组织。

从芽萌发开始新梢生长经过三个时期：从展叶开始到迅速生长前为开始生长期；旺盛生长期从开始加快生长到生长缓慢下来为止；缓慢生长期从生长变缓直至停止生长。不同树种新梢生长动态有很大差异，同一树种也会因品种、树龄、树姿、负载量、环境等因素影响而有所变化。如葡萄、桃、杏、猕猴桃等果树一年多次抽生新梢；苹果、梨等果树的新梢只沿枝轴方向延伸1～2次，很少发生分枝，梨的二次枝又比苹果少。对于不同的枝条而言，短枝没有旺盛生长期，营养枝可持续旺盛生长到秋季。如苹果生长中的营养枝，中间有一段停止或生长变慢的时间，形成瘪芽或盲节，7～8月又旺盛生长，形成秋梢；核桃、栗、柿等果树的新梢加长生长期短，一般无二次生长，常在6月份停止生长，整个生长较明显地集中于前期。果树嫁接育苗或高接换头，新梢在秋季要及时停止加长生长，以使枝条成熟，安全越冬。

（2）加粗生长　加粗生长晚于加长生长，是形成层细胞分裂、分化和增大的结果，而形成层细胞的活动则依赖新梢生长点所产生的生长素在向下运输过程中的刺激，也需要新梢叶片制造的营养物质。因此，加粗生长的开始时间和生长强度取决于加粗部位距离生长点的远近，也取决于加粗部位以上生长点和枝叶的数量。果树加粗生长的起止顺序是自上而下，即春季新梢最先开始加粗生长，依次是一年生枝、多年生枝、侧枝、主枝、主干、根颈，秋季则按此顺序依次停止加粗生长。多数果树每年有两次加粗生长高峰，且出现在新梢生长高峰之后，一年中最明显的生长期在8～9月份。枝加粗的年间差异，表现为木质部的年轮。枝在加粗生长时，使树皮不断木栓化并出现裂痕。多年生枝只有加粗生长，而无加长生长。

四、果树的物候期

1.年周期和物候期

果树一年中随外界环境条件的变化出现的一系列生理与形态变化的过程称为年生长周期或年周期。在年周期中果树器官随季节性气候变化而发生的外部形态规律性变化的时期称为生物气候学时期，简称物候期。

2.主要物候期

落叶果树在一年中的生命活动，表现为明显的两个阶段，即生长期和休眠期。生长期从春季萌芽到秋季落叶为止；落叶后到第二年春季萌芽为休眠期。在生长期中，可明显看出形态的变化，如萌芽、开花、枝叶生长、芽的形成与分化、果实发育和成熟、落叶等。休眠期无明显形态变化，只在树体内部进行着微弱的生命活动。落叶果树移栽、高接换头主要在休眠期进行。常绿果树无集中的落叶期，大多数也无明显的休眠期。

果树的物候期一般选择在形态上有明显标志的阶段，如芽膨大期、萌芽期、新梢生长期、开花期、果实成熟期、花芽分化期、根系活动期等。

3.物候期的特点

（1）顺序性　指同一种果树的各个物候期呈现一定的顺序。这种顺序在不同地区也是不同的，每一个物候期必须在前一物候期通过的基础上进行，同时又为下一个时期作准备。如开花期是在萌芽的基础上进行的，又为果实发育作准备。不同果树物候期的顺序不完全相同，如桃、李、杏等先开花后展叶，苹果、葡萄、柿、山楂等先长枝叶后开花。

（2）重叠性　指同一树上同时出现多个物候期的现象。果树器官的动态变化是连续的，所以有些物候期之间的界限并不明显，呈现出一定的交错重叠。落叶果树的新梢生长、果实发育、花芽分化、根系活动等物候期均交错，且一个年生长周期中可重复出现，使营养生长和生殖生长并行。物候期的重叠性会导致营养的竞争。

（3）重演性　指同一物候期在一年中多次重复出现的现象。如新梢的多次生长，形成春梢、夏梢、秋梢；有些果树一年四季开花结果，有些果树在遭到灾害后出现物候期的重复发生，如苹果的二次开花现象等。

五、果树的年龄时期

果树是多年生植物，一生经过生长、结果、衰老、更新和死亡的过程，这个过程包括全部的生命活动，称为生命周期。生命周期中的各个阶段称为年龄时期。为栽培管理方便，按生产实际中生长和结果的明显转化，把乔木果树一生划分为幼树期、初果期、盛果期和衰老期四个年龄时期。

1.幼树期

幼树期也称营养生长期。从果树定植至第一次开花结果为幼树期。苹果、梨、杏、李、樱桃等的幼树期为2～3年，葡萄、桃1～2年。幼树期利用高接换头，可以更换树干，重新培育树冠；也可以更换中干和几个主枝。

2.初果期

初果期也称生长结果期。时间从第一次结果到大量结果前。此期苹果、梨3～5年；葡萄、核果类很短，开花结果后很快进入盛果期。初果期以后果树高接换头，根据树形，以更换主枝、侧枝为主。

3.盛果期

盛果期时间从大量结果到产量明显下降。盛果期持续时间因树种和栽培管理水平而异。盛果期大树高接换头，根据树形，更换主枝、侧枝、枝组并行。

4.衰老期

衰老期时间从产量、品质明显下降到树体死亡。

 第二节 果树嫁接基本知识

一、嫁接的概念

所谓嫁接，是指将一植株上的枝或芽移到另一植株的枝或根上，接口愈合生长在一起，形成一个新植株的方法。嫁接主要用于育苗，采用嫁接方法育苗叫嫁接繁殖，采用嫁接方法繁殖的苗木叫嫁接苗；其次，嫁接多用于果树高接换头。

在嫁接组合中，用作嫁接的枝与芽称为接穗与接芽，承受接穗或接芽的部分称砧木。嫁接苗或嫁接的树由砧木和接穗两部分组成。

嫁接用的接穗为芽的称为芽接，嫁接用的接穗为枝条的称为枝接。

图1-10示意芽接过程，图1-11示意枝接过程，用以说明什么是砧木，什么是接穗，以及嫁接过程。

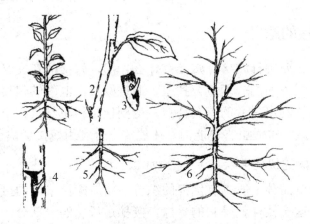

图1-10　嫁接（芽接）过程

1—用作砧木的植株；2—用作接穗的枝条；3—从枝条上取下的芽片；4—芽片移接到砧木上；
5—嫁接成活后砧木芽片以上部分剪除；6—砧木根系继续生长成为新植株的根系；
7—接芽萌发后长成新植株的树冠

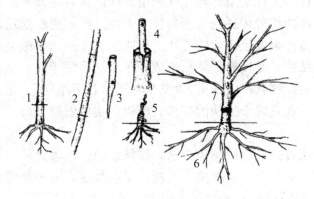

图1-11　嫁接（枝接）过程

1—用作砧木的植株；2—用作接穗的枝条；3—从枝条上剪削下的枝段作为接穗；
4—接穗移接到砧木上；5—嫁接成活后开始生长；6—砧木根系继续生长成为
新植株的根系；7—接芽萌发后长成新植株的树冠

二、嫁接技术

　　嫁接技术是围绕嫁接、保证嫁接成功所实行的一系列措施，包括砧木的选择和处理，接穗的选择、采集、处理、保存和利用，优良砧木与接穗的组合，嫁接时期的确定，选用适宜的嫁接工具和包扎材料，选定适宜的嫁接方法及实施，嫁接后的处理，以及保证接穗萌发后正常生长的措施等。

三、果树嫁接的意义

果树为什么要进行嫁接，嫁接有什么作用，嫁接的意义又何在呢？其实嫁接是植物生产方面的一项重要技术。通过嫁接，既能够保持接穗品种的优良性状，又能够利用砧木的有利特点，达到让果树早结果，丰产稳产，增强抗寒性、抗旱性、抗病虫害等能力，还能够充分利用嫁接加快苗木繁育。

1.保持果树的优良性状

果树的栽培品种一般具有优良的综合性状。嫁接采用的接穗是从某一植株上采集的，这一植株就是它的母株，接穗是母株的一部分。接到砧木上的接穗继续生长发育，还会跟母株长得一模一样，不会发生本质的改变，也就是说保持了母株的性状。所以，果树品种通过嫁接，能够保持品种的果实大小、颜色、品质等方面的优良性状。

接穗用的是果树的芽和枝条，芽和枝都是营养器官，所以，嫁接繁殖属于营养繁殖，也叫无性繁殖。与无性繁殖对应的是有性繁殖。有性繁殖是通过媒介，把雄蕊的花粉传授到雌蕊的柱头上面，经过授粉受精作用，发育成种子，用种子播种来繁殖后代的方法，也叫实生繁殖。果树大多数为异花授粉植物，不同品种之间授粉受精后形成种子。这些种子具有父本和母本的双重遗传特性，后代性状产生分离，"龙生九子，各不相同"；并且极少具有同父本和母本一样优良综合性状的植株。所以，实生繁殖一般不能保持母本的原有性状。

无性繁殖还有扦插、压条等方法。扦插繁殖、压条繁殖主要用于枝条容易生根的果树，如葡萄、猕猴桃、石榴、无花果等。大多数果树枝条不容易生根，主要采取嫁接繁殖。

果树的优良品种大都具有果实大、品质好、产量高的特点，但是这些优良品种无法通过有性繁殖产生优良后代，大多数果树枝条又不容易生根，所以一般使用嫁接的方式保持果树的优良性状。因此，嫁接不仅广泛应用于果树繁殖，还可用于保存优良品种。

2.实现果树早结果、早丰产

通过种子实生繁殖的果树叫实生树。实生树有完整的发育史，一生明显分为幼年（童期）和成年两个阶段。幼年阶段从种子萌芽开始，到具有开花的潜力（不一定表现开花）为止。幼年阶段为性不成熟阶段，任何人为措施均不能使其开花，只有达到一定生理状态之后，才能获得形成花芽的能力，达到性成熟，此发育过程也称为性成熟过程。成年阶段从具备开花潜力开始，直至衰老死亡为止。成年阶段具备开花结果的能力，在适宜的条件下，可以连年开花结果。经过多年开花结果以后，生长逐渐衰弱，产量不断下降，出现衰老以至死亡的现象，这个过程称为老化过程或衰老过程。所以，实生果树结果晚，柑橘、苹果一般需要6～8年才能结果，核桃、板栗播种后需要10年才能结果。

生产上果树嫁接采用的接穗，要求从健壮、纯正品种的成年植株上采集枝条，成年植株已经具备了开花结果的潜力，嫁接成活就可以开花结果，随着树冠的扩大很快进入丰产期。所以，嫁接可以实现果树早结果、早丰产。我们有时看到，如果接穗带有花芽，嫁接当年就能开花结果，坐不住果的，多数是因为授粉不良、营养不足；嫁接苗一般2～3年即可结果，大树嫁接一般第2年即可结果，如果不结果，主要是因为树冠小、叶片少，树体生长消耗营养较多，不能积累充足的营养进行花芽分化，也就不能开花结果。

营养繁殖的果树，同一品种的所有植株及其原始母体叫一个营养系。原始母体可以是实生树，或者一个芽（芽变）。营养系内的每一个单株叫营养系个体，以区别有性繁殖个体。每一植株从它脱离母体进行营养繁殖时开始计算的年龄叫植株年龄。

3.提高果树的适应性

果树适应性是指果树适应外界环境的能力。一些野生的或者是人工培育的果树，经济性状不能满足人的要求，但对外界环境适应能力强，它们通常有很好的抗寒、抗旱、耐涝、抗盐碱、抗病虫害等能力。在这些果树上嫁接优良品种，既能利用它们抗寒、抗旱、耐涝以抗病虫害能力的特点，又能发挥优良品种的优势，强强联合，既提高果树适应性，又保证果树优质、丰产、稳产。比如，葡萄优良品种嫁接在山葡萄上，可以提高品种的抗寒性，使葡萄栽培区域向北延伸。苹果优良品种用海棠作砧木，则比较抗涝、减轻黄叶病危害；梨优良品种用杜梨作砧木，可以提高抗盐碱能力；酸枣树比较耐干旱、耐贫瘠，用它作为砧木嫁接枣树品种，就可以增加枣树对贫瘠山地的适应能力。

4.改变果树的树性

虽然嫁接不能改变接穗的本质特性，但砧木对接穗的生长有一定的影响。砧木供给接穗水分、养分充足，接穗就能长成较大的树体，反之则限制树体的生长，树冠变小。树冠变小一般造成接穗的营养生长较弱，接穗更容易形成花芽，能够早结果、早丰产、丰产稳产。能够使接穗长成高大树体的砧木叫乔化砧，能够使树冠矮小、生长势变弱的砧木叫矮化砧。我们见到的苹果一般是乔化砧树，树体高大、生长旺盛；矮化砧苹果树体矮小、树冠紧凑，例如M_9、M_{26}作苹果砧木，其树冠只有普通树冠的1/4大小；M_{26}、MM_{106}作苹果砧木，其树冠为普通树冠的1/2。树体矮化，便于密植栽培、早期丰产，便于机械化管理，有利于营养积累、通风透光，提高果实品质。

5.充分利用果树野生资源

在农村，尤其是山区，有丰富的野生果树资源，有的具有经济价值，但经济价值一般较低，有的没有经济价值。如果允许开发，可以就地嫁接经济价值高的果树品种。这样，就可以充分利用果树野生资源，增加收入。例如，山桃可以嫁接桃，山荆子、海棠可以嫁接苹果，中国樱桃（小樱桃）、山樱桃可以嫁接欧洲甜樱桃（大樱桃），小山楂可以嫁接山楂，野板栗可以嫁接板栗，酸枣可以嫁接枣。

6.对现有果树高接换头，更新品种

对现有果树高接换头，就是将现在已栽植果树的树冠，改换成优良品种的树冠。为什么要换头呢？一是建园时品种选择和配置不当，或品种杂乱，或品种产量低、品质差，或品种单一、缺少授粉树，这些情况都能影响果树的产量和质量。二是随着新品种的不断涌现和市场需求的变化，有些果树品种已经老化，经济效益下降，需要更新。但果树是多年生的，如果全部进行淘汰，重新种植，既浪费了结果的时间，同时也会产生较大的费用。在这种情况下，可以使用高接换头的方式，在原有老果树的基础上，采用新的优良品种作为接穗，可以很快使树体恢复树冠、果园恢复产量，并且实现良种化，提高经济效益。

7.挽救受损伤的果树

果树的根颈、树干、主枝等主要部位，容易受到病虫危害、兽害，以及机械、人工等伤害，引起树皮腐烂、受伤，影响地上部与地下部的联系，如果不及时修复，轻则影响树势，重则造成死树。对此就可以利用嫁接中的桥接法，使上下树皮重新接通，挽救植株。

另外，对于根系由于各种原因受伤，或遭病虫、鼠类等危害，导致地上部衰弱的植株，可以在其旁边另栽一植株作为砧木，将其枝干与衰弱的植株接起来，可以使新栽植株根系替补受伤植株根系的部分功能，从而增强树势，恢复其生长和结果能力。

8.应用于果树育种

果树育种主要是培育新品种。果树育种的方法很多，其中芽变育种、杂交育种、实生育种都能用到嫁接。

芽变是体细胞突变的一种，即突变发生在芽分生组织细胞中，当芽萌发长成枝条，并在性状上表现出与原来植株类型不同的性状即为芽变；突变的芽长成枝条扩大繁育可以成为单株变异，培育成新品种，这就是芽变育种。芽变育种中，当发现变异枝条时，为了辨别真伪、变异稳定性及性状优劣，可以把变异枝条嫁接在其他植株上；优良的芽变有助于新品种的培育、推广，而芽变也是通过推广嫁接育苗实现的。

杂交育种是将父母本杂交，形成遗传多样性，再通过对杂交后代的筛选，获得具有父母本优良性状，且不带有父母本中不良性状的新品种的育种方法；用种子繁殖称为实生繁殖，对实生繁殖的群体进行选择，从中选育出优良单株并建成营养系品种，或改进群体遗传组成，称为实生选择育种，简称实生育种。杂交育种和实生育种，筛选出优良单株后，一般都要通过嫁接，加快育种进程。

四、嫁接成活的原理

1.形成层及其功能

从枝和根的横切面看，它们的构造中都有形成层。

果树枝的横切面，外层是表皮，向内依次是韧皮部、形成层、木质部、髓（图1-12）。平时我们扒下来的树皮可以认为是表皮和韧皮部，里面木质部分是木质部，形成层在韧皮部和木质部之间。形成层是韧皮部和木质部之间的一层很薄的细胞组织，这层细胞组织具有很强的活力，能不断地进行分裂，分裂的细胞向外形成韧皮部，向内形成木质部，使枝不断加粗，枝干的加粗生长就是形成层不断分裂的结果。我们扒下树皮的内侧会沾有形成层细胞，木质部上也沾有形成层细胞。形成层细胞及其活跃的分裂能力，是嫁接成活的基础。所以，嫁接时，不论采用哪种方法，砧木和接穗的形成层必须接触在一起，才能有机

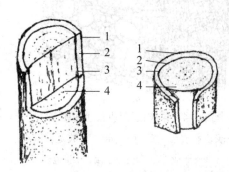

图1-12　果树枝横切面

1—表皮；2—韧皮部；3—形成层；4—木质部

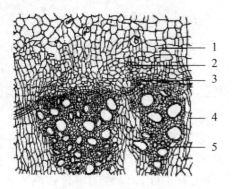

图1-13 根的次生构造

1—韧皮部；2—筛管群；3—形成层；

4—射线；5—木质部

会使彼此形成层分裂的细胞衔接，成为一体。

果树根的横切面同枝相似，也有韧皮部、形成层、木质部（图1-13）。

当树皮能够剥离的时候，说明形成层处在活跃生长期；不能够剥离了，说明形成层细胞已经停止活动。一般生长期树皮容易剥离，休眠期树皮不易剥离。果树根系没有自然休眠期，根皮随时能剥离。所以，如丁字形芽接，需要取下芽片，必须在生长期形成层活动期进行，能够"离皮"才行；插皮接需要把接穗插入砧木的形成层，也就是韧皮部和木质部之间，也必须在生长期形成层活动期进行。

2.愈伤组织及其作用

嫁接后，接穗和砧木形成层细胞会继续不断地分裂，并在伤口处产生愈伤激素，愈伤激素刺激形成层细胞加速分裂，形成一团疏松的白色物质，这是一团没有分化的球形薄壁细胞团，叫愈伤组织。愈伤组织对伤口起愈合作用，还能起保护作用，促进伤口愈合。

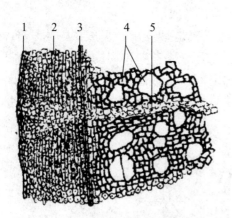

图1-14 果树枝干切面的细胞结构

1—表皮和皮层；2—韧皮部（多数是薄壁细胞）；3—形成层（为分裂活跃的细胞层）；4—木质部（多数为死亡的厚壁细胞以及导管）；5—髓射线（为薄壁细胞）

不仅形成层，韧皮部薄壁细胞和髓射线薄壁细胞，也都可以产生愈伤组织。但是，从数量上看，愈伤组织主要还是从形成层生长出来的。木质部在靠近形成层处也有一些生活细胞，但这些细胞不能形成愈伤组织（图1-14）。

据观察，由于切削形成伤口，嫁接后砧木与接穗切削面的细胞被破坏或死亡，因而形成一层薄薄的浅褐色隔膜，嫁接后4～5天褐色层逐渐消失，7天后能产生少量的愈伤组织，10天后接穗愈伤组织可达到最高数量。如果砧木没有产生愈伤组织相接应，那么接穗所产生的愈伤组织，就会因接穗养分耗尽而逐步萎缩死亡。砧木愈伤组织在嫁接10天后生长加快，由于根系能不断供应营养和水分，因此它的愈伤组织的数量要比接穗多。

3.嫁接成活的过程

嫁接后，砧木与接穗的形成层紧密地对接在一起，在适宜的温度和湿度条件下，由于愈伤激素的作用，接穗与砧木伤口处形成层部位的细胞大量增殖，产生新的薄壁细胞，分别包围砧、穗原来的形成层，很快使两者相互融合在一起，形成愈伤组织，砧木和接穗愈伤组织内的薄壁细胞相互连接，成为一体。此后，薄壁细胞进一步分化成新的形成层细胞，与砧木和接穗原来的形成层相连接，并产生新的维管束组织，沟通砧穗双方木质部的导管和韧皮部的筛管，水分和养分得以相互交流，至此，嫁接成活。愈伤组织外部的细胞分化成新的栓皮细胞，与砧、穗栓皮细胞相连，两者愈合成为一新植株。

五、影响嫁接成活的因素

1.砧木与接穗的亲和力

砧木与接穗的亲和力或嫁接亲和力是决定嫁接成活的主要因素。亲和力指砧木与接穗结合之后能够成活和正常生长发育的能力。砧木和接穗嫁接之后，能够结合成活，并能长期正常地生长结实，达到经济生产目的，就是亲和力强的表现；如果嫁接不能成活，或嫁接虽然成活，但表现为生长发育异常，或者虽然结果而没有什么经济价值，或生长结果一段时间后，植株死亡，都是嫁接不亲和或亲和力不强的表现。

嫁接亲和力强弱取决于砧木和接穗在组织结构、生理及遗传特性等方面差异程度的大小。差异愈大，亲和力愈弱，成活愈难。所以，亲和力与植物亲缘关系远近有关。一般亲缘关系愈近，亲和力愈强，愈易成活。

果树新品种不断出现，老品种需要不断更新，一般20年左右即可更替。果树寿命缩短一般在生产上并无多大影响。所以，属于亲和或半亲和的砧木，都可以利用。

2.砧木和接穗生理与生化特性

砧木和接穗的生理与生化特性影响嫁接成活。一般接穗芽眼在休眠状态下时，砧木处于休眠状态或刚萌芽状态，任何嫁接方法都易成活；砧木生理活动过旺时，用不去顶的腹接法嫁接最好；砧穗双方形成层活动旺盛，应用芽接法嫁接。

根压大的果树，如葡萄、核桃、猕猴桃等，春季根系开始活动后，地上部有伤口的地方会有液体流出，称为伤流，伤流妨碍嫁接愈合，这类果树春季嫁接，因伤流而影响成活，因此宜在夏秋季芽接或绿枝嫁接，或者春季避开伤流期进行嫁接。桃、杏等果树，嫁接时因接口流胶，妨碍愈伤组织形成而降低成活率，一般8月下旬以后嫁接容易引起流胶，适当提早可减轻流胶，促进成活。柿、核桃、板栗等含单宁较多，伤口易形成单宁氧化膜，阻碍细胞分裂，单宁是造成嫁接成活率低的主要原因之一。根据以上情况，应选择适宜的嫁接时期和相应的嫁接方法，以及提高嫁接速度，以促进成活。

3.砧木与接穗的质量

砧木与接穗的质量高，含有较多营养和水分，生命力旺盛，生长势强，细胞分裂快，形成的愈伤组织就多，嫁接就容易成活。相反，如果接穗在长途运输中失水过多或抽干，接穗在高温下贮藏，枝条上的芽已经膨大或萌发；或者树皮已经发褐，养分已经被消耗，接穗过于细弱，或受病虫危害，生命力差等，这些接穗形成的愈伤组织很少，或不形成愈伤组织，其嫁接成活率就低，甚至不能成活。

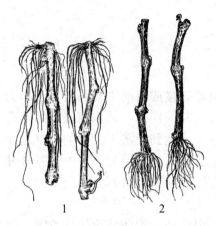

图1-15　葡萄枝条的极性

1—葡萄枝条倒着扦插，仍在形态上的
基端生根；2—葡萄枝条正常扦插，
在形态上的基端生根，顶端萌芽

4.砧木与接穗的极性

砧木和接穗都有形态上的顶端和基端，愈伤组织最初都发生在形态的基端（图1-15）。嫁接时，必须保持砧木与接穗极性顺序的一致性，也就是接穗的形态基端（下端）与砧木的形态顶端（上端）对接，芽接也要顺应极性方向。这样才能使接口愈合良好，接穗正常生长。如接穗倒置，将违反植物生长的极性规律而无法成活，或能愈合成活，但生长势弱，不进行加粗生长。

5.环境条件

嫁接成活与温度、湿度、光照、空气等环境条件有关。

一般温度在20～30℃范围内，有利嫁接伤口愈合。形成愈伤组织的适宜温度，苹果、桃、李等为20℃左右，枣、栗、核桃等需25～30℃。所有树种的愈伤组织，在低于15℃、高于30℃的温度下生长缓慢；如果温度超过35℃，则停止生长。

湿度对愈伤组织的形成影响很大，只有在接口处空气湿润，相对湿度接近饱和的情况下，愈伤组织才能很快形成。湿度在95%～100%时，有利嫁接伤口愈合。如果接口周围干燥，伤口大量蒸发水分，细胞干涸死亡，不能形成愈伤组织，这往往是嫁接失败的重要原因。同时，也要注意保持土壤湿度。因此，嫁接伤口要注意保温、保湿，通常以采用塑料薄膜绑缚，效果较好。

空气是植物生活必不可少的条件，愈伤组织形成过程需要氧气。有些树种如葡萄和核桃，春季嫁接时伤口有伤流液，影响通气，因此，应采取措施控制伤流液，以保证愈伤组织生长。植物接口需要的空气量并不是很多，一般用塑料袋或塑料条捆绑时，注意不要完全隔绝空气，愈伤组织就能正常生长。核桃、板栗、柿含单宁较多，在削面伤口易氧化，不易愈合。所以，嫁接要选择形成层旺盛活动时期进行。

光照影响愈伤组织的形成。光抑制接口愈合，黑暗促进接口愈合。因为强光直射会抑制愈伤组织的产生，愈伤组织在黑暗中生长比在光照下生长快。而且在黑暗中生长的愈伤组织白而嫩，愈合能力强；在光照下生长的愈伤组织易老化，有时还产生绿色组织，愈合能力差。嫁接时，砧木和接穗的愈合主要不在表面，如果嫁接技术好，接合严密时，砧木和接穗的连接部位一般都能处于黑暗条件之下。

6.嫁接操作

嫁接操作水平的高低不但影响工作效率，更重要的是关系到嫁接成败。嫁接过程严格按照技术要求进行操作，有利于成活。关键是砧木、接穗削面要平整光滑，形成层要对齐、密接，绑扎严紧，否则隔膜形成较厚，也容易失水，影响愈合。操作过程要迅速、准确，否则削面易风干，特别是含单宁较多的树种，伤面在空气中暴露稍长，便会失水或氧化变色，形成隔离层，难以愈合。

概括起来，嫁接操作要做到"快、准、光、净、紧"，即动作要快、刀具要快；砧木与接穗形成层要对准；接穗的削面要光洁平整；刀具、削面、切口、芽片等要保持干净；绑缚要紧。

六、砧木和接穗的相互影响

嫁接是将基因型不同的两个植株组合在一起成为新植株，砧木根系为地下部，接穗形成地上部树冠。在成活后的生长发育过程中，地上部所需要的水分、养分及合成物质依靠地下部根系提供；而根系所需要的碳水化合物等有机营养依靠接穗发育的树冠提供。代谢过程中物质与能量的交换，必然使砧木与接穗之间产生相互作用，对二者的生长发育造成一定的影响。

1. 砧木对接穗的影响

砧木对接穗的影响主要表现在生长发育、环境适应性和抗逆性、寿命等方面。

（1）影响嫁接树的生长　不同砧木对接穗的树冠大小、生长量、长势、树形分枝角度等均有不同影响。

乔化砧可使树体生长高大，例如海棠果、莱芜甜茶、八棱海棠等为苹果的乔化砧；毛桃是桃的乔化砧等。但同一种乔化砧对不同品种的影响又不一样，据试验，用山定子作砧木嫁接的金冠、国光和红星苹果树体较高、树冠较大，干周也较粗；而在山定子上嫁接的祝光苹果则表现树体较矮，树冠也小，干周也细。矮化砧树体矮小、结果较早，适于密植，早期丰产，人工管理也方便，特别便于机械化操作、经济利用土地。在苹果矮化砧的研究方面，英国东茂林试验站做了大量的工作，他们收集了欧洲的71种苹果砧木，根据植物学性状分类，选出不同的类型，分别用 East Malling 编号，即东茂林1号、东茂林2号、东茂林3号等。按英文取第一个字母作简化表述的做法，叫做EM系，为了更简便，故又称M系。试验结果表明，M_9、M_8是矮化砧；M_7、M_5、M_6、M_4、M_2、M_3、M_1、M_{14}、M_{11}是半矮化砧；M_{13}、M_{15}是半乔化砧；M_{10}、M_{12}是乔化砧。进一步杂交选育出来的矮化砧有M_{26}、M_{27}、MM_{106}等。这些都是营养系砧木，植株整齐一致。我国也大量引进了这些砧木，应用于苹果生产。

我国也选育出了不少苹果矮化砧。例如，山东青岛的崂山奈子，嫁接后树体明显矮小，10年生的红星苹果品种树高3.2m、冠径3.2m；而同龄山荆子砧的红星苹果树，树高5.2m、冠径5.5m。山西省农业科学院果树研究所等单位通过单株选择，对于能引起苹果矮化的砧木根系进行无性繁殖，从中选出了S系砧木。又用S系砧木和M系砧木进行杂交，选出了SH系列砧木，有的已在生产上应用。

研究发现，有些海棠树作砧木嫁接苹果树后，苹果树生长结果非常一致，说明砧木种子之间没有产生性状分离，砧木苗木整齐一致。因为这些海棠的生殖过程是无融合生殖，也就是卵细胞并没有与花粉中的精子受精，直接由没有受精的卵发育成种子。从无融合生殖的海棠中选出矮化类型，也和矮化无性系一样，能引起矮化。用这些海棠种子也可培育出无性系砧木。目前已经选出具有明显矮化作用的无融合生殖的海棠，有小金海棠、陇东海棠和灵芝海棠等，其中小金海棠嫁接的苹果树，在黄河故道等地种植，表现出半矮化性状，与M_7相近，但树体的抗性、果实的产量和品质比其他砧木好。矮化砧苹果比乔化砧苹果长势缓和、枝条加粗、节间缩短、长枝减少、短枝增加、树冠开张、干性削弱。

（2）影响嫁接树的结果　首先是影响开始结果时间，嫁接树能提早结果。但是不同的砧木，其嫁接树提早结果的情况不一样，通常乔化砧结果较晚，矮化砧结果早。因此，矮化砧既能使树体矮化，又能提早结果，早期丰产。同一品种嫁接到不同的砧木上，开始结果年限可以提早或推迟 $1 \sim 3$ 年。

在果树育种时，为了缩短童期，提早结果，可把接穗嫁接在砧木枝条的先端部分，这样接穗的成熟期会大大提前。利用这个方法，实生苗嫁接 $2 \sim 3$ 年就可以结果。在新品种培育时，用嫁接法，可以比不用嫁接法所需时间缩短一半甚至更短。

其次，砧木影响果实的品质。例如，苹果品种用花红作砧木，比用山荆子作砧木时产量低，但果实大、果味甜、色泽鲜艳。在柑橘方面，砧木对果实品种的影响更为明显。例如，温州蜜柑嫁接在甜橙或酸橙上品质较差；嫁接在柚子上，所结果实皮厚、含糖量低；嫁接在枳砧上则果大、色泽鲜艳、成熟期早、糖高酸低；嫁接在南丰蜜橘上，则果皮最薄，而且口感最佳。

再次是对果实其他性状的影响。如苹果后期裂果，用乔化砧嫁接则裂果严重；苹果品种嫁接在 M_2 砧木上，贮藏性能较好，而嫁接在 M_{26} 上则较差。砧木还能影响开花数量和坐果率，如用君迁子（软枣）作砧木嫁接的柿树开花多，而用柿树本砧嫁接则开花少，但坐果率较高。

砧木对嫁接树结果的影响，是砧木通过提供水分和无机盐，以及合成各种生物碱和激素等，直接或间接实现的。

（3）影响嫁接树的适应性和抗逆性　适应性是指果树与环境表现相适合的现象，适应性是通过长期的自然选择形成的。抗逆性是指果树具有的抵抗不利环境的某些性状，如抗寒、抗旱、抗盐、抗病虫害等。利用砧木这些特性，可以通过嫁接提高栽培品种的适应性和抗逆性。为了提高嫁接树对土壤的适应性，可以利用野生资源作为砧木。利用山荆子、杜梨、山桃、山杏、野生山楂、山樱桃和酸枣等在干旱瘠薄山地上生长的植物作砧木，分别嫁接苹果、梨、桃、杏、山楂、樱桃和枣等果树的砧木，可以提高果树的抗旱性。利用耐涝的海棠、毛桃、欧洲酸樱桃等分别作为苹果、桃和樱桃树的砧木，可以提高果树的耐涝性。利用抗寒性强的山葡萄、贝达葡萄为砧木嫁接葡萄品种，可以提高葡萄品种的抗寒性。我国从国外引进的珠眉海棠抗盐碱，用以嫁接苹果树能提高苹果树抗盐碱的能力，北方盐碱地区可以利用。

（4）影响嫁接树的寿命　嫁接树的接穗大都来自发育成熟的成年树，没有实生树的"童期"阶段，所以比实生树寿命短，即使是用亲和力强的砧木也会在一定程度上影响果树寿命。如板栗实生树一般能活 $100 \sim 200$ 年，用本砧（栽培品种作砧木）嫁接，寿命约100年，用野生板栗树嫁接，寿命只有30年左右。嫁接树寿命短的原因，一是结果早，丰产稳产，影响生长；二是与亲缘关系有关，往往砧木与接穗亲缘关系较远的寿命短。但是，嫁接树寿命缩短一般对果树生产影响不大，因为果树新品种不断出现，老品种也需要不断更新，一般果园20年左右即可更新品种，重新建园。

同一品种嫁接在不同砧木上，寿命长短有差异；同一砧木嫁接不同的品种，寿命长短同样有差异。如山桃作砧木嫁接桃和碧桃，比毛桃作砧木寿命长；山杏作砧木嫁接杏，比山桃作砧木寿命长。

2.接穗对砧木的影响

接穗对砧木的影响主要表现为对砧木根系的形态结构、根系的年生长高峰，以及对砧木根系的淀粉、碳水化合物、总氮、蛋白态氮、过氧化氢酶的影响等方面。

（1）接穗对根系形态结构的影响　接穗影响砧木根系的形态是指影响根系分布的深度、密度、分根角度及须根的多少。据调查，以短枝型元帅苹果为接穗比以普通型元帅、红玉、金冠苹果为接穗的MM_{106}砧木根系稀疏；以M_9作接穗可以增加M_6砧木的根皮率（根皮在根横切面中所占面积的百分率称为"根皮率"）。在苹果实生砧上嫁接红魁苹果，则砧木的根系须根发达、直根少；如嫁接初笑或红绞苹果，则砧木具有2～3个叉深根性的直根根系，而不是须根性根系。用益都林檎作为砧木嫁接祝光苹果，其根系分布广、须根密度大，嫁接青香蕉苹果则次之，国光又次之。以海棠为砧木嫁接的青香蕉苹果，其根系的主要分布层深；而嫁接元帅苹果，根系的主要分布层较浅。鸭梨嫁接在杜梨上，其根系分布浅，且易发生根蘖。

（2）接穗对根系年生长高峰的影响　嫁接晚熟苹果品种的砧木根系，在生长期间出现3次生长高峰；嫁接早熟品种的只出现2次生长高峰。

（3）接穗对根系生长势的影响　接穗对砧木的生长势影响比较明显。生长势较强的品种嫁接到生长势较弱的砧木上，砧木在接受接穗刺激后，要比未嫁接的同类树发育得好。接穗生长势越强，对地下根系影响越大；接穗生长势弱，则对砧木根系的影响较小。

（4）接穗对根系营养物质含量的影响　根据生化分析，在不同接穗的影响下，砧木根系的淀粉、碳水化合物、总氮、蛋白态氮的含量以及过氧化氢酶的活性，也都有所不同。由于接穗对砧木的生理活动产生一定的影响，接穗也会影响到砧木的适应性及抗逆性。

3.中间砧对接穗与砧木的影响

中间砧是指嫁接在接穗和砧木之间的一段枝条，原来的砧木在这里叫基砧，基砧一般是乔化砧，这样培育的果树苗木叫中间砧果苗，中间砧果苗由基砧、中间砧和接穗组成。如果中间砧是矮化砧，就叫矮化中间砧，这样培育的果树苗木叫矮化中间砧果苗。中间砧对地上部（树冠）及地下部（基砧）都有一定的影响。

（1）中间砧对接穗的影响　中间砧对接穗的影响非常明显，例如苹果矮化中间砧能使树体矮化，矮化程度与中间砧长度成正比，一般中间砧长15～20cm才有明显的矮化作用，中间砧越长，矮化性越强；还能使短枝率增加，提早结果，提高品质。

（2）中间砧对基砧的影响　苹果矮化中间砧对基砧根系的生长控制力极强，如果中间砧深栽，大量生根之后可以逐步替代基砧，使其慢慢萎缩。

砧木和接穗的相互影响是生理性的，不能遗传，当二者分离之后，影响就会消失。了解砧木、接穗之间的相互影响，对于选配优良的嫁接组合，更好地利用嫁接技术，培育优质苗木具有重要意义。

第二章

果树嫁接前准备及四季嫁接方法

第一节　果树嫁接时期

　　果树一年四季都可以进行嫁接，只是不同的时期需要选择适宜的嫁接方法，冬季嫁接还要考虑嫁接场所。为了达到省工、省料和嫁接成活率高的目的，应在气候条件最合适的时期进行嫁接。由于各地气候条件不同，而且同一地区每年气候变化也不一样，因此不能把嫁接的时期规定过死，而应根据当地气候条件及嫁接树种的不同，灵活确定合适的嫁接时期。

　　不同树种适宜嫁接的时间，往往因伤口愈合所需温度的不同而异。如何使从嫁接到成活的时间缩短到最低限度，是提高嫁接成活率的关键之一。这就要求在对该树种形成愈伤组织最有利的气温即将到来时嫁接，这时成活率最高。还应当考虑接穗成活萌发后，在冬季到来之前能否木质化，以便判断接穗能否安全越冬。还应根据生产实际确定嫁接时期，例如育苗补接可以随时进行。

一、春季嫁接

　　春季嫁接在3月、4月间进行，在砧木芽已萌动、膨大时，以开始萌发时进行为佳。这时气温回升，树液开始流动，根系水分、养分往地上部运输，但还没有因萌芽、展叶以及开花而损失养分，水分、养分充足，有利于嫁接成活后，接穗迅速生长；在果树发芽前、树液流动时嫁接，形成层开始活跃，皮层容易分离，嫁接以后很快即可愈合、发芽。

　　不同果树的萌芽时期不同，无论南方北方，春季嫁接，各树种之间应有早晚之分。早萌发的早嫁接，晚萌发的宜晚接。因为果树萌芽与其对温度的要求有关，要求低的早萌发，要求高的晚萌发，不同树种生长发育需要的温度和愈伤组织形成需要的温度是一致的。例如山杏和山桃萌发要求温度低、萌发早，其愈伤组织生长最适温度在20℃左右；枣萌发要求温度高、萌芽晚，其愈伤组织生长的最适温度在28℃左右，因此山杏、山桃在3月下旬即可嫁接，而柿、枣嫁接时期在4月下旬～5月上旬。

由于全国各地气候不同，特别是山区小气候各不相同，因此很难提出一个合适的嫁接时期。但是，只要掌握物候期，即在砧木芽萌动时嫁接为最好，并在砧木大量萌芽前结束嫁接就可以了。试验表明，如果早于这一时间嫁接，气温低，愈合慢，对嫁接成活率稍有影响，早接的接穗与这一时间嫁接的基本在同一段时间萌发。如果晚于这一时间嫁接，在砧木展叶后嫁接，由于气温高，愈伤组织能很快生长，成活率提高；但是砧木根系的营养，在大量展叶及开花时已消耗，虽然可以用最后的养分使嫁接成活，但是成活后的接穗生长量小，影响根冠形成。

在北方，春季嫁接使用的接穗多是一年生枝，有的树种，如枣，可用多年生枝。接穗一般在冬季修剪时采集贮藏，或嫁接前采集，随采随接。有的采用设施栽培果树的新梢嫁接，效果不好。春季嫁接，接穗必须处于尚未萌发状态，发芽的枝条就不能用了。用萌发的接穗嫁接一般不能成活，这是由于芽萌发已经消耗了枝条的养分、水分，影响形成层和愈伤组织生长。所以，春季嫁接接穗要注意冷藏，防止萌发，尤其是嫁接时间较晚时。

春季嫁接以枝接为主，也可以采用带木质部芽接。大树高接换头一般在春季。育苗补接，年前进行后仍未成活的，可在春季进行。

南方气候温暖，落叶果树的枝接在2～4月进行，常绿果树以早春发芽前枝接为好。

二、夏季嫁接

整个夏季都可以进行嫁接，最适嫁接时间在初夏的5月中旬到6月上旬。夏季气温高，光照充足，叶幕形成，叶面积大，光合作用强，树体水分、养分充足，砧木和接穗皮层都容易剥离，因此理论上讲夏季嫁接没有问题。但是，嫁接成活后，要进行剪砧，去掉砧木已经长成的叶片，使砧木不再进行光合作用，接穗刚长成的新梢叶片光合能力弱，树体制造营养的能力迅速下降；根系不能像春季那样可以供给地上部大量贮藏营养；地上部也不能提供给根系充足的养分，使得根系吸收、合成等能力下降，甚至造成部分根系死亡，反过来又影响地上部生长。因此，夏季嫁接成活以后生长速度不像春天那么快。所以，夏季一般不进行嫁接，尤其是高接换头。不过，对于一些春天易发生伤流、树皮厚的果树，经常在夏季嫁接，比如核桃，往往会在夏季采用方块形芽接；桃、杏、李、樱桃及扁桃等核果类果树嫁接时易于流胶，为避开高温季节，多在初夏进行嫁接；华北地区有在初夏采集柿树2年生枝下部未萌发的芽，进行方块形芽接的习惯；枣的适宜嫁接时期亦在初夏，不过这是因为枣萌芽晚，相当于其他果树的春季嫁接。当年播种、当年嫁接、当年出圃的"三当苗"，需要在夏季进行嫁接，一般是春季早播或拱棚育苗，加强苗期管理，苗木达到一定粗度后，在有合适接穗的情况下，即可嫁接。桃树育苗夏季嫁接成活后，不剪砧，而是折砧，使砧木叶片继续制造营养，供给根系，否则容易死苗。如果需要嫁接苗当年萌发，夏季嫁接不宜太晚，7月份以后嫁接，萌芽后新梢生长时间短，当年难以成熟，影响越冬；如果不需要当年萌发，7月份直到整个秋季均可进行嫁接。

夏季嫁接使用的接穗为新梢，新梢需随采随接。所以，夏季芽接时间还要考虑新梢上的芽是否形成，芽形成以后随时可以采集。枝接有的用尚未木质化的嫩梢，有的用半木质化新梢，有的用木质化的新梢。夏季嫁接新梢处于生长季，形成层活跃，芽接可以不带木质部，也可以带木质部。

夏季嫁接以芽接为主，用接穗少、操作方便、成活率高。葡萄一般采用绿枝嫁接。

南方常绿果树一年四季都可以进行嫁接，但以春、秋两季最好。

三、秋季嫁接

秋季从8月份开始，到日平均气温降至15℃之前都可进行嫁接，我国中部和华北地区可持续到9月中、下旬。这时树体处于生长发育阶段，形成层活跃，接后容易成活。但是萌发后不久，就进入停止生长以及休眠期，新梢不能成熟，冬季肯定被冻死。所以，秋季嫁接后不解绑，不剪砧，不让接穗萌发，待翌年春季再剪砧促萌。

秋季嫁接使用的接穗为新梢，新梢需随采随接。新梢生长已到后期，芽已成熟，接穗不是问题，主要问题是形成层是否活动。这不同于春季嫁接，春季是形成层越来越活跃，秋季形成层逐渐停止生长。

秋季嫁接以芽接为主。

四、冬季嫁接

冬季树体处于休眠状态，形成层不活动，不适宜嫁接。但是，如果在温暖的室内，或在大棚等保护设施内，嫁接也是完全没问题的，这叫反季节嫁接。室内或设施内的温度应满足形成层活动的需要。嫁接时间取决于嫁接成活后萌芽的时间，也就是萌发后要具备新梢生长的环境条件，重点是温度和光照，以在嫁接成活后有适宜的地方栽植。

冬季嫁接一般采用实生砧木，也就是种子播种出来的砧木长到手指头粗，秋冬季节休眠以后挖出来嫁接。也可以采用扦插能够生根的果树枝条作为砧木，如葡萄。也可以用根作为砧木嫁接。

冬季嫁接使用的接穗一般为一年生枝。

冬季嫁接接穗不离皮，一般采用枝接或带木质部芽接。通常采用切接，嫁接以后可以栽到营养钵里管理；也可以嫁接以后先沙藏，等嫁接口愈合以后再栽容器管理，等春天再入大田。对于葡萄等果树，冬季嫁接是用一段砧木枝条，在顶部嫁接一个葡萄芽，然后扦插，砧木生根、嫁接口愈合、发芽同时进行。用根作为砧木采用枝接，根能够离皮，可用插皮接。

南方常绿果树一年四季都可以进行嫁接，但以春、秋两季最好，此时气温适宜、成活率高。秋季嫁接后接芽休眠，翌年春季剪砧后萌发。

第二节　砧木

在嫁接组合中，承受接穗或接芽的部分称砧木。砧木可以是整株果树、果树苗木，也可以是树体的一段根或一段枝。

一、砧木的分类

1.按繁殖方法分

砧木按繁殖方法分为实生砧和自根砧。用种子实生繁殖的叫实生砧；用扦插、分株、压条等自根繁殖的叫自根砧或无性系砧木。实生砧木用种子繁殖，优点是来源广、繁殖容易；缺点是后代产生性状分离，嫁接苗建园后果园整齐度低。原则上来源于同一母株上的无性系砧木嫁接苗具有建园整齐度高、产量稳定等优点；但有的树种缺乏无性系砧木。

2.按来源分

砧木按来源分为野生砧、半野生砧、共砧。把利用野生近缘植物材料作为砧木的，称为野生砧；把利用半栽培种的材料作为砧木的，称为半野生砧；利用栽培品种作为砧木的，称为共砧或本砧，栽培品种实生苗作砧木为共砧，栽培品种大树高接更新品种也是共砧。

3.按利用方式分

按利用方式分为基砧、中间砧。把连同根系用作砧木的，称为基砧；只用一段枝条嵌在基砧与接穗之间的称为中间砧。如果中间砧为矮化砧，则称为矮化中间砧。

4.按对接穗的影响分

按对接穗的影响分为乔化砧、矮化砧和半矮化砧。把能使树体生长高大、矮化与居中的砧木，分别叫做乔化砧、矮化砧和半矮化砧。平时说的普通砧木是指乔化砧，因为在利用矮化砧和半矮化砧之前，生产上用的就是这种砧木。

5.按适应性和抗性分

按适应性和抗性分，把对不良环境条件或某些病虫害具有良好适应能力或抵抗能力的砧木，称为抗性砧木，如抗寒砧木、抗根瘤蚜砧木、抗线虫砧木等。抗性砧木是针对一般砧木而言，在某一方面适应能力或抵抗能力突出，但没有不抗性砧木之说。

二、主要栽培果树的砧木及其特性

主要栽培果树的砧木及其特性见表2-1，嫁接时根据实际情况选择利用。

表2-1　主要栽培果树的砧木及其特性

树种	砧木名称	主要特性
苹果	楸子	抗旱、抗寒、抗涝、耐盐碱，对苹果棉蚜和根头癌肿病有抵抗能力。适于河北、山东、山西、河南、陕西、甘肃等地
	西府海棠	类型较多。比较抗旱、耐涝、耐寒、抗盐碱，幼苗生长迅速，嫁接亲和力强。适于河北、山东、山西、河南、陕西、甘肃、宁夏等地
	山定子	抗寒性极强，耐瘠薄、抗旱、不耐盐碱。适于黑龙江、吉林、辽宁、山西、陕西（北部）、山东（北部）
	新疆野苹果	抗寒、抗旱、较耐盐碱、生长迅速、树体高大、结果稍迟。适于新疆、青海、甘肃、宁夏、陕西、河南、山东、山西等地

续表

树种	砧木名称		主要特性
苹果	矮化砧木	M_9	矮化砧。根系发达、分布较浅、固地性差，适应性较差。嫁接苹果结果早，适合作中间砧，在肥水条件好的地区发展
		M_{26}	矮化砧。根系发达、抗寒、抗白粉病，但抗旱性较差。嫁接苹果结果早、产量高、果个大、品质优，适合在肥水条件好的地区发展
		M_7	半矮化砧。根系发达、适应性较强、抗旱、抗寒、耐瘠薄，用作中间砧，在旱地表现良好
		MM_{106}	半矮化砧。根系发达、较耐瘠薄、抗寒、抗棉蚜及病毒病。嫁接树结果早、产量高，适合作中间砧，在旱原地区表现良好
		MM_{111}	半矮化砧。根系发达、根蘖少、抗旱、较耐寒、适应性较强。嫁接树结果早、产量高，适合作中间砧，在旱原地区表现良好
		SH_9（原代号78-2-18）	抗寒性、抗旱性、抗抽条性较强。较抗粗皮病、抗黄化病及小叶病能力比乔化砧树略差。早花早果性较强。用芽接法培育的幼树，有偏冠现象。适合河北、山东等地栽培应用
		77-34	矮化性能介于M_{26}和M_9之间。嫁接亲和性好、早果、丰产。抗逆性突出、适应性广。可在辽宁省各苹果产区栽植，在我国北纬35°～45°、东经80°～130°的区域内可应用
		辽砧2号	与富士、金冠品种嫁接亲和性好，抗寒能力强。多以中间砧形式利用，适宜在1月平均气温-12℃以南的苹果产区应用。主干基部易产生翘皮。嫁接时间要比M_7、M_{26}砧木早7～10天
梨		杜梨	根系发达、抗旱、抗寒、耐盐碱、嫁接亲和力强、结果早、丰产、寿命长。适于辽宁、内蒙古、河北、河南、山东、山西、陕西等地
		麻梨	抗寒、抗旱、抗盐碱、树势强壮、嫁接亲和力强，为西北地区常用砧木
		山梨	抗寒性极强，能耐-52℃的低温。抗腐烂病、不抗盐碱、丰产、寿命长、嫁接亲和力强，但与西洋梨品种亲和力弱。是东北、华北北部、西部地区的主要砧木类型

续表

树种	砧木名称		主要特性
梨	褐梨		抗旱、耐涝、适应性强、与栽培品种嫁接亲和力强、生长旺盛、丰产，但结果稍晚。适于山东、山西、河北、陕西等地
	矮化砧	PDR_{54}	极矮化砧。生长势弱、抗寒、抗腐烂病和轮纹病。与酥梨、雪花梨、早酥、锦丰等品种亲和性良好，用作中间砧矮化效果极好
		S_5	矮化砧。紧凑矮壮型，抗寒力中等，抗腐烂病和枝干轮纹病。与砀山酥梨、早酥梨等品种亲和性好，作中间砧矮化效果好
		S_2	半矮化砧。抗寒力中等，抗腐烂病和枝干轮纹病。与砀山酥梨、早酥、鸭梨、雪花梨等亲和性良好，作中间矮化砧效果好
葡萄	山葡萄		极抗寒，扦插难发根，嫁接亲和力良好
	贝达		抗寒、结果早、扦插易发根、嫁接亲和力良好
	SO_4		适应性强、土壤适应范围广、抗寒、抗旱、耐潮湿、耐盐碱、高抗根癌病、抗葡萄根瘤蚜及根结线虫，抗病毒能力强，根系抗低温能力强。扦插生根率较高，嫁接品种亲和力较强。但与许多欧亚种或存在后期不亲和现象
桃	山桃		抗寒、抗旱、抗盐碱、较耐瘠薄、嫁接亲和力强。为华北、东北、西北等地桃的主要砧木
	毛桃		根系发达、生长旺盛、抗旱、耐寒、嫁接亲和力强、生长快、结果早，但树体寿命较短。在华北、西北、东北各地使用较广泛
	山樱桃（毛樱桃）		抗寒力强、抗旱、适应性较强、生长缓慢，可作桃的矮化砧木，嫁接亲和力强。适于华北、东北、西北等地
杏	山杏		抗寒、抗旱、耐瘠薄，适于华北、东北、西北等地
	山桃		与杏嫁接易成活、结果早，为华北、东北、西北等地杏的主要砧木
李	山桃		与中国李嫁接易成活
	山杏		与中国李及欧洲李嫁接易成活
	山樱桃（毛樱桃）		与李嫁接亲和力强，有明显的矮化作用，结果早，丰产

续表

树种	砧木名称	主要特性
大樱桃	考特	甜樱桃矮化砧木。分蘖生根能力强，根系发达，抗风能力强，扦插或组织培养容易，也可压条、分株繁殖，与甜樱桃品种嫁接亲和力强，与接穗品种的生长发育一致。嫁接甜樱桃品种结果早，花芽分化早，果实品质优良，产量高。易感根癌病，抗旱性差，适宜在比较潮湿的土壤中生长，不宜栽植在土壤黏重、透气性差及重茬地块上
	吉塞拉	吉塞拉（Gisela）系列砧木品种共同的特点是：与嫁接试验的所有欧洲甜樱桃品种嫁接亲和性强；对各种类型的土壤有广泛适应性，并非常适于黏重土壤栽培；抗寒性都优于马扎德实生优系F12/1和考特；抗根癌病。其中Gisela5、Gisela6和Gisela12耐多种病毒病和细菌性溃疡病；嫁接甜樱桃品种早结果、早丰产。但从抗PDV和PNRSV病毒来说，Gisela系列不如马扎德、马哈利和考特
	中国樱桃	中国樱桃即俗称的小樱桃。适应性强，根系分布浅。耐干旱、抗瘠薄，但不抗涝，耐寒力差。扦插易生根。实生苗较抗根癌病，但病毒病较重。目前生产上常用的是普通型中国樱桃和莱阳矮樱桃
	莱阳矮樱桃	中国樱桃的一种类型。树体紧凑矮化，为普通型中国樱桃树冠的2/3。根系分布深，固地性强。与甜樱桃嫁接亲和性强，有小脚病现象。有不同程度的病毒病症状表现
	山樱桃（毛樱桃）	根系发达、较抗寒、生长旺盛、嫁接亲和力强、抗抽条能力好、抗旱性好、不耐盐碱、有小脚现象发生，易患根癌病
柿	君迁子	抗寒、抗旱、耐盐碱、耐瘠薄、结果早、亲和力强。适于北方地区
枣	酸枣	抗寒、抗旱、耐盐碱、耐瘠薄、亲和力强。适宜北方地区
核桃	核桃	抗寒、抗旱、适应性强
	核桃楸	抗寒、抗旱、耐瘠薄、嫁接成活率不如共砧，有"小脚"现象，适于北方各地
板栗	普通板栗	共砧
	茅栗	抗湿、耐瘠薄、适应性强、结果早

三、矮化砧木

1.矮化砧的作用机理和利用

矮化砧为什么能够使树体矮化？一般认为，果树矮化砧和矮化中间砧茎（根）干中的枝皮在致矮中起着决定性作用，并且这种作用很有可能是通过影响嫁接树的根系反过来导致嫁接树矮化的。由于果树矮化砧和矮化中间砧枝皮阻碍了碳水化合物由地上部向根系的运输或/和破坏（或阻碍了）生长素由地上部向根系的运输，减少了到达根系的碳水化合物或/和生长素的量，影响到根系的生长发育或/和细胞分裂素产生，引起地上部水分及矿质养分的亏缺或/和细胞分裂素供应的减少从而导致嫁接树矮化。具体到各种矮化砧和矮化中间砧作用机理可能有所不同，有的是由于前一种因素，有的是由于后一种因素，有的是两种因素兼而有之。

矮化砧作为中间砧对嫁接品种的影响程度，与中间砧的长度有关。一般认为中间砧起作用的长度不小于10cm，中间砧越长，矮化作用越强。生产中具体采用的长度可根据需要而定，我国一般20～30cm，国外有的资料介绍中间砧段以30～50cm为好。

2.建立矮化砧母本园

母本园的任务是提供矮化砧繁殖材料和培育矮化砧自根苗。繁殖材料如扦插用插条，自根苗如压条苗。矮化砧材料最好从母本园中获取。

果树矮化砧木苗生产分为以下几个层次，原种—母株—砧木。原种只能由国家认可或指定的专业科研机构、公司提供，为无病毒植株。从原种获得母株就可以建立母本园，既方便使用、满足供应，又保证纯度，保证无病毒苗感染病毒。原种砧木压条植株即为生产上繁殖用母株，母株压条出来的植株即为生产用砧木。用于嫁接品种培育苗木；从母株剪取枝条可以用作中间砧；从母株剪取枝条扦插可以培育矮化自根砧。

在有条件的地区要建立矮化砧母本园。母本园的建立和管理一定要符合国家对无病毒母本园的管理规定。严格区分品种，划区种植，做好标记。株行距1m×1.5m，以后根据郁闭情况隔株去株。要注意加强肥水管理，适当加重修剪量，促发健壮的枝条，增加繁殖系数。

没有条件建立矮化砧母本园的，也可引进矮化砧嫁接到乔化砧木上或高接到健壮的大树上，提供矮化砧材料。

四、抗性砧木

抗性砧木在葡萄上应用较多。因为葡萄枝条很容易生根，生产上主要利用扦插繁殖葡萄苗。但是到了20世纪，因为美洲葡萄的引入，葡萄根瘤蚜也随之而来。欧亚种的葡萄品质好，但普遍不抗根瘤蚜，当时给欧洲的葡萄产业带来了严重的灾难。而一般拥有美洲葡萄亲缘的葡萄品种对根瘤蚜抗性较好。后来人们发现用美洲葡萄做砧木嫁接欧亚种的葡萄可以抗根瘤蚜，这样就产生了葡萄嫁接苗。

在我国，由于天气寒冷，北方葡萄产区冬天需要埋土防寒，因此大大限制了根瘤蚜的发生发展。但由于北方冬季温度低，会经常出现葡萄遭受冻害的现象，于是人们就利用野生的山葡萄对葡萄进行嫁接，在很大程度上解决了葡萄自根苗冬天遭受冻害的问题。

砧木可以解决生产中出现的某一问题，但也会给接穗带来一些不良的影响，比如用贝达嫁接的葡萄就会出现品质变差、果个变小的现象。再有，我国南方多阴雨，往往因为光照不良，欧亚种葡萄生长势弱且易得霜霉病，所以南方多用巨峰和藤稔葡萄作砧木来缓解欧亚种生长势弱的问题。但是，巨峰和藤稔葡萄本身易裂果，从而也会引起接穗较容易裂果。

一般来说，自根苗比嫁接苗品质好，但抗性弱。生长速度方面要看用什么砧木，巨峰作砧木肯定比SO_4要生长得快，因为SO_4大多表现为小脚，而巨峰多为大脚。在结果速度方面差别不大，因为葡萄多是两年见果、三年丰产。

五、砧木的选择

1.砧木的选择条件

果树砧木种类很多，各地又有各自适宜的树种。选择砧木应考虑下列条件。

① 要与栽培品种有良好的嫁接亲和力，对接穗的生长结果有良好的影响。

② 对栽培地区的环境条件有良好的适应性，对病虫害抵抗力强。

③ 砧木的种苗来源丰富，且容易繁殖。

④ 具有满足特殊需要的性状，如乔化、矮化等。

⑤ 根系发达，固地性好。

2.砧木区域化

砧木的选择要符合砧木区域化的要求。不同类型的砧木，对气候、土壤等环境条件的适应能力不同。树种、品种的区域化栽培，要求不同地区有适宜的砧穗组合。砧木区域化的原则应该是适地、适树、适砧。砧木的选用上，应就地取材、适当引种。应先对引种砧木特性有充分的了解或先行试栽，观察其适应能力，表现好时再大量引进和推广。

第三节　接穗

　　在嫁接组合中，用作嫁接的枝与芽称为接穗与接芽。果树生产中，接穗一般都是各个树种的优良品种的枝与芽。了解品种，才能有的放矢地选择品种；了解这些品种的枝芽特性，才能更好地剪取接穗。所以，这里先介绍一下果树优良品种。

一、果树优良品种

1.苹果

苹果优良品种及其主要性状见表2-2。

表2-2　苹果优良品种及其主要性状

品种名称	来源	平均单果重/g	果实形状，色泽	果实成熟期	综合评价
泰山早霞	山东农业大学	238	宽圆锥形，底色淡绿，彩色鲜红，条纹红	6月下旬（山东泰安）	结果早、品质优、丰产性强
秦阳	西北农林科技大学	200	近圆形，底色黄绿，彩色鲜红	7月中下旬（陕西渭北地区）	结果早、坐果率高、较丰产、果实常温下贮藏15天
金世纪	西北农林科技大学	210	长圆形，高桩，底色黄，彩色鲜红	8月上旬（陕西渭北地区）	结果早、果实成熟期不一致、喜肥水
美国8号	美国	200	近圆或短圆锥形，底色黄白，彩色鲜红，带有条纹	8月上旬	结果早、丰产、果实成熟期不一致
藤牧1号	美国	200	短圆锥形，底色黄绿，覆红霞和宽条纹	7月中旬至8月上旬	结果早、较丰产、采前落果、果实成熟期不一致
红盖露	新西兰	190	圆锥形，果面全红，色泽艳丽	8月上旬	果实上色早、成熟期一致、无采前落果

续表

品种名称	来源	平均单果重/g	果实形状,色泽	果实成熟期	综合评价
玉华早富	日本	231	圆到近圆形,底色黄绿或淡黄,着条纹状鲜红色	9月上旬	目前富士系中最好的中熟品种之一,室温下果实可贮存至春节
红香脆	新西兰	228	近圆形,高桩,底色黄绿,彩色鲜红	9月上中旬	早果、丰产、常温下果实可贮存4～5个月
新嘎拉	新西兰	150	卵圆或短圆锥形,底色黄绿,着全面鲜红霞	9月中下旬	果实品质优、耐贮藏。优系有烟嘎1号、烟嘎2号
千秋	日本	160	圆或长圆形,底色黄绿,覆鲜红霞和断续条纹	9月下旬	果实品质优。水分失调易裂果
华冠	郑州果树研究所	180	圆锥或近圆形,底色黄绿,覆鲜红霞和细条纹	9月下旬	结果早、丰产、果实较耐贮藏
蜜脆	美国	330	圆锥形,果面着鲜红色条纹红	9月上旬	果个大,常温下可贮藏3个月以上
华帅	郑州果树研究所	210	圆锥或近圆形,底色黄绿,彩色暗红,间具深红色条纹	9月下旬至10月初	果实不返沙,较元帅系品种耐贮藏
金冠	美国	200	圆锥形,金黄色	9月中下旬	早果丰产、果实品质优、易生果锈、易皱皮
新乔纳金	美国	220～250	圆锥形,底色黄绿,覆鲜红霞	10月上中旬	易成花、丰产、有采前落果、三倍体品种
金晕	美国	170	圆锥形,底色绿黄,着橙红淡红晕	10月中旬	不生果锈、不皱皮
陆奥	日本	400	短圆锥形,底色黄绿,着淡红晕	10月上中旬	果实大。三倍体品种
长富2号	日本	274	长圆或近圆柱形,底色黄,着鲜红条纹	10月上中旬	果实品质优、风味好、硬度大、耐贮藏
秦冠	西北农林科技大学	200～300	圆锥形,暗红色,果点大	10月下旬	适应性强、果实品质稍差

续表

品种 名称	来源	平均单 果重/g	果实形状,色泽	果实成熟期	综合评价
岩富 10号	日本	210	圆形或长圆形,全面着浓红或鲜红色,属着色Ⅰ系	10月上旬	适应性强、果实全面着色、品质极上
王富	日本	200	椭圆形,底色绿黄,浓红色条纹	10月中下旬	果实易着色、耐贮藏、不裂果、不落果
望山红	辽宁 果树 研究所	260	长圆或近圆柱形,果面着鲜红条纹红	10月上旬	果实硬度大、耐贮藏、风味好、无锈斑
粉红 女士	澳大 利亚	160	近圆柱形,高桩,面色鲜红	11月上旬	早果、丰产、果实室温下可贮至翌年5月
澳洲 青苹	澳大 利亚	200~230	果实近圆形,面色翠绿	10月下旬至 11月上旬	果实常温下可贮藏到翌年4～5月。属国际鲜食、加工兼用优良品种
维纳斯 黄金	日本	226~247	长圆形,部分果顶有突起,黄绿或金黄色,偶有红晕	10月下旬至 11月上旬	果实浓郁芳香、口感独特、晚熟、室温下可贮至翌年3月
瑞丹	法国	120~160	近圆形,底色黄绿,果面3/4条红	9月中下旬	果实出汁率70.6%～73.4%,制汁专用品种
上林	法国	100~150	近圆形,黄色	10月下旬	出汁率70%～75%,适宜制汁或制果泥
甜麦	法国	38~64	圆锥形,金黄色着片红	11月上旬	出汁率63%,制酒专用品种
甜格力	法国	50~70	圆锥形,黄色有红晕	11月上旬	出汁率65%,制酒专用品种

2.梨

（1）早酥　中国果树研究所杂交育成,亲本苹果梨×身不知。果实多呈卵圆形,平均单果重250g。果皮黄绿色、光滑、果点小。肉质细脆多汁,石细胞少,风味甜稍淡,可溶性固形物含量11%～14%。果实7月中下旬成熟。我国南北方均可栽培。

（2）早美酥　中国农业科学院郑州果树研究所杂交育成,亲本新世纪×

早酥梨。果实近圆或卵圆形，平均单果重250g，最大果重540g。果面光滑、蜡质厚、果点小而密、绿黄色、无果锈。果肉乳白色、肉质细脆、果心较小、石细胞少、汁液多，可溶性固形物含量11%～12.5%，酸甜适度、无香味、品质上。河南郑州地区7月中旬成熟，货架期20天。适宜在长江流域、华南、华北、西北、西南等地栽培。

（3）圆黄　韩国园艺研究所用早生赤×晚三吉育成。果实扁圆形，平均单果重350g，最大果重1000g。果皮金黄色至红褐色。果肉雪白、细腻、无渣、多汁，含糖量在15%以上，几乎无酸味，口感甚佳，品质优良。果实7月下旬成熟。

（4）绿宝石　又名中梨1号。中国农科院郑州果树研究所杂交育成，亲本新世纪×早酥。果实近圆形，平均单果重220g。果皮绿色至黄绿，果点小而稀。肉质细嫩多汁、石细胞极少、风味浓甜、香气浓、可溶性固形物含量15%。果实7月底至8月初成熟。室温下可贮放30天左右，冷藏条件下可贮放2～3个月，在树上可持续到9月中旬不落果。

（5）黄冠　河北省农林科学院石家庄果树研究所杂交育成，亲本雪花×新世纪。果实椭圆形，平均单果重250g。果皮金黄色、光滑、果点小而稀。肉质细脆多汁、石细胞极少、风味甜、香气浓、可溶性固形物含量12%。果实8月上中旬成熟。适宜在长江及长江以北地区发展。

（6）八月红　陕西省果树研究所与中国果树研究所共同选育，早巴梨×早酥梨。果实近圆柱形，平均单果重300g。果皮黄绿色，阳面着片红。采后需后熟，肉质细嫩、石细胞少、风味甜、香气浓、可溶性固形物含量12%。果实8月中下旬成熟。

（7）新世纪　日本冈山县农业试验场杂交育成，亲本20世纪×长十郎。果实扁圆形，平均单果重300g。果皮黄绿色、光滑、果点大。肉质细脆多汁、石细胞极少、风味甜、香气浓、可溶性固形物含量13%。果实8月中旬成熟。

（8）丰水　日本农林省园艺试验场1954年育成，亲本（菊水×八云）×八云。果实圆形略扁，平均单果重300g。果皮黄褐色、粗糙、果点大而多。肉质细脆多汁、石细胞极少、风味甜、香气浓、可溶性固形物含量12%。果实8月下旬成熟。

（9）黄金　韩国1981年育成，亲本新高×20世纪。果实近圆形，平均单果重300g。果皮黄绿色、光滑、果点小而稀。肉质细脆多汁，石细胞极少，风味甜，香气浓，可溶性固形物含量12%。果实9月中下旬成熟。

（10）莱阳茌梨　通称莱阳梨，山东梨类传统名贵品种，集中种植于莱阳市五龙河及其支流两岸。果实卵圆形，掐萼后为倒卵圆形，平均单果重

250g。果皮黄绿色、果点大而密。肉质细嫩多汁、味浓甜、具芳香、石细胞小、可溶性固形物含量13%。果实9月下旬成熟。

（11）新高　日本神奈农业试验站于1915年育成，亲本天之川×今村秋。果实近圆形，平均单果重350g。果皮褐、较光滑、果点小。果肉致密多汁、石细胞极少、风味甜、香气浓、可溶性固形物含量13%。果实10月中下旬成熟。

（12）南果梨　原产于辽宁鞍山地区。果实圆形或扁圆形。果实小，平均单果重58g。果皮绿黄色，熟后底色变黄色，萼片脱落或宿存；阳面有鲜红色晕。果实采收后即可食用，肉脆较硬、汁多。品质极上，一般可贮放25天左右。在辽宁兴城地区果实8月下旬成熟。

（13）鸭梨　原产于河北省赵县。果实倒卵圆形，果肩一侧呈鸭头状突起，平均单果重150～200g。绿黄色、贮后黄白色、皮薄、果点小而密、果肉白色、肉质特细而脆嫩，含固形物11%～13%。有香气，石细胞少。果实9月中下旬成熟。较耐贮藏。

（14）砀山酥　原产于安徽砀山。果实近圆柱形，平均单果重250g。果皮绿黄色，萼片脱落，果点小而密。果心小，果肉白色，酥脆多汁。陕西渭北地区果实8月下旬成熟。

（15）库尔勒香梨　原产新疆南部。果实倒卵圆或纺锤形，小树、旺树的果实顶部有猪嘴状突起，平均单果重80～100g，最大果重174g。阳面有暗红色晕、果面光滑、果点小而不明显。皮薄、果肉白色、脆嫩、汁多浓甜、香味浓郁。果实9月下旬成熟。

3.葡萄

葡萄优良品种及其主要性状见表2-3。

表2-3　葡萄优良品种及其主要性状

品种	原产地或亲本	平均穗重/g	平均粒重/g	采收期	可溶性固形物含量/%	综合评价
夏黑	日本	500～700	5.5	7月中旬（山东济南）	21	最大穗重1200g。果皮厚，成熟时蓝黑至紫黑色，覆有一层厚厚的果粉。果肉硬脆、味甘甜、草莓香味浓郁、无核、品质上。果实耐贮运，成熟后挂树60天不掉粒、不转色。丰产

续表

品种	原产地或亲本	平均穗重/g	平均粒重/g	采收期	可溶性固形物含量/%	综合评价
红芭拉蒂	日本，Balad×京秀	472	7.2	7月底（北京地区）	18.5	果实鲜红或紫红色，果粉薄。果皮薄、肉脆、味甜。果实成熟后可在树上久挂。丰产。二次结果能力较强
京秀	北京植物园，潘诺尼亚×60-33（玫瑰香×红无籽露）	450	6.3	7月底或8月初（河北昌黎）	14~17.6	果实着色早，果皮玫瑰红或红色，不裂果不落粒。果肉脆硬、味甜、品质上。耐运输。适于露地与保护地栽培
京亚	北京植物园从黑奥林中选出，四倍体	482	10.8	8月上旬（北京）	13.5~18	果皮黑色或蓝黑色。肉质较软，酸甜多汁，微有草莓香味，品质中上。抗病力强。适露地与保护地栽培
京优	京亚姊妹系，四倍体	580	10.0	7月下旬（陕西西安）	14~19	果皮红紫色。果肉厚脆多汁、品质上。果实耐运输。生长势强、抗病、丰产。副梢结实力强
红地球	美国加州大学	850	12.5	9月中旬（河南郑州）	17~18	果皮深红或红色。果肉脆硬可切片，果皮中厚，味甜爽口，品质上。果粒与果柄结合牢固，极耐贮运。丰产、易贪青、不抗黑痘病
里扎马特	俄罗斯，可口甘×巴尔干斯基，欧亚种	850	11~15	8月上旬（陕西西安）	15	果粒阔圆锥形。果皮鲜红色，肉质脆甜、品质上。耐贮运。丰产、抗病弱、成熟时遇雨易裂果

续表

品种	原产地或亲本	平均穗重/g	平均粒重/g	采收期	可溶性固形物含量/%	综合评价
无核早红	河北昌黎果树研究所，郑州早红×巨峰	190	4.5	7月下旬（陕西西安）	14.5	果粒紫红色、无核、肉脆、酸甜适口、品质优。结实力极强、丰产、易结二次果。适应性强、抗病
矢富罗莎	日本品种	500	8～9	7月下至8月上旬（河北昌黎）	16	果皮紫红色或深红色。果肉脆甜多汁、口感佳、品质上。结实力较强、丰产
香妃	北京林果研究所，73-7-6（玫瑰香×莎巴珍珠）×绯红	322.5	7.58	8月上旬（北京）	含糖量14.25	果皮绿黄色。果肉硬脆、有极浓郁玫瑰香味、酸甜适口、品质上。结实力强、早果、丰产。花期遇雨易产生小青粒，多雨年份有轻微裂果
紫珍香	辽宁园艺研究所，沈阳玫瑰×紫香水芽变，四倍体	500	10	8月上旬（陕西西安）	14	果皮紫黑色。果肉软而多汁、酸甜、有玫瑰香味、品质上。丰产、较抗病
峰后	北京林果研究所从巨峰实生后代中选出	418	12.7	9月上旬（北京）	17.87	果实紫红色。果皮厚、果肉极硬、质脆、略有草莓香味、口感甜度高、品质上。耐贮运
红双味	山东酿酒葡萄科学研究所，葡萄园皇后×红香蕉	600	6.5	7月上中旬（山东济南）	含糖量17.2～21	果实深红色。果粒着生紧密，具玫瑰香与香蕉双重香味，品质上。结实力极强、丰产。适应性强
美人指	日本	450～600	10～12	8月下旬（河南郑州）	16～19	果粒圆柱形，顶端紫红色。果肉质脆、甜、爽口、品质上。耐贮运。树势强、抗病力中等

续表

品种	原产地或亲本	平均穗重/g	平均粒重/g	采收期	可溶性固形物含量/%	综合评价
无核白鸡心	美国	600～700	4.2	8月中下旬（辽宁沈阳）	16.5	果粒黄绿色。无核、肉质细脆、微有玫瑰香味、甜酸适口、品质上。丰产、易感黑豆病和白腐病
优无核	绯红×未命名的无核品种	500～1200	5～7	8月上旬（陕西渭北）	含糖量17～18	果皮微黄色，果皮薄。肉脆、汁多、酸甜适口、无异味、无核。适应性较强，抗霜霉病
红宝石无核	美国加州大学，皇帝×Pirovano75	750～800	4.0	9月下旬（华北地区）	16	果实无核、味甜、质脆耐贮运、品质上。易脱粒、丰产、抗病
高妻	日本	600	13	8月下旬（陕西渭北）	16～18	果实黑色。果皮厚，果肉具浓郁草莓香味。果实耐贮运。丰产、稳产、抗病性强
藤稔	日本	500～600	15～18	8月上中旬（河南郑州）	≥16	果皮紫红色至紫黑色。果肉肥厚，品质中。生长势强、抗病与丰产性强于巨峰。果实不耐贮运。成熟后易落粒
秋黑	美国	520	8	9月底或10月初（北京）	17	果实蓝黑色。果皮厚、肉质硬脆酸甜、品质上。果实极耐贮运。极丰产

4.桃

桃优良品种及其主要性状见表2-4。

表2-4　桃优良品种及其主要性状

类型	品种名称	育成地或主产地	果实形状	单果重/g	果实颜色	果实品质	果实成熟期	产量
普通桃	春蕾	上海园艺研究所	卵圆	70～90	乳白顶尖红	上	5月下旬	丰产
	早美	北京林果研究所	圆	97	果面玫瑰红色晕	上	5月下旬	丰产
	春艳	青岛市农科院	圆	94	乳白或乳黄色，顶部及阳面鲜红	上	6月中旬	丰产
	雨花露	中国农科院江苏分院	长圆	125	乳黄果顶红	中上	6月中旬	中等
	庆丰	北京市农林科学院	长圆	130～150	黄绿阳面红	上	6月下旬	丰产
	早凤王	河北固安	近圆	300	粉红	上	6月底	丰产
	沙红桃	陕西礼泉	圆或扁圆	285	浓红	上	7月上旬	丰产
	加纳岩白桃	日本山梨县	扁圆	350	浓红	上	7月上旬	丰产
	红清水	日本冈山县	扁圆	300	全红	上	7月中下旬	丰产
	大久保	北京地区	近圆	150	淡绿带红	上	8月初	丰产
	21世纪	河北职技师院	圆	350	鲜红	上	8月下旬	丰产
	新川中岛	日本长野县	圆或扁圆	260～350	鲜红	极上	7月底至8月上旬	丰产
	秦王	陕西果树研究所	圆形	250	白色，阳面玫瑰色晕	上	8月中旬	较丰产
	重阳红	河北农业大学	近圆	300～500	粉红	上	8月下旬	丰产
	徐蜜	江苏徐州	近圆	197.3	乳白有红晕	上	8月下旬	丰产
	寒公主	吉林公主岭	圆	180	红	上	9月中旬	丰产
	肥城桃	山东肥城	近圆	300	黄白	上	9月上旬	丰产
	深州蜜桃	河北深州市、束鹿	长圆	200	黄白有紫红	上	8月下旬	中等
	中华寿桃	山东莱西	近圆	277～350	鲜红	极上	10月下旬	丰产
	冬雪蜜	山东青州	近圆	120	淡绿带红	上	11月初	丰产

续表

类型	品种名称	育成地或主产地	果实形状	单果重/g	果实颜色	果实品质	果实成熟期	产量
油桃	千年红	郑州果树研究所	圆	100	鲜红	上	5月下旬	丰产
	丽春	北京林果研究所	圆	128	宝石玫瑰红	上	5月下旬	特丰产
	华光	郑州果树研究所	椭圆	100	玫瑰红	极上	5月底	丰产
	曙光	郑州果树研究所	近圆	122	浓红	极上	6月初	丰产
	中油5号	郑州果树研究所	椭圆	166	红	上	6月上旬	极丰产
	瑞光3号	北京林果研究所	近圆	135	紫红	上	6月中旬	丰产
	秦光	陕西果树研究所	圆	119	鲜红	上	7月上旬	丰产
	霞光	山西果树研究所	近圆	123	鲜红	上	7月中旬	丰产
	瑞光19号	北京林果研究所	近圆	150	玫瑰红	上	7月中下旬	丰产
	中油8号	郑州果树研究所	近圆	190	浓红	上	8月上中旬	丰产
蟠桃	早硕蜜	江苏园艺研究所	扁平	95	乳黄有红晕	上	6月初	丰产
	早露蟠	北京林果研究所	扁平	153	黄白、玫瑰红晕	上	6月中旬	丰产
	早魁蜜	江苏园艺研究所	扁平	130	乳黄、有红晕	上	6月底	丰产
	瑞蟠3号	北京林果研究所	扁平	200	黄白、红晕或红斑	上	7月上旬	丰产
	撒花红蟠桃	江苏、浙江	扁圆	125	黄白带红	上	7月中旬	丰产
	中油蟠1号	郑州果树研究所	扁平	110	浅绿，红斑点或晕	上	7月底	丰产
	香金蟠	大连农科院	扁平	132	橙黄带暗红	上	8月上旬	丰产
	瑞蟠4号	北京林果研究所	扁平	221	黄白带暗红	上	8月底	丰产
加工桃	紫胭桃	甘肃敦煌、临泽	倒卵	200～300	黄绿	上	8月中旬	丰产
	丰黄	大连农科院	椭圆	160	橙黄带暗红	上	8月上旬	丰产
	黄露	大连农科院	椭圆	170	艳黄	上	8月上旬	丰产

5.核桃

（1）晋龙1号　山西省核桃选优协作组在实生群体中选出，薄壳。树势中等，果枝率50%左右，每果枝平均坐果1.5个。坚果近圆形，壳面光滑，缝合线平。单果重14.85g，取仁易，仁饱满、黄白色，出仁率61.34%，品质上等，成熟期9月上旬左右。适丘陵山地栽培。

（2）纸皮1号　山西省核桃选优协作组在实生群体中选出，纸皮。雄先型。坚果长圆形，壳面光滑，缝合线平。单果重11.1g，出仁率66.5%，味浓香，品质上。成熟期9月上旬。

（3）礼品1号　辽宁省经济林研究所从新疆纸皮核桃的实生后代中选出，纸皮。果枝率58.4%左右，每果枝平均坐果1.2个。坚果长阔圆形，壳面壳沟极少而浅，缝合线平且密集。单果重10g，内隔壁退化，可取整仁，种仁饱满，出仁率70.4%，品质极佳。成熟期9月中旬。

（4）秦核1号　陕西省果树研究所选出。树势旺盛，长果枝型。坚果壳面光滑美观，单果重14.3g，核仁饱满，出仁率53.3%，品质好。丰产稳产。适应性强。

（5）鲁光　山东省果树研究所杂交选育而成。树势较强，树冠开张，分枝力强，属长果枝型，果枝率81.8%，侧花比例80.8%，每果枝平均坐果1.3个。坚果卵圆形，单果重16.7g，壳面光滑，缝合线平。壳较薄，仁色浅，可取整仁，出仁率56.2%～62%。丰产性强。适宜在土层厚的山地、丘陵地栽植，亦适宜林粮间作。

（6）中林5号　中国林业科学研究院杂交选育而成。树势中等，分枝力强，结果树枝短，侧花芽比例90%，每果枝坐果1.64个。坚果圆球形，壳面光滑，单果重10g左右。易取仁，仁色浅，风味佳，出仁率65%左右。丰产，适于早密丰栽培。

（7）辽宁4号　辽宁省经济林研究所杂交选育而成。树势较旺，直立，树冠圆头形，分枝力较强，侧花芽比例79%，每果枝平均坐果1.5个。坚果圆形，壳面光滑美观，核仁色浅，出仁率5%，风味好，品质极佳。产量较高。抗病性较强。

（8）绿波　河南省林业科学研究院从新疆核桃实生树中选育而成。树势较旺，树姿开张，分枝力强，有二次枝，侧花芽比例80%，每果枝平均坐果1.6个，多为双果，属短枝型。坚果卵圆形，壳面较光滑，缝合线窄、微凸、不易开裂。单果重12g左右，仁黄白色，出仁率54%～58.4%。适宜在土壤较好的地方栽植。

此外，早实类优良品种有辽宁1号、辽宁3号、香玲、阿扎343、西扶1

号、冀丰、西林2号、中林1号、中林6号、新早丰、岱辉、丰辉、云新1号、晋丰、晋香、薄壳香等；晚实类优良品种有礼品2号、石门核桃、北京746、晋龙2号、晋龙3号、西洛3号等。

6. 板栗

（1）燕山早丰 原株在河北迁西县杨家峪村。树势强健，树姿开张，分枝角度中等，结果早，丰产。总苞小，平均每蓬2.5粒坚果，皮薄。平均单果重7～8g。果皮褐色、茸毛少。果肉含糖19.67%、淀粉51.34%、蛋白质4.43%，甜、香、糯俱全。在河北迁西坚果9月上旬成熟。耐贮藏。抗病，较耐旱耐瘠薄。

（2）燕山魁栗 简称燕魁，原杨家峪107号，1980年定名为燕山魁栗。树姿开张，分枝角度大，结果枝开张角度大。总苞大，平均每蓬2.9粒坚果。平均单果重9g。果皮棕褐色、有光泽、茸毛中等。果肉质地细腻，含糖21.12%、淀粉51.98%、蛋白质3.72%，味香甜，糯性强。坚果9月下旬成熟。耐贮藏。

（3）燕山短枝 原后韩庄20号，1980年定名为燕山短枝，也叫大叶青。树冠紧凑，树势中庸，树姿开放。总苞中等，每蓬平均栗果2.7个，很少空蓬。平均单果重9g。果皮红褐色，光亮，茸毛少。果肉含糖20.57%、淀粉50.85%、蛋白质5.89%，味香甜，糯性强。坚果9月中旬成熟。耐贮藏。

（4）大板红 又称大板49。树势强，树姿稍开张，树冠较紧凑，丰产、稳产。总苞大，皮薄。坚果圆形、红褐色、有光泽、茸毛中多。平均单果重8.1g，果粒较整齐。肉质细腻、味甜、品质优良。果实含淀粉64.22%、糖20.44%、蛋白质4.82%，品质优良。在燕山地区果实9月中旬成熟。适应性强，耐瘠薄。

（5）怀九 怀柔区板栗试验站于1984—2000年在实生板栗大树中选出，原株为北京怀柔县九渡河实生大树，2000年9月定名。树形多为半圆形，主枝分枝角度在50°～60°之间，早实，具连续结果习性，丰产，稳产。总苞为椭圆形，中等大，刺较密，每蓬平均栗果2.35粒。坚果圆形，平均单果重7.5～8.3g。皮褐色，茸毛较少，有光泽。坚果9月中下旬成熟。

（6）怀黄 原株为北京怀柔区黄花城村实生大树。树冠多为半圆形，树姿开展，主枝分枝角度在60°～70°之间，一般情况下短截后均能结果，早实、丰产、稳产。总苞椭圆形，中等大，刺较密，每蓬平均栗果2.24粒。坚果圆形，平均单果重7.1～8.0g。皮褐色、茸毛较少、有光泽。坚果9月中下旬成熟。

（7）红光栗 山东莱西市店埠镇从实生栗树中选出。树势中等，树冠紧凑，树姿较开张，结果母枝粗壮，始果期晚，嫁接后3～4年开始结果，但结果后连续丰产。总苞椭圆形，重60g，每蓬平均栗果2.8个。坚果红褐色，大小整齐美观。平均单果重9.5g左右。果肉质地糯性，细腻香甜，含水50.8%、糖14.4%、淀粉28.6%、脂肪3.06%、蛋白质9.2%。坚果9月下旬至10月上旬成熟。耐贮藏。

（8）红油皮栗　别名明栗、红明栗，原产于河北燕山地区迁西、遵化等地。树势旺盛，树姿开张。每蓬平均栗果3个。果皮赤褐、富光泽。平均单果重10g。果肉含糖量20%、淀粉45%，糯、甜、香，质优。坚果9月下旬成熟。耐贮藏。

（9）燕山红栗　别名燕红、北庄1号，北京昌平从明栗中选出的实生优株。单枝结苞2个，丰产。果皮赤褐，富光泽。平均单果重8.9g。果肉含糖量20.3%、蛋白质7.1%、淀粉25%，糯、甜、香，质优。坚果9月下旬成熟。抗性强、耐瘠薄。

（10）石丰　山东海阳从实生栗中选出。树势稳定，树体较矮小，树姿较开张，冠内结果能力强，结果母枝长而粗壮，早果，丰产。总苞扁椭圆形，重53g。坚果红褐色，整齐美观。平均单果重9.2g。果肉细糯香甜，含水54.3%、糖15.8%、淀粉63.3%、脂肪3.3%、蛋白质10.1%。坚果9月下旬成熟。较耐贮藏。

（11）郯城3号　从实生栗树中选出。树冠圆头形，生长直立，枝条粗壮，早实，丰产。总苞椭圆形，单苞重70g左右，每蓬平均栗果2.8个。平均单粒重12g。果肉含水55%、糖29%、淀粉53%、脂肪2.7%。坚果9月下旬成熟。

（12）茧棚栗　产自山东泰安，是当地数量最多的优良品种。丰产。坚果褐色、有光泽。平均单粒重9～11g。果肉细，味甜，品质佳。适应性强。

（13）九家种　主要产自江苏洞庭山。树形较小而直立，树冠紧凑，枝粗节间短。总苞扁椭圆形，针刺稀。坚果圆形，平均单粒重12～13g。果肉质糯、味甜、有香味、品质极上。坚果9月下旬成熟。

（14）处暑红　产于江苏宜兴。树冠半圆头形，树姿开张，新梢细长，产量高，成熟早。总苞长圆形，针刺粗而长。每苞有坚果3粒。坚果圆形，皮紫褐色有光泽。平均单粒重11～18g。果肉粉质，较甜，肉质细腻，品质佳。坚果9月上旬成熟。不耐贮藏。

7.柿

（1）罗田甜柿　原产于我国湖北罗田及麻城地区，完全甜柿，适宜鲜食。果实扁圆形，平均单果重100g。果皮橙红色，果面粗糙，广平微凹，无纵沟，无缢痕。肉质细密，初无褐斑，熟后果顶有紫红色小点。味甜，含糖量19%～21%，核较多，品质中上。在罗田地区10月上中旬成熟，但成熟期有早、中、晚3类，每类采收期相隔10天。果实着色后便可食用。树体寿命长，丰产、稳产。耐湿热，耐干旱。

（2）富有　完全甜柿。果实扁圆形，果顶部圆，橙黄色。平均单果重200g。肉质致密、黏质、果汁多、味甜、脱涩早，一般在9月下旬脱去涩味，成熟期无涩味残留。结果早，丰产性不如次郎。因成熟晚，在淮河以北有不能完全成熟影响品质的问题。果实10月至11月上旬成熟。果梗粗短，抗风力强。

富有系的其他品种有松本早生、爱知早生、上西早生、丹波、须波等。富有系与君迁子砧木亲和性较差，最好选用本砧。

（3）次郎　完全甜柿。果实扁圆形，果皮细、橙黄色。平均单果重200～250g，比富有大。肉质硬、果汁较少、甜味浓、无涩味残留。种子平均1～2粒。果实10月上旬成熟，比富有早10天左右。

次郎系的其他品种有若杉次郎、前川次郎、无核次郎、爱秋丰和光阳早生等。

（4）伊豆　完全甜柿。果实极扁平。平均单果重180g。果肉无褐斑，甜味中等，肉质非常致密、柔软多汁、无涩残留。果实9月中下旬成熟，比富有早1个月以上，在极早熟品种中品质极上。

（5）西村早生　原产于日本，不完全甜柿。果实高腰扁圆形，果顶较尖。果皮浅黄橙色，细腻有光泽。平均单果重180～200g。无种子时，果肉淡黄色，有涩味；果实内有4粒以上种子时，果肉为褐色，能完全脱涩味，肉质粗脆，可溶性固形物含量13.6%，品质中。果实9月中下旬成熟。产量稳定，单性结实率较强。果实较耐贮运。

（6）禅寺丸　原产于日本，不完全甜柿。果实圆或长圆形，胴部有线状棱纹，果柄长。橙红色，果粉多。平均重单果142g。果肉黄色，密布紫褐色斑点，松脆细嫩，汁液多，味甜，糖度14%～18%，品质中上。果实10月上旬成熟，耐贮性较强。树势中庸，树姿开张，树冠紧凑，发枝力强，采前落果少，开始结果早，丰产，但大小年较明显。有雄花，且花粉量大，宜作授粉树。与君迁子嫁接亲和力强，可作富有系品种的砧木。种子少于4粒的果实不能自然脱涩。耐寒性较强。

8.枣

（1）冬枣　又称鲁北冬枣，鲜食品种。山东北部的滨州、德州、聊城和河北南部的沧州、衡水地区都有分布。果实近圆形，果肩稍平。平均单果重

14g，最大果重25g，大小不均匀。果皮薄，成熟时赭红色。肉质细、脆嫩、多汁，可溶性固形物含量38%～42%，品质极上。在鲁北地区10月上中旬成熟，较耐贮藏。早实，丰产。优良晚熟鲜食品种。

（2）梨枣　又称山东梨枣。分布于山东、河北交界的乐陵、庆云、无棣、盐山、黄骅等地。平均单果重28.5g，最大果重36.08g。果皮淡红色，果点大而明显。果肉松脆，汁多味甜，可溶性固形物含量22.5%，品质上。核中大，无仁。采前落果严重。9月上旬成熟。

9.大樱桃

（1）早红宝石　乌克兰品种。果实阔心脏形，紫红色，果点玫瑰红色。平均单果重5～6g。果皮细、易剥离、肉质细嫩、多汁、酸甜适口、品质上。花后27～30天果实成熟，为极早熟品种。植株生长强健，抗寒抗旱。

（2）极佳　乌克兰品种。果实紫红色。平均单果重6～8g。果肉紫红色带有白色纹理，半硬肉、多汁、汁浓、紫红色，葡萄甜味、品质上。花后32～35天果实成熟。植株生长强健，抗寒，抗旱。

（3）抉择　果实圆形至心脏形，紫红色。平均单果重9～11g。果皮细、薄，易剥离。果肉细嫩、多汁、半硬肉、酸甜爽口、品质上。花后42～45天果实成熟。植株健壮，以花束状果枝和一年生果枝结果。抗寒、抗旱。

（4）红灯　大连市农科院育成。果实肾形，果柄粗、较短。果面底色黄白，紫红色，极富光泽。平均单果重9g，最大12g。果肉厚、紫红色、较韧、硬度中等，汁较多，风味酸甜，含可溶性固形物17%，品质上。半离核。果实5月底、6月上旬成熟，耐运输。

（5）意大利早红　原产于法国，是Bigarreau Moreau和Bigarreau Burlat两个红色早熟品种的统称，20世纪90年代引入山东省，1999年通过山东省农作物品种审定。果实短鸡心形，紫红色，有光泽。平均单果重8～10g，最大果重12g。果肉红色，细嫩多汁，可溶性固形物含量11.5%，品质上。山东泰安果实5月中旬成熟。

（6）芝罘红　原名烟台红樱桃。原产于山东烟台市芝罘区。果实圆球形，梗洼处缝合线有短深沟。果梗长而粗，长5.6～6cm，不易与果实分离，采前落果较轻。果皮鲜红色，具光泽，外形极美观。平均单果重8g，最大果重9.5g。果皮不易剥离。果肉浅红色、质地较硬、汁多、浅红色、酸甜适口。可溶性固形物含量15%，风味佳，品质上。离核，核较小。成熟期比大紫晚3～5天，几乎与红灯同期成熟，成熟期较一致。

（7）拉宾斯　加拿大夏陆研究站用凡和斯但勒杂交育成，鲜食、加工兼用。果实近圆形，鲜红色，充分成熟时紫红色。平均单果重11.5g。果皮厚韧，果肉黄白，硬而脆，果汁多，甜酸可口，风味佳，品质上。可溶性固形物含量16%，果实成熟后酸度下降风味甜美可口。山东烟台果实6月下旬成熟。

（8）红手球　日本山形县立园艺场育成，1998年引入我国。果实短心脏形至扁圆形，鲜红至浓红色。平均单果重10～13g。果肉乳黄色，略有酸味，风味浓郁，可溶性固形物含量20%以上。果肉硬，可切成片。在山东烟台果实6月下旬成熟。

（9）大紫　原产地前苏联。现分布于烟台、大连、昌黎、西安、太原等地。果实心脏形，紫红色。平均单果重6～7g。果肉红色、肉质软、果汁较多、味甜，可溶性固形物含量12%～15%，品质上。山东泰安果实5月上中旬成熟。

（10）宾库　原产于美国俄勒冈州，有100余年的栽培历史，是美国、加拿大的主栽品种之一。果实心脏形，梗洼宽、深，果顶平，近梗洼处缝合线侧有短深沟，果梗粗短。平均单果重7.2g。果皮厚。果肉粉红，质地脆硬，汁稍多、淡红色、酸甜适度，品质上。半离核，核小。在山东胶东半岛6月中下旬、鲁中南地区6月上中旬果实成熟。

（11）布鲁克斯（Brooks）　美国品种，父母本为伦尼×早紫（Ranier×Early Burlat）。果顶平，稍凹陷，果柄短粗。平均单果重9.4g，最大果重13g。果皮浓红，底色淡黄，油亮光泽。果肉紫红，肉质脆硬，总硬度（含皮）199.7g/mm^2，为红灯的2.3倍，含糖量17%。在山东省泰安地区果实5月18日成熟，果实发育期39天，比对照品种红灯晚熟3天。

（12）福晨　烟台市农科院果树研究分院用萨米脱×红灯杂交育成，2012年6月通过专家验收。果实心脏形，鲜红色，缝合线一面较平，与母本萨米脱相似，但果顶较平。平均单果重9.7g，最大果重11.2g。果肉淡红色、硬脆、品质上。耐贮运。在烟台地区果实5月下旬成熟。

（13）福星　烟台市农科院果树研究所杂交培育。果实肾形，果顶凹，缝合线不明显，果柄短粗。果实红色至暗红色。平均单果重11.8g左右，最大果重14.3g。果肉紫红色、硬脆、甜酸，可溶性固性物16.9%。在烟台地区6月10日左右成熟，果实发育期50天左右。

（14）美早　美国品种，斯坦拉×意大利红杂交育成。果实宽心脏形，大小整齐，顶端稍平，果柄粗短。果皮全紫红色，有光泽，鲜艳美观，充分成熟时为紫色。平均单果重9g左右，略大于红灯，最大果重18g。果肉质硬脆而不软，肥厚多汁，风味酸甜可口，可溶性固形物含量为17.6%，风味比红灯好。果实耐贮运。抗病性强。

10. 杏

（1）红丰　山东农业大学园艺系培育，亲本为二花槽×红荷包。果实近圆形，平均单果重68.8g，最大果重90g。果面光洁，果实底色橙黄色，外观2/3为鲜红色。肉质细嫩、纤维少、汁液中多、浓香、纯甜、品质特上；半离核。树冠开张，萌芽率高，成枝力弱，自花结实能力、丰产性极强。一般果实成熟期5月10～15日。

（2）金太阳　原产于美国。果实近球形。果面光洁，底色金黄，阳面着红晕。平均单果重66.9g，最大87.5g。果肉黄色，含可溶性固形物14.7%，品质上。退化花比例低，自花结实力强，丰产，较抗霜、抗病。果实较耐贮运，常温下可放5～7天。果实发育期59天。

（3）玫硕　郑州果树研究所培育，2017年通过河南省林木良种审定。平均果重140g，最大果184.6g。果肉味浓甜，芳香，可溶性固形物含量15.1%。在河南郑州地区果实5月下旬成熟。

（4）早金艳　郑州果树研究所培育，2010年通过河南省林木良种审定。平均单果重59g，最大果重105g。果肉黄色，肉厚质细，纤维极少，汁液多，香气浓，味浓甜，可溶性固形物含量15.6%，风味极佳。裂果不明显。对土壤要求不严，在黏壤土、壤土、沙壤土上均可栽培，但在土壤肥沃、水分充足的条件下栽植，产量更高、品质更为优良。因其成熟期早、果实发育期较短，可进行保护地栽培。

（5）新世纪　山东农业大学园艺系选育。平均单果重73g，最大果重110.5g。果面着鲜红色。果实具浓香味、品质上、离核。自花结实，开花晚，可躲避晚霜危害，丰产。果实6月上旬成熟，果实发育期65天左右。

（6）红艳　郑州果树研究所培育，2017年通过河南省林木良种审定。果实色泽美观。果肉厚质细，硬溶质，纤维极少，甜酸适度，品种优良，可溶性固形物含量14.6%。果实耐贮运。在郑州地区果实6月上旬成熟。丰产、稳产。适应性强。

（7）凯特　美国1978年发表。果实近圆形，平均单果重105.5g，最大120g。果肉橙黄色、风味酸甜爽口、香味浓、品质上。果实耐贮运。自花结实，丰产，抗逆性强，抗旱、抗寒、抗盐碱、抗病。果实6月15～20日成熟，发育期70天。

（8）亚美尼亚杏　山西省果树研究所从亚美尼亚引进。果实椭圆形，缝合线浅，两半对称。平均单果重80～90g，最大果重120g。果皮底色黄白，阳面稍有红晕，光洁漂亮。果肉浅黄色、细嫩、味甜、汁液丰富、肉厚、有香气、品质极上。离核、仁甜脆。树势强健，树姿半开张，自花结实率低，花期耐晚霜，抗寒性好，极丰产。晋中地区7月初成熟，果实发育期90天左右。

（9）玫香　郑州果树研究所培育，2013年通过河南省林木良种审定。平均单果重97g，最大果重142g。果肉金黄，肉质细、密、软，纤维少，多汁，味酸甜适度，香味较浓，可溶性固形物含量14.6%。仁甜，较饱满，干仁平均重0.51g。果实常温下可贮放5～7天。自花结实率较低，适应性强，耐旱、耐瘠薄，对土壤要求不严。

（10）晚红杏　山西省果树研究所选育。果实近圆形。平均单果重68g，最大果重100g以上。果皮底色黄，彩色紫红，全面着色，果皮光滑，茸毛稀少，具光泽。果肉黄色，质地硬韧，纤维中粗，汁中多，风味甜酸，少许香味，品质中上。离核、苦仁。树姿半开张，干性较强，树形为半圆形，败育率低，极丰产，果实高抗裂果。果实7月下旬到8月初成熟，果实发育期100～110天。

11.李

（1）大石早生　原产于日本。树势强。果实发育期65～70天。果实卵圆形。平均单果重49.5g，最大果重106g。果皮底色黄绿，着鲜红色。果肉黄绿色，肉质细、松软、果汁多，纤维细、多，味酸甜、微香。果实常温下可贮藏7天左右。粘核、核较小。是优良的鲜食品种。

（2）莫尔特尼　美洲李系统。树势中庸。果实近圆形。平均单果重74.2g，最大果重123g。果皮底色为黄色，着色全面紫红。果肉淡黄色，内质细软，果汁中少，风味酸甜，粘核。果实发育期70～75天。

（3）美丽李　又名盖县大李，原产于美国。树势中庸。果实发育期85天左右。平均单果重87.5g，最大果重156g。果皮底色黄绿，着鲜红或紫红色，果肉黄色，质硬脆，充分成熟时变软，纤维细而多、汁极多、味酸甜、具浓香、品质上。粘核或半离核，核小。常温下果实可贮放5天左右。

（4）美国大李　原产于美国，树势较强，果实生长发育期约90天。果实圆形，平均单果重70.8g，最大果重是110g。果皮底色黄绿，着紫黑色，皮薄。果肉橙黄色，质致密，纤维多，汁多，味甜酸，离核，品质上。常温下果实可贮放8天左右。

（5）大石中生　原产于日本。树势中庸，果实生长发育期95天。果实短椭圆形。平均单果重65.9g，最大果重84.5g。果皮底色绿黄，果面底色金黄，阳面着鲜红色。果肉淡黄色、质硬脆、纤维细而少、汁多、味甜酸、具浓香。粘核、核较小、品质上。在常温下果实可贮放5～7天。

（6）黑琥珀　原产于美国。树势中庸，果实发育期110天。果实扁圆形，平均单果重101.6g，最大果重158g。果皮底色黄绿，着紫黑色。果肉淡黄，充分成熟时果肉为红色，肉质松软、纤维细且少、味酸甜、汁多、无香气、离核、品质中上。常温下果实可贮放20天左右。

（7）龙园秋　又名晚红、龙园秋红，九三杏梅×台湾李杂交育成。树势强壮，果实生长发育期120天。果实扁圆形，平均单果重76.2g，最大果重110g。果皮底色黄绿，着鲜红色。果肉橙黄色、质致密、纤维少、多汁、味酸甜、微香、半离核、核小、品质上。

（8）黑宝石　原产于美国。树势强，果实生长发育期135天。果实扁圆形，平均单果重72.2g，最大果重127g。果皮紫黑色，无果点，果粉少。果肉黄色、质硬而脆、汁多、味甜。离核、核小、品质上。在常温下果实可贮放20～30天，在0～5℃条件下能贮藏3～4个月。

（9）安哥诺　美国加利福尼亚州主栽品种之一。树势强壮，果实生长发育期160天左右。果实扁圆形。平均单果重102g，最大果重178g。果皮底色绿，后变为黑红色，完全成熟后为紫黑色。果肉淡黄色，不溶质，清脆爽口，质地致密、细腻，经后熟后，汁液丰富，味甜，香味较浓，品质极上。果核极小、半粘核。果实耐贮藏，常温下可贮存至元旦，冷库可贮存至翌年4月底。

（10）秋姬　从日本引进。树势强健，分枝力强。果实长圆形，缝合线明显，两侧对称。平均单果重150g，最大果重350g。果面浓红色，分布黄色果点和果粉。果肉厚、橙黄色、肉质细密、味浓甜且具香味，可溶性固形物含量18.5%，硬度大，品质优于黑宝石和安哥诺品种，离核、核极小。果实采摘后，常温条件下可贮藏2周以上，且贮藏期间色泽更艳、香味更浓，恒温库可贮藏至元旦。在鲁南地区9月上旬果实开始着色，9月中旬完全成熟，

12.猕猴桃

（1）海沃德　美味猕猴桃雌性品种，从新西兰和日本引入我国。果实阔卵圆形，侧面稍扁，果面密被细丝状毛。平均单果重80～100g，曾被称为世界特大果形猕猴桃。果色较其他品种深。果肉绿色，香味浓，风味优于其他品种。树势稍弱、结果晚、花期晚、产量偏低、易产生枯枝，且不抗风害。果实耐贮性优于其他品种。

（2）秦美　美味猕猴桃雌性品种，陕西选育。果实椭圆形。平均单果重100g以上，最大单果重200g，果形整齐。果肉绿色、香味浓。果实10月下旬至11月中上旬成熟。耐贮性好。树势中庸，结果期早，坐果率高，丰产、稳产。适应性广、抗寒、抗旱、抗风。

（3）川猕2号　美味猕猴桃雌性品种，四川选出。果实短圆柱形。果皮

褐色，上被长硬毛。平均单果重95g，最大单果重183g。果肉翠绿色，汁多，味甜，微香。果实10月上旬成熟。树势旺，早结，丰产。

（4）金魁　美味猕猴桃雌性品种，湖北选出。果实圆柱形，果面具棕褐色茸毛，稍有棱。平均单果重100g，最大单果重175g。果肉翠绿色、风味浓、具清香。果实10月底成熟。耐贮性好。

（5）米良1号　美味猕猴桃雌性品种，湖南吉首大学选出，鲜销加工兼宜。果实长圆柱形，平均单果重74.5g，最大128g。果肉黄绿色、汁多、有芳香味，可溶固形物含量15%，总糖7.4%，有机酸1.25%，维生素C含量207mg/100g。较耐贮藏，果实室温下可存放20～30天。果实10月上中旬成熟。

（6）秦翠　美味猕猴桃雌性品种，陕西省果树研究所和周至猕猴桃试验站选出，适宜加工。果实长圆柱形。平均单果重80g，最大115g。果肉翠绿色、质细、汁液多、酸甜清香，可溶固形物含量14%，总酸6.29%，维生素C含量225.9mg/100g。果实10月下旬至11月上旬成熟。常温下存放28天。

（7）徐香　美味猕猴桃雌性品种，江苏省徐州市选出。果实圆柱形。平均单果重95g，最大137g。果肉绿色、浓香多汁、酸甜适口，可溶固形物含量13.3%～19.8%，维生素C含量99.4～123.0mg/100g。果实室温下可存放30天左右。果实10月上中旬成熟。

（8）湘峰83-06　美味猕猴桃雄性品系，花期较晚，为晚花期品种的授粉品种。每花序多为3朵花，花期9～12天，花粉量大，花粉萌芽率26.6%～29.4%。可作为海沃德、秦美、秦翠、东山峰79-09、东山峰78-16、川猕1号、庐山香、郑州90-1等品种的授粉品种。

（9）郑雄3号　美味猕猴桃雄性品系，晚花型。花期长，花粉量大。可作为海沃德、秦美、秦翠、东山峰79-09、东山峰78-16、川猕1号、庐山香、郑州90-1等品种的授粉品种。

（10）陶木里　新西兰选育，美味猕猴桃雄性品系。花期较晚，每花序有3～5朵花，花期5～10天，花粉量大。为晚花期美味猕猴桃和中华猕猴桃的授粉品种，也可用作海沃德、秦美、秦翠、东山峰79-09、东山峰78-16、川猕1号、川猕3号、庐山香、郑州90-1等品种的授粉品种。

（11）马图阿　新西兰选育，美味猕猴桃雄性品系。花期较早，每花序多为3朵花，花期15～20天，花粉量大。为早、中花期美味猕猴桃和中华猕猴桃的授粉品种，也可用作徐冠、徐香、青城1号、郑州90-4、魁蜜、早鲜、武植2号、武植3号等品种的授粉品种。

（12）魁蜜　江西选出，中华猕猴桃雌性品种。果实扁圆形。平均果重130g，最大果重183g。果皮绿褐或棕褐色，茸毛短、易脱落。果肉黄色或绿褐色、汁多、酸甜味浓、有香味、口感好。果实9月中旬成熟。耐贮性好。树势中庸，早产，整个枝梢上的芽基本上都能形成花芽，且坐果率高、丰产、稳产。适应性广、抗性强。

（13）早鲜　江西选出，中华猕猴桃雌性品种。果实圆柱形，整齐端正。果皮绿褐色或灰褐色，密被茸毛。平均单果重83g，最大单果重132g。果肉黄或绿黄色，酸甜味浓，微香，果实耐贮。果实8月下旬至9月初成熟。货架期10天。抗风性较差。

（14）庐山香　江西选出，中华猕猴桃雌性品种。果实近圆柱形，整齐。果皮棕黄色，上被稀疏易脱落短柔毛。平均单果重87g，最大单果重140g。果肉淡黄色，稍有香味，甜酸。果实10月中旬成熟。果实耐贮。适宜加工果汁。丰产。适应性强。

（15）金丰　江西选出，中华猕猴桃雌性品种。果实椭圆形。平均单果重88g，最大单果重160g。果皮黄褐色，上被短茸毛。果肉黄色、味甜酸、微香。果实9月下旬至10月上旬成熟。果实耐贮性稍差。加工鲜食兼用，加工适应性好，片状罐原料利用率在90%以上。树势较强，连续结果能力强，适应性较强。

（16）武植2号　中科院武汉植物研究所选出，中华猕猴桃雌性品种。果实卵圆形。果皮黄褐色。果肉浓香，可溶固形物含量13%～16%，总糖10.4%，有机酸0.9～1.2%，维生素C含量89～112mg/100g。极早熟鲜食品种。

（17）武植3号　中科院武汉植物研究所选出，中华猕猴桃雌性品种，鲜食和加工兼用。果实椭圆形。平均单果重80～90g，最大156g。果皮暗绿色。果肉绿色、质细、汁多、酸甜适中，可溶固形物12%～15%，总糖8.4%，有机酸0.9%，维生素C含量250～300mg/100g。果实9月底成熟。

（18）红阳　四川自然资源研究所选出，中华猕猴桃雌性品种。果长圆柱形。平均单果重92.5g。果皮绿，果毛柔软易脱。果肉红色，横切面呈红与黄绿相间色彩，美观，肉细嫩、香，总糖含量13.5%，总酸含量0.49%，维生素C含量135.8mg/100g。

（19）磨山4号　中科院武汉植物研究所选出，中华猕猴桃雄性株系。树型紧凑、萌芽率高、花枝率高、花量大、花期15～20天。可作为早、中期乃至晚期中华猕猴桃和美味猕猴桃的授粉品种。

（20）郑雄一号　中国农科院郑州果树研究所选出，中华猕猴桃雄性株系。每花序常有3朵花，最多达6朵。花粉量较大，花期10～12天。适宜作为早、中花期的中华猕猴桃授粉品种。

13.柑橘

柑橘是热带、亚热带常绿果树，世界柑橘产量居各类水果之首。柑橘种类品种繁多，包括柑、橘、甜橙、酸橙、柚、柠檬、金橘、枸橼等一大家族。各地可根据本地资源情况和栽培条件灵活选用。

（1）甜橙

① 脐橙。早熟品种（10月上旬至11月上旬果实成熟）有早红脐橙、青秋脐橙、龙回红、赣南早。中熟品种（11月中旬至12月下旬果实成熟）有华盛顿脐橙、纽荷尔、清家、白柳。晚熟品种（1月后果实成熟）有夏金、奉节晚脐、伦晚、红翠2号。特色脐橙品种有红肉脐橙、类橘。

富川脐橙：果实椭圆形、橙红色、汁多味甜、无核化渣、风味浓郁、耐贮藏。在广西11月中旬左右上市。

赣南脐橙（信丰脐橙、安远脐橙、寻乌脐橙）：果品呈椭圆形、个头圆大，表皮有颗粒感、厚实；有浓郁的香味，甜中带点微酸。在江西11月初开始上市。

奉节脐橙：生长于最适合脐橙生长的生态核心区，个头比赣南脐橙小，橙皮较薄、肉质细嫩、少络化渣、品质优良。在重庆奉节自11月下旬开始上市。

秭归脐橙：湖北秭归特产，皮薄肉脆汁多，主推纽荷尔、罗伯逊等品种，11月开始上市。

平远慈橙：广东平远特产，果大色艳、汁多化渣，多在12月初开始上市。

② 血橙。主要推广品种有塔罗科血橙、脐血橙、晚熟血橙。栽培区域为湖南、湖北、四川、重庆、江西等地。12月底到次年2月上市，晚熟血橙可以到4、5月份采摘。

③ 低酸甜橙。冰糖橙（代表品种锦红、锦玉、锦蜜等），11月中旬开始上市。

④ 夏橙。6～9月上市，栽培区域为湖南、湖北、广西、广东等地。

（2）宽皮柑橘

① 温州蜜柑。优良品种有大分、尤良、谷本新系等。高糖，特早熟，10月份上市。栽培面积很大，气候适应很广，能在南北栽培。栽培区域为福建、广西、贵州、海南、湖北、湖南等地。

② 砂糖橘。种植区域广泛，高糖低酸，适合我国消费人群。10月下旬至11月上旬采收。砂糖橘生长适宜温度在12～35℃，栽培区域为纬度20°附近的地区，如广东、广西、福建等。

③ 金秋砂糖橘。早熟，成熟期与南方蜜橘一致，但品质、口感优于南方蜜橘，低酸、高糖；果皮很软。

④ 华美1号。比砂糖橘大一点，低酸、早熟，成熟期10月中旬。

⑤ 华美2号。品质好，宽皮蜜橘中的品质优秀者。转色早，早熟，成熟期9月下旬。

⑥ 华美3号。高糖、高酸，果皮比较硬，耐贮运。早熟，成熟期10月中旬。

⑦ 华美4号。可溶性固形物含量高，成熟期10月中旬。

⑧ 华美5号。果皮和柠檬一样黄，品质优良，种子稍多，12月中旬成熟。在四川不能发展，气候不适宜；可以在浙江、湖北等地种植。

（3）椪柑

① 明日见。果实光滑，外观漂亮。肉质细嫩、高糖。耐贮运。

② 大雅柑。果形似春见，同期酸含量比春见柑橘高、无核。丰产。1月下旬采收。

③ 黄皮不知火。果肉脆嫩，无核、丰产，与不知火相似。2月下旬采收。

④ Q橘。果肉味道适宜、细嫩，但果皮薄，易裂果。

⑤ 濑户见。无核、丰产。晚熟，2月上中旬采收，可贮藏到3～4月销售。

⑥ 兴津58号。果实橙色，果皮薄、易剥离，汁多味浓。采收期12月～2月中旬。在干旱、水分管理不好的地方易裂果，但加强管理可以控制。

⑦ 濑户香。品质好、无种子。晚熟，2月下旬采收。对栽培技术要求高，可以试种。

⑧ 津优。果皮光滑，果肉细软，没有日灼。成熟期1月上旬～2月中旬。但产量不高，需要保花保果。

⑨ 少核茂谷柑。从韩国引进，只有7、8颗种子，成熟期、品质等其他特性与茂谷柑一致。

⑩ 津之望。与茂谷柑的外观差不多，晚熟。

⑪ 沃柑。汁多味浓、果肉细嫩化渣、风味浓甜、低酸、种子较多、单胚。晚熟，成熟期2月下旬。作为橘子和橙子的杂交品种，像橘一样易剥，又拥有橙一样的口感。成片种植产量不高，遇到不好天气，保花保果也不易成功。

（4）特色杂柑品种

① 媛小春。四川叫春蜜露、小春柑、黄金柑。品质好，低酸高糖，果皮的颜色为柠檬黄。栽培管理有一定难度，因为树势比较旺，在修剪不当的情况下，在秋后容易抽发强旺梢，不容易成花，但是一旦成花后，产量是不错的。对炭疽病敏感。中熟。

② 红美人（爱媛28号）。汁多味甜，品质优良。10月上旬至10月中旬成熟，但早熟容易糖度不够，如果在温室设施内可以留到1月份采收，则可变成中晚熟。

③ 甘平。果皮光滑、橙红色，皮薄易裂果。早结，丰产。11月下旬采收。

④ 无核W.默科特。在广西柳州发展不错。外观漂亮有光泽，果实硬度适中适合加工。晚熟，2月份采收。在气温高的地方可以推广，如广西南林、柳州。

（5）柚类

① 沙田柚。果实梨形或葫芦形，果顶平坦，蒂部狭窄、颈状。味道浓郁，高糖低酸，但种子较多、果肉水分少。主要产区在广西。

② 文旦柚。果实梨形或高扁圆形。品质优良，气味芬芳。在产区福建莆田10月份上市。

③ 垫白杂。果肉白肉。成熟比较早，在10月前上市。

④ 高浦柚、斐红柚。晚熟品种，温度不够使成熟期变晚，在3月上市。

⑤ 强德勒柚。杂交品种。红肉，种子比较多。耐贮运，从采下来能放到2月份后，味道长时间放置保持不变。

二、树种及品种选配

培育嫁接苗要选择和配置好树种、品种，以顺应果树发展趋势、适应市场，以便顺利销售，获得应有的效益。大树高接换头更新品种也有同样的要求。

1.树种、品种选择

选择树种和品种时应注意以下问题。

（1）适应果树发展趋势　果树的区域化、规模化、良种化等是果树的发展趋势。果树向适宜区集中；规模化生产可以形成一个地区的生产优势，没有规模就没有效益；良种化是优质高产的基础。

（2）适应当地的自然条件　良种的选择应判断树种和品种的生物学特性是否与当地的自然条件相适应。果树的生物学特性与当地环境条件相符，是栽培成功的前提。应首选当地的名特优新果品，对于外地（含国外）的优良树种和品种，应经过小面积的试种，成功后才能大面积推广。

（3）适应市场需要，适销对路　果园的经营方向也是由多方面因素决定的。距城市、工矿区近的果园，当以能周年供应多种鲜果为目的，进行集约化栽培、反季节生产，充分发挥土地和劳力的效能，可在当地水果供应淡季选栽成熟的树种和品种，早、中、晚熟品种搭配。距城镇较远、交通不便地区的果园，必须选择耐贮运的果品或适于就地加工的树种和品种。

2.树种、品种配置

根据不同的地形、土壤、气候配置相适应的树种和品种。例如，仁果类宜配置在肥水较好的地段上；桃、杏、板栗、枣等可栽在砾质上和较干燥的地段上；阳坡可栽桃、葡萄等喜光树种；盐碱地可种枣、葡萄、无花果、石榴等耐盐树种。

在城镇周围交通便利地区建园，以周年供应城镇鲜果为目的，注意解决淡季供应问题，树种、品种可多样化，同一树种可配以早、中、晚熟品种，以延长供应期、合理调配劳力。交通不便地区可配置耐贮运的树种品种，如枣、板栗、核桃、山楂等，以及苹果中的晚熟优良品种。

果园中晚果树种与早果树种搭配，能"以短补长"，但不宜有共同性的病虫害。如一般不提倡苹果与桃混栽，而葡萄和草莓则是一对伴侣。

3.授粉品种选择

多数果树的绝大部分品种自花不结实，即使是自花授粉结实率较高的品种经异花授粉后也能显著提高坐果率；有的还是雌雄异株树种，如银杏、猕猴桃等，需配置一定数量的雄株作为授粉品种。

授粉品种的条件，一是与主栽品种花期一致或相近，且花粉量大、发芽率高；二是与主栽品种能相互授粉，且有较强的亲和力；三是与主栽品种始果年龄和寿命相近；四是能丰产，并具有较高的经济价值，最好是几个主栽品种能够互相授粉，而雄株不存在产量和品质的问题；五是能适应当地环境，栽培管理容易。

4.授粉品种配置

小果园或一个作业区内，品种不宜过多，主栽品种越靠近授粉树越好。授粉品种可占总株数的20%～50%。授粉品种价值低，可少配；主栽品种互相授粉，授粉树可多些。高度集约化栽培的果园，为取得高额的经济效益，利用蜜蜂授粉，授粉树的比例可压缩到5%～10%。

小型果园可采用中心式配置授粉树，即一株授粉品种在中心，周围栽8株主栽品种。一般采用行列式，主栽品种相隔1～8行栽1行授粉品种；也可采用复合行列式，如2～4行主栽品种，2～4行授粉品种（图2-1）。高度集约化栽培的果园，授粉树可分散栽于主栽品种行中。山区梯田，或花期多风地区，授粉树应配置在梯田上部和上风地段。

```
×××××       ××○××××○×      ○△××○△×
×○××○×       ××○×××××○×      ○△××○△×
×××××       ××○×××○××      ○△××○△×
×××××       ××○×××○××      ○△××○△×
×○××○×       ××○×××○××      ○△××○△×
×××××       ××○××××○×      ○△××○△×
  (a) 中心式        (b) 行列式        (c) 复合行列式
```

图2-1　授粉品种配置方式

"×"表示主栽品种;"○""△"表示授粉品种

三、接穗的选择

确定品种后,就要从这些品种上选用接穗。接穗选择应考虑下列条件。

(1)品种纯正、优良　按照育苗、生产计划,确定采集接穗的品种。品种必须纯正,不能混杂。品种必须优良,树体健壮,果树优质、丰产、稳产。

(2)采穗母株优良　选择发育健壮、优质、丰产、稳产的成年植株做采穗母树。从幼树上采集接穗,要注意兼顾幼树的生长。

(3)无病虫害　嫁接是一种无性繁殖方式。无性繁殖能保持母本的特性,繁殖速度快。但通过无性繁殖也容易将病害,特别是病毒病,传染给无性系后代,并且快速蔓延,因此采集接穗时要严加预防病虫害。一般病虫害要严加控制,检疫对象、病毒病应坚决杜绝(图2-2)。

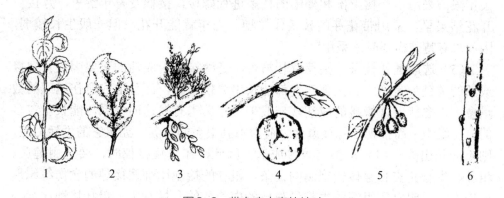

图2-2　带有病虫害的枝叶

1—感染退绿叶斑病的枝条;2—感染花叶病的叶片;3—感染枣疯病的枝条;
4—感染锈果病的枝条;5—感染小果病的枝条;6—有介壳虫的枝条

为了防止病虫害的传播,要选择不带病虫害、健康的树作为采穗母树。

检疫对象如小吉丁虫、苹果棉蚜、葡萄根瘤蚜、梨圆介壳虫、美国白蛾、梨黑星病等。带有检疫对象的植株不能采集接穗,培育的果树苗木如果发现带有检疫对象，也绝对不能出圃。

病毒病如苹果的花叶病、褪绿叶斑病和茎痘病，柑橘的衰退病、黄龙病和裂皮病等，枣的枣疯病等。从根本上防止病毒病的方法是建立无病毒苗木繁殖体系，从无病毒的原种母本树上采集接穗。无病毒的原种母本树，是通过人工果园中选出的产品质量最优良，丰产、稳产性和抗性强，生长发育健壮，而且能反映出优良品种特性的成年树，并经过病毒检测确定无病毒的，可直接定为原种树。如果有病毒病或可能存在病毒病的，则要经过热处理或茎尖培养、微体嫁接等手段脱毒，并通过病毒检测，确定无病毒后，才能将它定为无病毒原种母树。无毒原种母树，要保存在隔离区的网室内，防止蚜虫进入。同时要对网室内土壤进行消毒，并使周围环境保持清洁。目前有些地区已经建立了无病毒苗木繁殖体系，由中华人民共和国农业农村部和各省、市直接掌握。可以从原种母树上采取接穗，嫁接形成母本树，保存在各省科研单位，同时要定期检测。再从母本树上采取接穗，繁殖建立采穗圃，专门作采集接穗用。要改变农民家家育苗的分散育苗方式，由专业育苗大户或国营苗圃进行育苗。苗木出圃时，要经有关部门检验。销售无病毒苗时，应挂牌出售，保证无病毒优质苗木的发展。无母本园时，应从经过鉴定的优良品种成年树上采取接穗。

（4）从最佳部位选取枝条　采集接穗时，还要注意所采枝条所处的部位。不同部位的枝条，发育年龄不同，而发育年龄又直接影响所嫁接树的开花结果年限。采用丰产树上部和外围的枝条进行嫁接，接穗发育年龄大，嫁接后开花结果早。采用带花芽的枝条作接穗，当年就能开花，但一般生长较弱，因而只有特殊需要时才采用。

（5）选取健壮枝条　接穗健壮与否，是嫁接能否成功的重要因素。嫁接成活的关键，是砧木和接穗双方都能长出愈伤组织，而且形成愈伤组织的数量愈大，愈能保证嫁接的成活。一般来说，砧木有发达的根系，能长出较多的愈伤组织；而接穗在嫁接愈合之前得不到根系的营养，如果它的生活力差，则不能长出愈伤组织，影响嫁接成活。因此，在采集接穗时，要选用健康、粗壮、生长充实和芽体较饱满的枝条。粗壮的接穗比细弱接穗的愈伤组织形成得多，说明愈伤组织的生长量与枝条内养分的含量有关。粗壮接穗比细弱接穗养分含量高、生活力强，所以伤口形成愈伤组织多。

一般剪取树冠外围生长充实、光洁、芽体饱满的发育枝或结果母枝作接穗，以枝条中段为宜。

冬季、春季嫁接一般多用1年生枝条，枣树可用1～4年生枝条作接穗，接穗采集应在秋季落叶后至春季萌芽前的休眠期内进行，最好结合冬季修剪采集；夏季嫁接用当年成熟的新梢，也可用贮藏的1年生枝或多年生枝，枣可利用贮存的枝条或采集树上未萌发的枝；秋季嫁接选用当年生长充实的春梢作接穗。

四、接穗采集的时间和方法

1.1年生枝的采集及处理

北方落叶果树春季嫁接用的1年生枝，宜在休眠期剪取，有伤流习性的果树应在落叶后上冻前采集。采集时间为冬季落叶后2～3周至翌年萌发前2～3周的休眠期。春季嫁接接穗的采集一般结合冬季修剪进行，修剪下来的枝条，将符合要求的收集起来，作为接穗，随剪随采。接穗粗度一般在0.5～0.8cm。枣树1～4年生枝条作接穗也是按照此方法采集。

接穗采集后，剪去枝条上下两端芽眼不饱满的枝段，按品种50条或100条捆为一捆，并挂上标签，标明品种名称、采集时间等，防止品种混杂。

2.新梢的采集及处理

生长期夏、秋季嫁接用的接穗为新梢，一般是随用随采，要求在嫁接前1～2天或在嫁接前现取现用。常绿果树如柑橘应随采随用，宜在清晨或傍晚枝内含水量比较充足时剪取。

生长期采下的接穗，应立即剪去叶片，以减少水分蒸发，为便于嫁接操作和将来检查成活，剪除叶片时应留一段1～2cm的叶柄，新梢上部发育不充实的幼嫩部分要去除。按照数十根一捆，用布条或塑料条捆好（图2-3）。用湿布等包裹保湿，或浸入水桶等盛有水的容器中。为防止病虫害的传播，应对接穗进行消毒。

夏季芽接用的接穗，最好随采随用。采下的接穗应及时去掉叶片，并捆好、挂好标签、注明品种。当天用不了的接穗，应整理打捆，将其下端插入清水中保存。

图2-3　生长季接穗采集

1—剪下的新梢；2—新梢去叶片，留一段叶柄；3—接穗打捆，挂上标签

五、接穗的贮藏和运输

1.接穗的贮藏

休眠期接穗处理好后，应及时贮藏。为防止接穗霉烂和失水，应在

4～13℃的低温、80%～90%的相对湿度及适当透气条件下存放。

在我国中部地区，冬季常用露地挖沟埋藏接穗；北方寒冷地区多用窖藏，或室内堆沙、堆土埋藏（图2-4）；南方多在室内通风处或山洞内贮藏；有条件的可以冷库贮藏；蜡封保鲜是板栗等接穗较理想的贮藏方法。

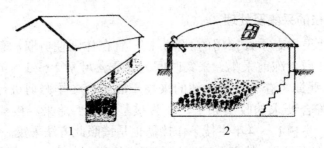

图2-4　休眠季接穗沟藏和窖藏
1—沟藏；2—窖藏

沟藏就是挖沟贮藏。在土壤结冻前选择冷凉、高燥、背阴处挖贮藏沟，沟宽100cm，深80cm，长度依穗条多少而定，数量多时则挖长一些。沟挖好后，先在沟底部铺厚2～3cm含水量不超过10%的干净河沙，再将穗条倾斜摆放沟内，填充河沙至全部埋没。在埋湿沙时，每隔1m竖放一小捆高粱秆或玉米秆，其下端通到接穗处，以利于通气，特别在冷空气进入、热空气上升时，能使沟内保持较低的温度。最后在沟面上覆盖防雨材料。要注意不能在埋完接穗后灌水，以免湿度过大，不通气而接穗霉烂。

窖藏是将接穗存放在低温的地窖中。北方农民常有贮藏白薯、白菜和萝卜的地窖，也可以用作贮藏接穗。地窖贮藏时，应将穗条下半部埋在湿沙中，上半截露在外面，捆与捆之间用湿沙隔离。窖口要盖严，保持窖内冷凉，这样可贮至5月下旬到6月上旬。在贮藏期间要经常检查沙子的温度和窖内的湿度，防止穗条发热霉烂或失水风干。

室内通风处或山洞内覆盖湿沙埋藏，7～10天检查1次，剔除腐烂枝条，一般可贮藏2个月。

冷库贮藏时，可将整理好的穗条放入塑料袋中，填入少量锯末、河沙等保湿物，扎紧袋口，置于冷库中贮藏，温度保持3～5℃。其优点是省工、省力，缺点是接穗易失水，影响成活率。

蜡封接穗贮藏，可以使接穗减少水分的蒸腾，确保接穗从嫁接到成活这段时间的生命力。接穗收集后，按嫁接时所需的长度进行剪截，通常接穗枝段长度为10～15cm，保证3个芽以上，顶端芽充实饱满，枝条过粗的应稍长些，细的不宜过长。剪穗时除掉有损伤、腐朽、失水及发育不充分的枝条，结果枝应剪除果痕。封蜡时先将工业白蜡放在较深的容器内加热熔化，保持蜡温95 ～ 102℃，蜡温不要过低或过高，过低则蜡层厚、易掉落，过高则易烫坏接穗。将剪好的接穗枝段一头快速在蜡液中蘸一下，时间在1s以内，通常为0.1s，再换另一头速蘸，接穗上不留未蘸蜡的空间，中心部位的蜡层可稍有堆叠。待蜡封接穗完全凉透后收集贮存，可放在地窖、山洞中，要保持窖内温度及湿度不变。

冬季贮藏接穗，常出现的问题是高温。地窖或地沟设在背风向阳处，地窖和地沟内的温度比室外高，接穗不会被冻坏，但贮藏接穗最怕的是高温。贮藏温度高，接穗会从休眠状态进入活动状态，呼吸作用增强，就会消耗养分，引起发芽，严重时皮色变黄、变褐，甚至霉烂。所以必须保持低温，到春季气温开始上升时，接穗仍处于休眠状态，这种接穗嫁接成活率高。

生长期采集接穗，最好随采随用。接穗采集处理后，用湿布包好，放入塑料口袋中备用。如果接穗当天用不完，可放在阴凉的地窖中；或把它放在篮子里，吊在井中的水面上；也可放在阴凉通风处。这样，接穗一般可保存2 ～ 3天。如果利用空调或冰箱能将温度调到10 ～ 15℃，则贮存生长期的接穗最为适宜。

2.接穗的运输

休眠期需要调运的接穗，可裹敷湿纸，用塑料薄膜包好，膜的两端留有空隙以便通气和排除多余水分，装箱寄运。

远距离邮寄接穗，以冬季天气很冷时为好。在接穗周围填充一些苔藓植物，然后装入塑料口袋内，以保持湿度和通气，最后将口袋放入纸箱或木盒内，进行快件邮寄。收到后，要立即将接穗冷藏起来。

夏秋时期运输接穗，应特别注意降温、保湿、快装快运，以防腐烂。运到目的地后，立即开包，将接穗用湿沙埋于阴凉处，数量少时，可先喷水再用湿布包裹或将基部浸入水中。如果远距离引种，则要求把接穗放入低温保温瓶中，可以保存1周左右。

第四节　嫁接工具和用品

一、嫁接工具

嫁接需要的工具有嫁接刀、修枝剪、手锯等（图2-5）。

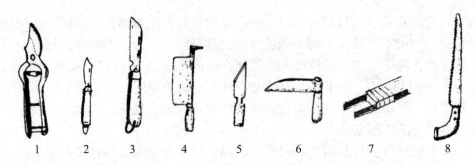

图2-5　嫁接工具

1—修枝剪；2—芽接刀；3—电工刀；4—劈接刀；

5—切接刀；6—小镰刀；7—双刀；8—手锯

1.嫁接刀

嫁接刀包括芽接刀、电工刀、劈接刀、切接刀、小镰刀、双刀等。芽接刀用来削取接穗和切割较细的砧木或皮层；劈接刀用于劈开较粗的砧木，并将砧木劈口撬开以利接穗插入；切接刀用于枝接时切削接穗和砧木。但这并不表示芽接时不能用其他刀具，可以根据各地的习惯来选择刀具。如北方山区多习惯用小镰刀，在砧木锯断后要削平锯口时，小镰刀使用最为方便，同时削接穗也很好削。电动工具省时省力，也可以用。山东等地夏季育苗采用嵌芽接、贴芽接等方法，用手术刀、美工刀等，也很方便、实用，只是要注意安全。对嫁接刀的基本要求是锋利，刀不锋利，削面不平，会使接穗和砧木双方伤口接触不好，同时还会使伤口面细胞死亡增多，愈伤组织难以填合，从而影响嫁接成活；而且影响操作，减慢操作速度。嫁接刀平时要注意保养，用时保持锋利。

2.修枝剪

修枝剪是果园管理必备的工具，嫁接也离不开修枝剪。嫁接中，修枝剪用来剪断接穗和砧木。用锋利的修枝剪切削接穗、剪砧木接口也很方便。修枝剪平时也要注意保养，用时保持锋利、好用。

3.手锯

手锯是果园管理必备的工具，嫁接也离不开它，嫁接中主要用来锯除大枝。手锯锯齿要左右分开，以防锯树时夹锯，影响操作。手锯平时也要注意保养。电动手锯也可以用；一是要注意安全；二是要按照要求使用和保养。

4.其他工具

其他工具，如小铁锤、凿子等，在高接时用来辅助劈开粗大的砧木；水桶等容器可临时存放接穗，防止失水；篮子、布袋、塑料袋等存放工具、接穗等；板凳、梯子等在高接时用于嫁接离地面较高的部位。

二、嫁接用品

嫁接用品包括绑缚材料如塑料条，保护材料如塑料袋、石蜡、接蜡等（图2-6）。

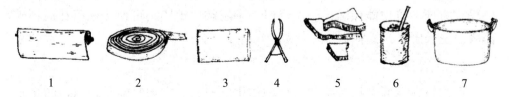

图2-6　嫁接用品
1—塑料薄膜；2—塑料条；3—塑料袋；4—嫁接夹；
5—石蜡；6—接蜡；7—熔蜡锅

1.绑缚材料

绑缚材料，或称包扎材料，是指对嫁接部位进行绑扎的材料。嫁接造成伤口，严密包扎可以防止通风失水；可以使砧木和接穗密切接触，有利于成活。

以往常用马蔺、蒲草、麻皮、玉米皮等作包扎材料，目前多用塑料薄膜条包扎接口；或用地膜绑扎，在萌芽部位只包一层地膜，芽会冲破地膜长出，不用解绑。

塑料薄膜作为包扎材料，对嫁接成活起到最为重要的作用。它能保持伤口的湿度和接穗不抽干；也能把接穗和砧木双方扎紧，使双方伤口形成层相接触；塑料富有弹性，短期内不影响嫁接成活后枝条的生长；塑料薄膜柔软，比任何绳子或蜡线操作都方便。塑料薄膜比较容易老化，破旧的塑料薄膜失去或减少了弹性和拉力，所以不能应用，必须要用新的塑料薄膜。

塑料薄膜有2种类型，一种伸缩性好，不易拉断，嫁接时要选用这种；另一种伸缩性差，易拉断。塑料薄膜作为包扎材料，芽接时要剪成宽1～1.5cm、长20～30cm的塑料薄膜条，砧木较细时，一般用宽1cm、长20cm的塑料条为宜；砧木较粗时则用宽1.5cm、长30cm的塑料条。枝接时要剪成宽度为砧木直径的1.5倍、长40～50cm的塑料条。如果塑料条宽度小于砧木直径，则不能包严接口处而漏风，不能保持湿度，影响成活。但是塑料条也不必过宽，长度也和砧木直径呈正相关，可保证捆绑严而操作方便，且不浪费塑料条。事前可选择不同粗度的砧木尝试一下，确定塑料条的宽度和长度。

在高接换种时，砧木接口粗细往往不一致，所以塑料条的长度和宽度最好准备2～3种。对于接口粗的要用较宽、较长的塑料条，对于接口细的要用较窄、较短的塑料条。对于砧木接口过大且直径超过4cm的，这时用塑料条难以绑严，则适宜用塑料条+套袋法。

有些地区不用塑料条，而是用地膜将接口连同接穗一起包起来，这种方法操作方便，接口能保温、保湿，但必须用超薄地膜，可使接穗萌芽后顶破薄膜而生长出来。

2.保护材料

保护材料主要是指对接穗起保护作用的材料，主要功能是保水，防止水分蒸腾、蒸发。

（1）塑料袋　以往常用蜡布、蜡纸、湿润土壤以及接蜡等作保护材料，目前多用套塑料袋保湿；或以塑料薄膜方块覆盖伤口；或用地膜绑扎，同时起到保护作用。

对于砧木接口过大、直径超过4cm的，这时用塑料条难以绑严，则适宜用塑料条+套袋法。塑料袋用料不必太厚，和常用地膜的厚度相似即可。春季嫁接时期比较早的最好用黑色的塑料袋，可提高接口的温度。塑料袋的直径要略大于砧木接口的粗度。嫁接时先用塑料条把接口包扎好，再套袋，塑料袋要把接口包扎处包住，也就是在接口包扎处之下用塑料条等扎紧、扎严塑料袋口。待接穗萌发后，新梢长到接近袋顶时，在塑料袋顶端剪一个口，以利于通气和降温，让芽自然生长出来。千万不能突然将塑料袋去掉，否则幼嫩新梢会严重失水而干枯，前功尽弃。

有些地方不用塑料袋，而是用地膜将接口连同接穗一起包起来。

（2）接蜡　接蜡是嫁接时涂抹接合部位和接穗剪口所用的蜡状保护物。用以封住伤口，不使砧穗切面丧失水分，保护柔嫩细胞，促进愈伤组织产生；防止雨水和微生物的侵入，以免伤口腐烂，提高嫁接成活率。接蜡也可用于树体创面的保护。

接蜡的成本较高，20世纪70年代普遍采用塑料薄膜带绑缚接口之后，接蜡已很少应用。因为塑料薄膜既能起到防止伤口水分蒸发和保护伤口的作用，又能起到固定作用，能使砧木接穗紧密接触。但是当在比较大的砧木上选用皮下腹接，以及挽救垂危病树进行桥接等时，由于接口部位砧木粗，无法用塑料条绑缚、扎严，而涂抹接蜡，则是一个很有效的方法。

接蜡可分为固体和液体两类。固体接蜡在常温下为固体，使用时需盛放于容器内加温熔化，此种接蜡存贮方便但使用不便。液体接蜡在常温下为液体，制好后存放于罐内，用时以毛笔蘸上涂抹即可，使用方便，但成本较高。为防止夏季高温下蜡质熔化流失，可用纱布条浸透蜡液，制成蜡布条，供嫁接缠裹接口，其末端与接穗剪口贴紧即可，操作也很方便。需要时接蜡可以随时配制。

固体接蜡由松香、黄蜡、猪油3种原料按比例配合而成，三者配比通常有4∶2∶1、4∶1∶1和3∶1∶2。不同比例所制接蜡软硬程度不同，松香比例大时，所制接蜡较硬；猪油比例大时，则较软，可根据季节选用不同配比。配制时先熔化熟猪油，然后将松香和黄蜡一起放入锅内，继续加热并充分搅拌至完全熔化，冷却后即为固体接蜡。

液体接蜡的配方有2种。一种是松香、熟猪油和木醇比例为16∶1∶18，配制时先将木醇放入容器，松香溶于木醇中，随后加入猪油充分搅拌。另一种是松香、熟猪油、酒精和松节油比例为16∶2∶6∶1，配制时先将猪油及松香置锅中加热，待全部熔化后取下稍凉，缓缓加入酒精和松节油充分搅拌即成（图2-7）。涂抹后酒精挥发，即成为硬蜡，起保护作用。

图2-7　液体接蜡配制

1—松香；2—动物油；3—酒精；4—松节油；5—锅加热

（3）石蜡　石蜡是原油蒸馏所得的润滑油馏分经溶剂精制、溶剂脱蜡或经蜡冷冻结晶、压榨脱蜡制得蜡膏，再经脱油，并补充精制制得的片状或针状结晶。也就是市场上销售的工业石蜡，需要时可以购入。

在嫁接中，石蜡用于覆盖在接穗上，制成蜡封接穗，保持接穗水分。

蜡封接穗不能用蜂蜡代替石蜡，特别是接穗后遇到高温、太阳强烈照射，蜂蜡很容易熔化，并且能渗到接穗的芽中，把开始萌动的接穗芽杀死，使芽不能正常萌发，引起嫁接失败，因此不能用蜂蜡代替石蜡。不宜用红蜡烛代替石蜡，有些地区购买块状石蜡比较困难，少量接穗蜡封，也可以将蜡烛熔化后进行蜡封接穗，但是一定要用白蜡烛，不能用红色蜡烛，因为红色蜡烛中加入了一些红色素、油脂等物质，在阳光直射、温度高时也容易熔化，渗入芽中，影响接穗芽的正常萌发。

3.蜡封接穗

所谓蜡封接穗，就是用石蜡把接穗封闭起来，使接穗表面均匀地分布一层薄薄的石蜡。接穗蜡封后，阻断接穗水分蒸腾，减少失水，又不破坏接穗，使接穗仍旧能够正常萌芽生长。

（1）蜡封接穗特点 蜡封接穗特别适合于大面积嫁接。当少量嫁接时，多采用塑料膜包扎。但是，在生产上大面积嫁接时，省工、省料就显得非常重要。而使用包扎和堆土保湿等，不但很费工，而且往往因包扎或埋土的质量欠佳而影响嫁接成活率。采用蜡封接穗，接后用塑料条绑缚，同时封住伤口，嫁接绑缚方法简单，而且容易确保质量，因而使嫁接成活率高而稳定。如果大树高接，特别是需要爬到树上去接，蜡封接穗的优越性就更为明显。所以，蜡封接穗与接穗套塑料袋相比，具有省时、省工、管理方便、成活率高等特点，成活率一般在95% ～ 100%。

蜡封接穗适用于休眠枝，不适宜生长枝。春季嫁接时，一般都用一年生枝作接穗，这类冬季休眠的一年生枝，适宜进行蜡封后嫁接。对于生长期嫁接的接穗以及常绿树种的嫁接，接穗都处于生长状态，不宜进行蜡封，因为生长状态下的接穗，在100℃以上的石蜡中容易烫死。

（2）蜡封接穗准备 蜡封接穗在接穗采集后即可进行，贮藏经过蜡封的接穗其保湿效果会更好。

接穗蜡封前洗净附着在接穗表面的沙粒或木屑，晾干表面水分，否则容易造成蜡层脱落。蜡封前先将长的枝条接穗剪成短的枝段接穗，枝段长度按照枝条节间的长短和粗度，以及嫁接要求灵活掌握。一般粗度为0.8 ～ 1.0cm的接穗剪成8 ～ 12cm长，保留2 ～ 4芽，剪得过长造成浪费，过短则使用起来不太方便。

蜡封接穗时，把石蜡放入容器中加热熔化，加热容器可用铁锅、铝锅、脸盆、罐头盒、易拉罐等，接穗量少时，使用小容器，量大时使用大容器。最好使用水浴式夹层桶，便于控制石蜡温度。夹层桶的大小根据接穗数量来定。一般可采用外层水桶直径约20cm、内层石蜡桶约10cm、高35cm的规格。外层水桶盛水，通过直接加热外层水桶，用开水来加热内层桶中的石蜡，所以蜡液温度稳定，并且不会过高。

进行接穗蜡封前，先将石蜡切成小块，再准备好容器、加热设备、温度计等。

（3）蜡封接穗方法　使用水浴式夹层桶蜡封操作时，外层水桶加满水后，将桶放置在电炉上，然后往石蜡桶中放入破碎的石蜡。当桶内石蜡完全熔化且温度达到95℃以上时，即可进行蘸蜡。使用一般容器时，温度达到100℃左右时，即可进行蘸蜡。蜡封接穗的关键是掌握好石蜡熔化后的温度，温度低则蘸蜡厚，既浪费又易脱落；温度太高蘸蜡持续时间太长则易烫伤接穗。试验证明，在100℃蜡液中浸蘸3s，接穗不受影响；如果蜡液温度超过150℃，或者在100℃蜡液中停留5s以上，枝条则会被烫伤而失去生命力。

蘸蜡时，先将接穗一头迅速浸入融化的石蜡中，然后立即抽出，用同样的方法处理另一头，中间不留未蘸蜡间隙，使整个接穗都蒙上一层均匀光亮的薄石蜡层。时间不超过1s，一次蘸1根，也可以一次拿几根接穗蘸。接穗量大时使用大容器熔化石蜡，操作时可把接穗放在漏勺中，在蜡液中一过即捞起来，这样可以大大提高效率。

蜡封后的穗条应该周身均匀地覆盖一层薄薄的石蜡。切忌石蜡太厚和蜡封不严。蜡封太厚，蜡层容易裂开、脱落，从而使接穗失去蜡封效果；蜡封不严，接穗会从未封好的地方慢慢蒸发水分而失去活力。

蜡封接穗时要注意散热。接穗在100℃左右的石蜡中蜡封后，由于时间短，接穗内部没有被烫伤，但是表皮外温度很高，如果蜡封的接穗堆放在一起或放在篮子中，热量散不出去，温度高会影响到接穗内部，甚至造成接穗韧皮部的烫伤而影响嫁接成活率。为此对蜡封过的接穗要分散晾开，放在阴凉地方充分散热。待完全晾凉，将接穗整理打捆，装入湿布袋或装有湿锯末的塑料袋，做好标记后嫁接使用；或进行沙藏或冷藏。

4.其他用品

嫁接前还应制备一些标签，供标记砧木、接穗名称之用。

第五节　嫁接方法

一、嫁接方法分类

果树嫁接方法很多，可以综合归纳后，从不同的角度进行分类，这样便于更好地学习、研究和利用。表2-5为果树嫁接方法分类情况。

表2-5　果树嫁接方法分类

嫁接方法分类	按接穗利用情况分	芽接		丁字形芽接	
				带木质丁字形芽接	
				嵌芽接	
				贴芽接	
				方块形芽接	
				工字形芽接	
				环形芽接	
				套芽接	
				芽片贴接	
				补片芽接	
				单芽切接	
		枝接	按嫁接接口的形式分		劈接
					切接
					插皮接
					插皮舌接
					去皮贴接
					切贴接
					贴枝接
					锯口接
					腹接
					插皮腹接
					合接
					舌接
					靠接
					镶嵌靠接
			按接穗利用枝条的类型分		硬枝嫁接
					绿枝嫁接
	按嫁接部位分	根接			
		根颈接			
		二重接			
		腹接			
		高接			
		桥接			
	按嫁接场所分	围接			
		掘接			

下面介绍主要的果树嫁接方法类别。

1.芽接

以芽片为接穗进行嫁接为芽接。芽接分为带木质芽接和不带木质芽接两类。在皮层可以剥离的时期，用不带木质芽片嫁接，如丁字形芽接，也可用带有少许木质部的芽片嫁接；皮层不易剥离的时期，只能进行带木质部的芽片嫁接，如嵌芽接。

2.枝接

以枝段为接穗进行嫁接为枝接。枝接在砧木、接穗离皮和不离皮的情况下都可进行。枝接常用具有1个或数个芽的枝段作接穗，用具有1个芽的枝段作接穗通常叫单芽嫁接。枝接按接穗利用枝条的类型分为硬枝嫁接和绿枝嫁接。硬枝嫁接用一年生或多年生枝作接穗，多在春季砧木萌芽前至旺盛生长前进行，在保护设施内，冬季亦可进行；嫩枝嫁接用新梢作接穗在生长季进行，已在葡萄上广泛应用。按嫁接接口的形式，枝接分为劈接、切接、插皮接、舌接、靠接等。

3.根接

以根段为砧木进行的嫁接叫根接。根接一般采用硬枝嫁接。

4.根颈接

在植株根颈部位进行嫁接叫根颈接。根颈接一般采用硬枝嫁接。

5.二重接

进行两次嫁接的方法叫二重接，例如中间砧果苗的嫁接。二重接可以一次完成，也可以分两次完成。一次完成，中间砧必须采用枝接，一般是硬枝嫁接，接穗采用枝接或芽接。两次完成，中间砧一般采用芽接，接穗也一般采用芽接，枝接也可以。

6.腹接

在不剪断的主干和大枝的侧面斜切并插入接穗进行嫁接叫腹接，如芽接大都在枝条的侧面进行。

7.高接

利用原植株的树体骨架，在树冠部位换接其他品种的嫁接方法叫高接。

8.桥接

将一段枝或根的两端同时接在树体上，或将萌蘖接在树体上的方法叫桥接。

9.圃接

在苗圃地进行的嫁接叫圃接或地接。

10.掘接

将砧木掘起，在室内或其他场所进行的嫁接叫掘接。如嫁接栽培的葡萄品种，砧木采用根段或枝段，常先在室内枝接，然后再栽植或催根、扦插。

嫁接时要根据嫁接材料的类型、嫁接部位、嫁接场所等综合运用嫁接方法。例如单芽切腹接，是以带有1个芽的一段枝为接穗，接口形式是切接，嫁接部位在砧木根颈以上枝条的一侧。

常用的基本嫁接方法是芽接和枝接两类。

二、主要嫁接方法

1.丁字形芽接

（1）技术特点　丁字形芽接操作时，先在砧木上切一"丁"字形切口，再将芽片插入，故称为丁字形芽接，也称为T形芽接（图2-8）。丁字形芽接是果树应用最广的嫁接方法，在其他园艺作物上也应用。这种方法操作简单，嫁接速度快，嫁接成活率高。丁字形芽接必须在生长季枝条形成层处在活动期时进行，此时芽片容易剥离，北方地区适宜时期在5～9月的生长期，常绿果树以芽片容易剥离为准。不管在什么时间，芽片能够剥离、砧木离皮，丁字形芽接才能进行。丁字形芽接多用于培育苗木，砧木一般用1～2年生的树苗。大树高接时，一般选用新梢、一年生枝、二年生枝进行丁字形芽接。

1　2　3　4　5　6　7　8　9

图2-8　丁字形芽接

1—砧木切丁字形切口；2—接穗芽上横切一刀；3—接穗芽下斜切一刀；4—取下芽片后的接穗；5—芽片正面；6—芽片反面；7—将砧木切口拨开；8—将芽片放入砧木切口；9—绑缚

（2）操作步骤及要点

① 切削砧木。在砧木需要嫁接的部位，选择光滑无疤处，用芽接刀切一个"丁"字形切口，即先横切一刀，宽1cm左右，再从横切口中央往下竖切

一刀，长1.5cm左右，深度以切断皮层而不伤木质部为宜（图2-8，1）。

② 切削芽片。一只手顺拿握住接穗，另一只手持芽接刀。选定要取得芽，先在被取芽上方0.5～1cm处横切一刀，切断韧皮部，深至木质部，宽度为接穗粗度的1/3～1/2（图2-8，2），再在芽的下方1～1.5cm处斜削入木质部，由浅入深向上推刀，纵刀口与横刀口相遇为止（图2-8，3）。用拿刀的手捏住接芽两侧，轻轻一掰，取下一个盾状芽片（图2-8，4～6）。芽片大小以与砧木粗度相称为宜，砧木粗接穗细，芽片可大些，横切一刀时宽度大些；反之则小。

③ 插芽片。用刀尖或嫁接刀的骨柄将砧木切口皮层向左右一拨，微微撬开皮层（图2-8，7），用左手捏住削好的芽片左右两侧，芽片尖端紧随撬砧木皮层的刀尖，迅速插入砧木皮层，紧贴木质部向下推进，直至芽片上方与"T"形横切口对齐、密接（图2-8，8）。

④ 绑缚。用塑料条从接芽的下部有伤口处开始逐渐往上压茬缠绑到横切口上方，叶柄露出或不露出（图2-8，9）。叶柄一般不露出，这样缠绑省事；如果需要用叶柄检验嫁接后是否成活，可以将叶柄露出，但伤口一定要包扎严密、捆绑紧固。

⑤ 检查成活。大多数果树芽接后10～15天即可检查是否成活，温度低时间长些，温度高时间短些。凡接芽新鲜，叶柄一触即落，表明已经成活；如果芽片萎缩、颜色发黑，叶柄干枯不易脱落，说明没有接活。一般查成活、补接、剪砧、解绑同时进行。

⑥ 解绑。

在生长季检查芽接成活的同时进行解绑或松绑。解绑或松绑后，接芽当年即可萌发；秋季检查芽接成活后可以解绑，也可来年春季萌芽前解绑。解绑是把绑缚物取下，可以用嫁接刀挑开取下；也可以在接芽背面顺砧木轻切一刀，将绑缚物切断，自然落下；还可芽上直接剪砧，同时把绑缚塑料条剪断。

2.带木质丁字形芽接

（1）技术特点　木质丁字形芽接同丁字形芽接实质是一样的，先在砧木上切一"丁"字形切口，再将芽片插入，稍微区别在于带木质丁字形芽接的芽片带部分木质部，丁字形芽接芽片一点也不带木质部（图2-9）。带木质丁字形芽接同样操作简单，嫁接速度快，嫁接成活率高。带木质丁字形芽接砧木必须剥离，接穗可以离皮，也可以不离皮。带木质丁字形芽接主要用于接穗皮层不易剥离时；接穗枝皮太薄，不带木质部不易成活时；接穗芽部不圆滑，不易剥取不带木质部的芽片时，如杏、梨、柑橘等果树的芽隆起不易剥取不带木质部的芽片；再比如杏树在夏秋季节，采用带木质部芽接（包括带木质丁字形芽接、嵌芽接）比采用丁字形芽接成活率更高。带木质丁字形芽接可用于培育苗木，砧木一般用1～2年生的树苗，亦可在大树上选用新梢、一年生枝、二年生枝嫁接。

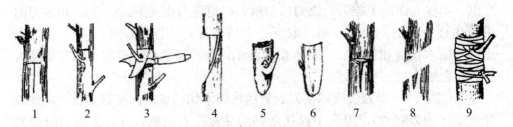

图2-9　带木质丁字形芽接

1—砧木切丁字形切口；2—接穗芽上横切一刀；3—接穗芽下斜切一刀；4—取下芽片后的接穗；5—芽片正面；6—芽片反面；7—将砧木切口拨开；8—将芽片放入砧木切口；9—绑缚

（2）操作步骤及要点　带木质丁字形芽接操作步骤及要点作类似于丁字形芽接。

① 切削砧木。在砧木需要嫁接的部位，选择光滑无疤处，用芽接刀切一个"丁"字形切口。即先横切一刀，宽1cm左右，再从横切口中央往下竖切一刀，长1.5cm左右，深度以切断皮层而不伤木质部为宜（图2-9，1）。

② 切削芽片。一只手顺拿握住接穗，另一只手持芽接刀。选定要取得芽，先在被取芽上方0.5～1cm处横切一刀，深达木质部（图2-9，2），再在芽的下方1～1.5cm处斜削入木质部，由浅入深向上推刀，纵刀口与横刀口相遇为止（图2-9，3）。取下盾状芽片（图2-9，4～6）。芽片大小以与砧木粗度相称为宜。

③ 插芽片。用刀尖或嫁接刀的骨柄将砧木切口皮层向左右一拨，微微撬开皮层（图2-9，7），用左手捏住削好的芽片左右两侧，芽片尖端紧随撬砧木皮层的刀尖，迅速插入砧木皮层，紧贴木质部向下推进，直至芽片上方与"T"形横切口对齐、密接（图2-9，8）。

④ 绑缚。用塑料条从接芽的下部有伤口处开始逐渐往上压茬缠绑到横切口上方，叶柄露出或不露出（图2-9，9）。叶柄一般不露出，这样缠绑省事；如果需要用叶柄检验嫁接后是否成活，可以将叶柄露出，但伤口一定要包扎严密、捆绑紧固。

⑤ 检查成活。大多数果树芽接后10～15天即可检查是否成活，温度低时间长些，温度高时间短些。凡接芽新鲜，叶柄一触即落，表明已经成活；如果芽片萎缩、颜色发黑，叶柄干枯不易脱落，说明没有接活。一般查成活、

补接、剪砧、解绑同时进行。

⑥ 解绑。在生长季检查芽接成活的同时进行解绑或松绑。解绑或松绑后，接芽当年即可萌发；秋季检查芽接成活后可以解绑，也可来年春季萌芽前解绑。解绑是把绑缚物取下，可以用嫁接刀挑开取下；也可以在接芽背面顺砧木轻切一刀，将绑缚物切断，自然落下；还可芽上直接剪砧，同时把绑缚塑料条剪断。

3.嵌芽接

（1）技术特点　接穗芽片大小、形状与砧木切口相同，好像接穗芽片切削下来后又放回原处，接穗芽片放到砧木切口处，像镶嵌上一样，故称为嵌芽接（图2-10）。嵌芽接是果树带木质芽接的主要方法之一，其他园艺作物也可应用。嵌芽接同丁字形芽接一样，操作简单，嫁接速度快，嫁接成活率高。嵌芽接不必需在接穗、砧木离皮时进行，所以一年到头均可采用。嵌芽接多用于培育苗木，尤其是春季、秋季补接，砧木一般用1～2年生的树苗。大树高接换头，春季、秋季采用嵌芽接比较省事，速度快，操作方便，嫁接部位灵活。

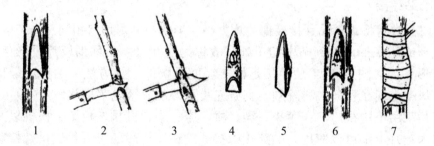

图2-10　嵌芽接

1—砧木切削；2—在接穗芽的下部向下斜切一刀；3—在接穗芽的上部由上而下斜切一刀，使两刀口相遇；4—取下的芽片（正面）；5—取下的芽片（反面）；6—将芽片放入砧木切口；7—绑缚

（2）操作步骤及要点

① 切削砧木。在砧木需要嫁接的部位，选择光滑无疤处，由上而下与枝条约呈45º角斜切一刀，深入木质部；再在切口上部3cm处由上而下与枝条约呈30º角往下切，一直切到下部刀口处，使两刀口相遇；将切片拨下，或让其自然掉下（图2-10，1）。

② 切削芽片。接穗芽片削切的方法与切削砧木相同，但砧木接口比接芽稍长。削切芽片时，一只手倒持接穗，另一只手持芽接刀，选定要取得芽，从芽下方约1cm处，由上而下与枝条约呈45º角斜切一刀，深入木质部（图2-10，2）；再在芽上方1.5cm处，由上而下与枝条约呈30º角往下切，一直切

到下部刀口处，使两刀口相遇（图2-10，3）；取下芽片，芽片长约2.5cm（图2-10，4、5）。

③砧穗接合。将芽片放入砧木切口中，芽片下端要与砧木密接，芽片上端必须露出2～5mm的皮层，以利愈合，砧木与接芽形成层最好完全对齐，砧木较粗时二者必须有一边形成层对齐（图2-10，6）。

④绑缚。用塑料条从接芽的下部有伤口处开始逐渐往上压茬缠绑到上部有伤口处，扎紧包严。叶柄露出或不露出（图2-10，7），

⑤检查成活。嵌芽接检查成活的时间、标准、方法等与丁字形芽接基本相同。接后10～15天即可检查是否成活，温度高时间短些，温度低时间长些；春季嵌芽接时间早的话，检查成活与解绑时间更长。

⑥解绑。嵌芽接解绑的时间、方法等亦与丁字形芽接基本相同。但嵌芽接最好先进行挑芽，尤其是春季嵌芽接，就是要先把覆盖住接芽的塑料薄膜挑开个口，以便让芽发出，在芽萌发后塑料薄膜影响嫁接部位生长前进行解绑。生长季嵌芽接，伤口愈合快，可以直接解绑。

4.贴芽接

（1）技术特点　贴芽接接穗芽片大小、形状与砧木切口相同，一刀取下，像梭形或船底形，贴到砧木切口处，故称为贴芽接，又称为板片梭形芽接、船底形芽接（图2-11）。贴芽接是嫁接速度最快的芽接方法。贴芽法最早的文字记载出现在青岛农科院刘元勤研究员主编的《矮化苹果栽培》（1996年）上。其应用范围很广，在苹果、梨、桃、杏、李、樱桃、板栗、核桃以及其他林木花卉上都可以应用。贴芽接嫁接速度快，一般的工人每天可嫁接苗木1800～2000株，熟练的嫁接工人一天可嫁接苗木2800～3000株；成活率高，嫁接成活率一般在98%以上；愈合得快，嵌芽接提早愈合2～3天，早解绑2～3天，早发芽3天左右；可以延长嫁接时期，嫁接从春分到秋分的6个月的时间内都可以进行；接穗利用率高，尤其在嫁接名、优、新品种时，在接穗紧张的情况下更显现出优势，一般情况下，接穗利用率可以达到90%以上；简单易学，从未学过嫁接的人，在老师的指导下，一般1～2个小时即可学会，当天就可以嫁接苗木700～800株，3～4天后就可以达到每天1200～1500株。

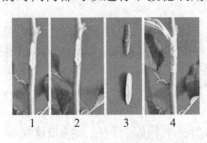

图2-11　贴芽接

1—砧木切削；2—取下芽片的接穗；
3—芽片（上正面，下反面）；4—绑缚

（2）操作步骤及要点

①切削砧木。在砧木需要嫁接的部位，选择光滑无疤处，由下向上轻削，

至约1.25cm处开始旋转刀头，继续切削到约2.5cm处停止，斜削出一弧形切口，深约2mm、长2.5～3cm，切片自然掉下（图2-11，1）。

②切削芽片。一只手倒持接穗，另一只手持芽接刀，选定要取得芽，在芽的上端约1.25cm处入刀并向下轻削，至芽部位开始旋转刀头继续切削，在芽下部约1.25cm处停止，削出厚度约2mm、长约2.5cm、带木质部的梭形芽片，芽片要比砧木的切口略短小（图2-11，2、3）。

③砧穗接合。将接穗芽片贴在砧木切口上，尽可能使接芽与砧木的下端与两侧形成层对齐，上端可稍显缝隙（图2-11，4）。

④绑缚。用塑料条从接芽的下部有伤口处开始逐渐往上压莅缠绑到上部有伤口处，扎严扎紧，不露叶柄，使之上下左右不透水、不漏气（图2-11，4）。

⑤解绑。包扎时用厚度为0.008mm的地膜条，芽眼处缠单层，其他处可以多层。这样，9～10天后即可剪砧或折砧，无需解除绑缚，接芽可以自行突破薄膜萌发。若用其他塑料条绑缚，当年萌发的，则需15天左右解绑、剪砧或折砧。

5.方块形芽接

（1）技术特点　方块形芽接嫁接时所取接穗芽片为方块形，砧木上也相应地切去一片方块形树皮，故称方块形芽接（图2-12）。接穗方块形芽片和砧木方块形树皮都必须取下来，所以方块形芽接一定要在形成层活跃的生长期进行。这种方法操作比较麻烦，不如丁字形芽接、贴芽接、嵌芽接省事，自然工作效率比较低；且要求砧木和接穗粗度相近，生产上使用较少。但是方块形芽接的芽片较大，与砧木的接触面大，容易成活。对于一般芽接不易成活、树皮比较厚的树种，如核桃、柿等比较适宜；同时，芽片比较大，嫁接后芽容易萌发。

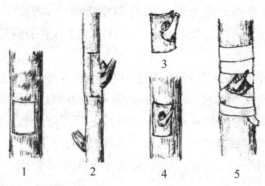

图2-12　方块形芽接

1—砧木树皮上下左右各切一刀，取出方块树皮；2—接穗芽上下左右各切一刀；

3—取出接穗的方块形接芽；4—将方块形接芽嵌入砧木切口；5—绑缚

（2）操作

① 切削砧木。在需要嫁接的部位，选择平滑处，先上、下相隔2cm各横切一刀，切口长度超过2cm；再左、右相隔2cm左右各切一刀，与上、下刀口相接，切透皮层，深至木质部；用刀尖挑去方块形的砧木皮，砧木上出现方块形或长方形的接口（图2-12，1）。砧木去掉的树皮要与接穗芽片大小相当，切忌砧木去掉的树皮小于接穗芽片。一般砧木切削前，先确定砧木和接穗切口的长度和宽度，用刀刻上记号。砧木接口长度和接穗芽片长度依据砧穗粗度而定，粗则长，细则短，宽度相应变化。

② 切削芽片。一只手顺拿握住接穗，另一只手持芽接刀。在接穗的饱满芽上、下各1cm处横切一刀，再在芽左、右各1cm处竖切一刀，与上、下刀口相接，深达木质部（图2-12，2），取下方块形芽片（图2-12，3）。如果接穗较细，可在芽上下环切两刀，然后在芽背面竖切一刀，取下环形芽片，铺平后就是方块形芽片。为使嫁接方便、速度加快、成活率高，可用专门设计的双刃刀，这种刀在砧、穗上可切出相等大小的芽片，从而使砧、穗切口完全吻合。

③ 砧穗接合。手拿叶柄，将芽片放入砧木切口中，尽量使芽片上、下、左、右与砧木切口正好闭合（图2-12，4）。要求芽片大小与砧木的接口大小一致，则它们四边的切口可对齐贴紧。如果芽片小一些，放入时最好使上部和左或右的一个边与砧木接口相应的边贴严对齐，下边可空一些，因为在接口以上砧木留叶的情况下，伤口上部比伤口下部愈伤组织生长快。如果芽片大于砧木接口，放不进去，则必须将其修削小一点，使其大小合适。需要注意的是，不能把它硬塞进去，因为接穗芽片损坏后，一般不能成活。所以，切削前先确定砧木和接穗切口的长度、宽度，使其一致很重要。在进行方块芽接时，伤口面会暴露一段时间，千万不要将伤口弄脏，因为愈伤组织需要从伤口面生长出来。同时，接穗放入砧木切口后不要来回移动，以免搓伤形成层细胞。

④ 绑缚。用塑料条从接芽的下部有伤口处开始逐渐往上压茬缠绑到上部，把伤口处包严（图2-12，5）。叶柄露出或不露出。如果砧木树皮过厚，不易绑严，要将砧木皮层削至基本与接穗的皮层厚度一致，才可绑严。

⑤ 解绑。生长季嫁接当年萌发的，嫁接后15天左右，进行解绑或松绑。秋季嫁接的检查成活可以解绑，也可来年春季萌芽前解绑。

6.工字形芽接

（1）技术特点　工字形芽接因为砧木切口呈"工"字形，所以叫工字形芽接；将接穗芽片放入砧木的工字形切口时，需要把切口两边的树皮撬开，好似打开两扇门一样，所以又叫双开门芽接（图2-13）。工字形芽接与方块形芽接很相似，不同之处是没有把砧木切口的树皮切除，而是保留包在接穗芽片上，其他特点基本和方块形芽接相同。接穗芽片必须能取下来，砧木树皮必须能剥离，所以一定要在形成层活跃的生长期进行；操作比较麻烦，工作效率比较低；要求砧木和接穗粗度相近，生产上使用较少。但是嫁接的芽片较大，与砧木的接触面大，容易成活。主要用于嫁接比较难活的树种，如核桃、柿等。

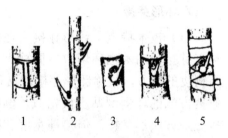

图2-13　工字形芽接

1—砧木树皮切成工字形切口；2—接穗芽上下左右各切一刀；3—取下接穗的方块形接芽；4—将方块形接芽放入砧木切口；5—绑缚

（2）操作步骤及要点

① 切削砧木。将砧木切口长度和接穗芽片长度先确定好，使二者长度相当，一般2cm左右。在砧木需要嫁接的部位，选择平滑处，上、下平行各切一刀，切透树皮，宽度为干周的2/3左右，一般要适当超过芽片的宽度。再在中央纵切一刀，使刀口切成"工"字形，深度以切透树皮、少伤木质部为宜（图2-13，1）。砧木切口长度和接穗芽片长度依据砧穗粗度而定，粗则长，细则短，宽度相应变化。

② 切削芽片。接穗接芽的削法与方块形芽接相似，既可削成正方形，又可削成长方形。切削时，一只手顺拿握住接穗，另一只手持芽接刀。在接穗的饱满芽上、下1cm左右处各横切一刀，再在芽左、右1cm左右处各竖切一刀，与上、下刀口相接，均切透树皮（图2-13，2），取下芽片（图2-13，3）。如果接穗较细，可在芽上下环切两刀，然后在芽背面竖切一刀，取下环形芽片，铺平后为正方形或长方形芽片。也可用双刃刀切削，方便快捷。

③ 砧穗接合。一手拿用刀尖或刀柄，沿砧木纵切口挑开砧木皮层，一手拿接穗芽片的叶柄，将芽片放入砧木切口中，合上砧木皮层，盖住接穗芽片（图2-13，4）。由于芽片隆起，故芽片不会盖住芽和叶柄，可使芽和叶柄正好在中央露出。其他注意事项同方块形芽接。

④ 绑缚。用塑料条从接芽的下部有伤口处开始逐渐往上压茬缠绑到上部，把伤口处包严。叶柄露出或不露出（图2-13，5）。

⑤ 解绑。生长季嫁接当年萌发的，嫁接后15天左右，进行解绑或松绑。秋季嫁接的检查成活可以解绑，也可来年春季萌芽前解绑。

7.环形芽接

（1）技术特点　环形芽接是在接穗上环切一圈树皮，再竖切一刀，取下环形芽接，砧木也环切取下同样大小的树皮，将接穗环形芽接套在砧木切取下树皮的地方，故称环形芽接，又称环状芽接（图2-14）。环形芽接的操作与修剪方法的环剥倒贴皮很相似，倒贴皮是将树皮颠倒后放回原剥口。环形芽接类似方块形芽接，但接穗宽度和砧木切口宽度比方块形芽接大。也类似套芽接，但套芽接从接穗取下的是套筒不是芽片，是将套筒套在砧木上。环形芽接接穗芽片必须能取下来，砧木树皮也必须能剥离，所以要在形成层活跃的生长期进行。环形芽接对于不很通直的接穗取芽比较方便。环形芽接操作比较麻烦，工作效率比较低，且要求砧木和接穗粗度相近，生产上使用较少。但环形芽接芽片较大，与砧木的接触面大，容易成活，主要用于嫁接比较难成活的树种，如核桃、柿等。

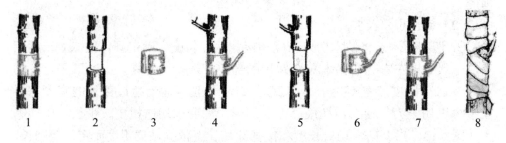

图2-14　环形芽接

1—切削砧木；2—剥下树皮的砧木；3—砧木剥下的树皮；4—切削接穗；
5—取下芽片的接穗；6—取下的接穗芽片；7—芽片套进切口；8—绑缚

（2）操作步骤及要点

① 切削砧木。将砧木切口长度和接穗芽片长度先确定好，使二者长度相当，一般2cm左右。在砧木需要嫁接的部位，选择平滑处，上下相距约2cm左右平行各环切一刀，切透树皮，至木质部，再纵切一刀（图2-14，1），用刀尖撬开树皮并剥下（图2-14，2、3）。如果砧木粗于接穗，可纵切两刀，保留部分树皮，使剥口宽度与接穗芽片宽度相当。

② 切削芽片。接穗切削时，一只手顺拿握住接穗，另一只手持芽接刀。先在接芽的上方1cm左右环切一圈，切透树皮，至木质部，再在接芽的下方1cm左右环切一圈，然后在芽背面纵切一刀（图2-14，4），从纵切刀口左右挑开，剥取环状芽片（图2-14，5）。铺平后芽片一般为长方形（图2-14，6）。也可用双刃刀切削，方便快捷。一般接穗一圈的长度为芽片宽度，所以切削砧木切口时就应以接穗粗度为标准。

③ 砧穗接合。将接穗芽片套在砧木切口上（图2-14，7）。按照要求切削砧木切口和接穗芽片，芽片正好套进切口中。如果芽片比切口稍小些，一般关系不大，套进后可以愈合；如果芽片大于切口，则不能硬塞进去，必须将芽片再切去一部分，或者将切口再切去一部分，二者相当，然后再套上。其他注意事项同方块形芽接。

④ 绑缚。用塑料条从接芽的下部有伤口处开始逐渐往上压茬缠绑到上部，把伤口处包严（图2-14, 8）。叶柄露出或不露出。绑缚时，要避免接芽来回转动，以免擦伤形成层，影响细胞分裂形成愈伤组织。

⑤ 解绑。生长季嫁接当年萌发的，嫁接后15天左右，进行解绑或松绑。秋季嫁接的检查成活可以解绑，也可来年春季萌芽前解绑。

8.套芽接

（1）技术特点　套芽接是将接穗接芽上方剪断，在接芽下方用刀环切一圈，拧下圆筒形的皮层套芽，砧木在嫁接部位进行同样操作，然后把接芽圆筒形的皮层套在砧木木质部上，接穗芽片呈圆筒形套在砧木上，故称套芽接，简称套接（图2-15）。套芽接接穗芽片必须能取下来，砧木树皮也必须能剥离，所以要在形成层活跃的生长期进行。套芽接的砧木和接穗形成层接触面大，容易成活。技术熟练者嫁接速度快，嫁接树成活率高，接后能很快萌发。套芽接要求砧木与接穗直径相等或相近，接穗芽不突起，容易取下圆筒形芽片。一般用于芽接难以成活，并且接穗枝条通直、芽不隆起的树种，如柿树的嫁接常用套接。试验证明，柿树嫁接育苗采用套芽接成活率高于丁字形芽接和方块形芽接。

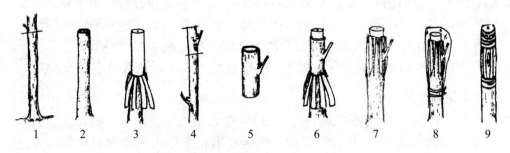

图2-15　套芽接

1—砧木剪断；2—剪断后的砧木；3—扒皮后的砧木；4—切削接穗；5—取下的筒状芽片；
6—筒状芽片套在砧木上；7—砧木树皮裹住筒状芽片；8—套袋；9—绑缚

（2）操作步骤及要点

① 切削砧木。套芽接要求砧木与接穗的粗度相当。在砧木上选择直溜平滑且与接穗粗度同等的部位，用修枝剪将砧木剪断（图2-15，1、2），并用

修枝剪或芽接刀刀刃沿剪口处将树皮向下纵切几刀，切透树皮，至木质部，然后顺切口将砧木的一圈树皮扒下来，露出木质部，扒皮的长度约3cm（图2-15，3）。

②切削接穗。接穗切削时，一手拿接穗，一手持芽接刀。选好接芽，将接穗在接芽上部1cm处剪断，再在接芽下部1cm处环切一圈，切透树皮，至木质部（图2-15，4），然后拧动接穗，当接穗活动后，由下而上地取出筒状芽片（图2-15，5）。剪断接穗时，剪口要齐平；环切树皮时一定要将树皮全部切断，因为有一点树皮未切断拧动接穗即会损坏芽片；在技术不熟练时，可以用一条小的布条缠住芽片再拧，让布条带动芽片。

③砧穗接合。将筒状芽片顺拿，由上而下套在砧木切削露出的木质部上（图2-15，6）。套上筒状芽片后，不要来回转动、上下摩擦，以免伤害形成层。要求套上后大小合适，二者密接。如果砧木粗，接穗筒状芽片细，则套不进去；如果砧木细，接穗芽筒状芽片粗，则套进去后太松。为了使二者大小合适，先选取接穗，再剪砧木，砧木细时，可以往下剪一段，直到粗细一致、套上正好为止。

④绑缚。砧穗接合好后，砧木树皮由下往上翻，使其分布在筒状芽片周围，裹住筒状芽片（图2-15，7），以保护接穗，并减少水分蒸发。不必用塑料条绑缚。可以套塑料袋，以保持水分（图2-15，8）。如果砧木树皮裹住筒状芽片不严密，也可以绑缚（图2-15，9）。

另一种操作是将砧木剪断后，在剪口以下3cm处将树皮环割一刀，切透树皮，至木质部，然后再纵一刀，将树皮挑开扒下，露出木质部。在接芽上部1.5cm处剪断，再在接芽下部1.5cm处环切一圈，切透树皮，至木质部，然后拧动接穗，当接穗活动后，由下而上地取出筒状芽片。再将筒状芽片顺拿，套在砧木切削露出的木质部上，与砧木顶端齐平。最后用塑料条从接芽的下部有伤口处开始逐渐往上压茬绑缚。嫁接后15天左右，进行解绑。

9.芽片贴接

（1）技术特点　所谓芽片贴接，是将砧木切去一块树皮，再在去皮的地方贴上相同大小的芽片（图2-16）。嫁接在生长季砧木和接穗容易离皮时进行。芽片贴接具有丁字形芽接和嵌芽接的特点，接穗芽片的切削方法和形状与丁字形芽接相似，只是上下颠倒；砧木切口的切削方法和形状与嵌芽接相似，但不带木质部。芽片贴接嫁接速度较丁字形芽接慢，比方块芽接快，成活率高，嫁接成活后接芽容易萌发。芽片贴接在南方常绿树种的嫁接中经常采用，特别是龙眼育苗。龙眼育苗一般可嫁接时间较长，3月下旬至10月底均可，这时植株形成层活动旺盛，但以4～6月嫁接较适宜，尤其以4月成活率最高。由于龙眼幼茎横切面呈梅花形，叶柄在梅花型的5个突出处，因此应选择树皮光滑的叶痕垂直线处开芽接位。

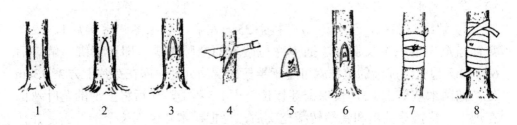

图2-16　芽片贴接

1—砧木平行划切两刀；2—砧木弧形划切两刀；3—砧木舌状皮层切下上半段大部分皮层，
留下小半段；4—削取芽片；5—取下的接穗芽片；6—芽片放进砧木切口；
7—露芽绑缚；8—不露芽绑缚

（2）操作步骤及要点

① 切削砧木。一般用1年生砧木，在离地面10～20cm高度，选择平直、光滑、无疤处，擦干净表皮。先在选定的位置用刀尖自下而上平行划切两刀，相距0.6～0.8cm，长2～2.5cm，深至木质部（图2-16，1）。再接着两刀切口上部切两刀，呈弧形，切口上部交叉，连接成舌状（图2-16，2）。然后用芽接刀骨片或刀尖从舌状尖端由上而下将皮层挑起，向下撕开后，立即贴回原处，以免伤口暴露太久而影响成活，切下上半段大部分皮层，留下小半段，以便夹放芽片（图2-16，3）。

② 切削接穗。接穗芽片宽度要略比砧木接口小，一般小0.8mm左右，利于砧、穗愈合。接穗芽片切削兼有丁字形芽接和嵌芽接的特点。接穗切削时，一手倒持接穗，一手持芽接刀，选取接穗中部芽眼充实、饱满、明显的芽作为接芽。先在芽上方1.5～2cm处斜削入木质部，由浅入深至宽0.6～0.8cm处向下推刀，至切口长2.5～3cm（图2-16，4），再在芽的下方1～1.5cm处横切一刀，与纵刀口相遇为止，切断韧皮部，深至木质部，用手取下舌状或盾状芽片（图2-16，5）。

③ 砧穗接合。将接穗芽片安放在砧木切口的中央，下端插入留下的砧皮内（图2-16，6），使芽片与砧木切口顶端及两侧保持0.5mm左右的空白，这样有利于愈伤组织的形成。切口下保留的一小块树皮，在操作时很有用，它可以托住接芽不掉下来，并对接芽起到保护作用；并可使操作者空出手来进行绑缚，提高包扎的质量。要求接芽的大小和砧木切口基本相等或略小于砧木切口，绝不能让芽片大于切口，而硬将其塞进切口去。

④ 绑缚。放好芽片后即用塑料薄膜条自下而上缠绕，上下圈重叠1/3，

用力均匀地将芽片绑扎牢固，最后一圈要比砧木切口高2cm，并把塑料薄膜条往下一圈穿过，用力拉紧，使芽片封闭良好，微露或不露芽眼（图2-16，7、8），防止雨水侵入芽接口。

⑤ 解绑与剪砧。生长季节嫁接后25天左右，秋末冬初嫁接后1～2个月，当愈伤组织生长良好，把芽片与砧木的空隙填满后即可解绑。解绑后6～10天检查，成活的植株就可进行半剪砧倒砧处理。即在芽片上方2～3cm处，把砧木茎剪去4/5，仅保留芽接位背面1/5茎干，然后将上部的茎叶弯倒在地上，待接芽抽出和新梢转绿充实后，再把砧木弯倒部位全部剪去，并抹除全部砧芽。

10.补片芽接

（1）技术特点　补片芽接是将长方形的接穗芽片贴到砧木切削下相同大小皮层的位置上。在南方常绿树的嫁接中常用这种方法，在嫁接没有成活时也常用此法进行补接，故称补片芽接（图2-17）。补片芽接兼有方块形芽接和芽片贴接的特点，芽片与方块形芽接相似，但其芽片呈长方形，同时砧木切口下半部保留树皮包住接芽。补片芽接具有节省接穗、成活容易、嫁接方法便于掌握等优点。补片芽接在树液流动、皮层易离体的时期进行较为理想，刚下过雨或气温过低、过高，都不宜进行芽接，这点要特别注意。

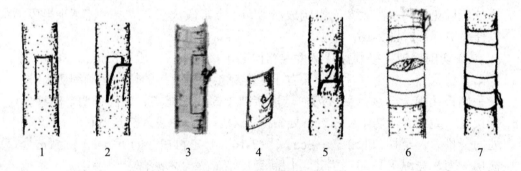

图2-17　补片芽接

1—切削砧木；2—砧木剥下树皮；3—切削接穗；4—取下的接穗芽片；

5—芽片放进砧木切口；6—露芽绑缚；7—不露芽绑缚

（2）操作步骤及要点

① 切削砧木。一般用1年生砧木，在离地面10～20cm高度，选择平直、光滑、无疤处，擦干净表皮。先在选定的位置用芽接刀自下而上平行划切两刀，深至木质部，长约3cm，再在两刀切口上端横切一刀，与两刀切口相接，形成无下边的长方形切口（图2-17，1），从切口上边挑开皮层，并向下拉开，

然后用嫁接刀切去或用修枝剪剪去2/3（图2-17，2）。

② 切削接穗。

接穗芽片切削与方块形芽接相似。一只手顺拿握住接穗，另一只手持芽接刀。在接穗的饱满芽上、下各1.5cm处横切一刀，再在芽左、右各竖切一刀，距离视接穗、砧木粗度而定，一般0.8～1cm，与上、下刀口相接，深达木质部（图2-17，3），用手取下长方形芽片（图2-17，4）。

③ 砧穗接合。拿住接穗芽片，放入砧木切口，两边与砧木切口两边对齐、密接，下端插入留下的砧皮内，上端与横切口对齐、密接（图2-17，5）。

④ 绑缚。放好芽片后即用塑料薄膜条自下而上缠绕，上下圈重叠1/3，最后一圈比砧木切口高2cm，并把塑料薄膜条往下一圈穿过，用力拉紧，使芽片封闭良好，微露或不露芽眼（图2-17，6、7）。

11.单芽切接

（1）技术特点　所谓切接是将砧木切一个切口，将接穗插入切口之中，所谓单芽是指接穗用一个芽嫁接，故称单芽切接（图2-18）。单芽切接与枝接中的切接相似，砧木切削与枝接相同，但所接的接穗不是枝条，而是一个芽。单芽切接由于接芽在砧木顶端，具有顶端优势，一般萌芽后生长较快。单芽切接时间不受砧木、接穗离皮的影响，但北方落叶果树较少应用。常绿树如柑橘、阳桃、油茶等，嫁接时常用这种方法。

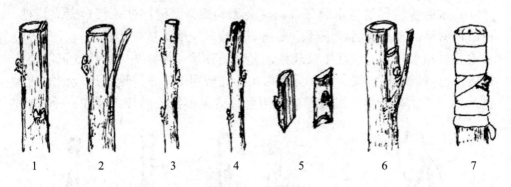

图2-18　单芽切接

1—砧木切削；2—切削的砧木；3—剪断接穗；4—削取芽片；

5—取下的接穗芽片；6—芽片放进砧木切口；7—绑缚

（2）操作步骤及要点

① 切削砧木。在砧木需要嫁接的部位，选择平滑无疤处，剪断或锯断，比较细的用修枝剪剪断，粗的用锯锯断，再用刀削平伤口。然后在砧木断面用刀自上而下切一垂直的切口，深度为3cm左右，宽度大致和接穗的直径相

等（图2-18，1、2）。接穗比较粗时，切口靠近砧木的中心；接穗比较细时，切口偏向一边，尽量使切口宽度大致和接穗的直径相等。

②切削接穗。接穗切削时，一手持接穗，一手用修枝剪在选定接芽上方约1cm处剪断（图2-18，3），再用芽接刀在芽下方1cm处向下向内斜切一刀，深度达接穗的一半，然后从剪口断面直径处往下纵切一刀，使两个刀口相接（图2-18，4），取下芽片。芽片上平下斜（图2-18，5）。

③砧穗接合。将接穗芽片插入砧木的切口中，使左右两边形成层都对上（图2-18，6）。由于芽片下端为斜切面，因而可以插得很牢。如果不能使两边都对上，对准一边也可以。这就要求芽片的宽度和砧木切口宽度相等或小于砧木切口，绝不能大于砧木切口宽度。

④绑缚。放好芽片后即用塑料薄膜条自下而上缠绕，捆绑接合部。上部的砧木伤口也要绑严，一般要露出接芽。如果砧木较粗，接口可套一个塑料袋或用地膜套上并捆紧。

12.劈接

（1）技术特点　在砧木上劈开一道接口，将接穗插入，故称劈接（图2-19，图2-20）。劈接是一种古老的嫁接方法，也是现在嫁接的主要方法之一。劈接不需要接穗、砧木离皮，所以全年均可进行，尤其是春季在形成层尚未活动砧木不能离皮时即可进行，可提早嫁接。但在果树生长期进行劈接，砧木的皮层容易与木质部分离，会影响成活。劈接砧木接口紧夹接穗，使砧穗密接，容易成活，成活后接穗不易被风吹断。劈接接穗比较长，含较多的养分和水分，成活后生长旺盛，尤其是春季高接换头。劈接既可以硬枝嫁接，也可以绿枝嫁接。以前劈接常用于比较粗的砧木，现在比较细的砧木也常采用，尤其是葡萄绿枝嫁接采用劈接效果不错。劈接主要在春季进行，

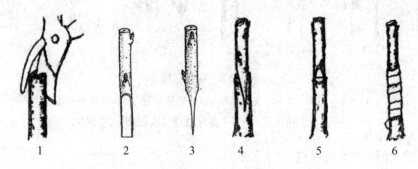

图2-19　劈接（细砧木）

1—用修枝剪剪切砧木；2—切削好的接穗（正面）；3—切削好的接穗（侧面）；

4—接穗插入接口（侧面）；5—接穗插入接口（正面）；6—绑缚

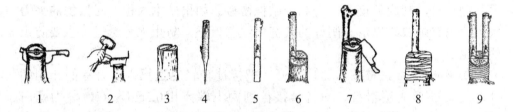

图2-20　劈接（粗砧木）

1—用劈接刀劈切砧木接口；2—用劈接刀加小锤劈切砧木接口；3—劈好接口的砧木；

4—切削好的接穗（侧面）；5—切削好的接穗（正面）；6—接穗插入接口；

7—用劈接刀撬开接口插入接穗；8—绑缚；9—接口插入2个接穗

春季高接换头多采用硬枝劈接；冬季设施内嫁接多采用硬枝劈接；生长季葡萄绿枝嫁接用劈接比较多；秋季嫁接一般不用劈接。劈接是枝接的方法之一，相对于芽接，枝接操作比较复杂，需要的工具比较多；劈接劈切比较粗的砧木比较费事，相对不如插皮接简单，但插皮接砧木必须离皮。另外，有些树种如枣，其大树木质纹理不直，劈口不平直，砧穗难以密接，影响成活，不宜采用劈接。

（2）操作步骤及要点

① 切削砧木。在砧木上准备嫁接的部位，选择平滑无疤处，剪断或锯断，比较细的用修枝剪剪断，粗的用锯锯断，再用刀削平伤口。然后在砧木断面中间劈一垂直的劈口，深度为3～5cm。根据砧木粗度，比较细的，用芽接刀劈开或用修枝剪剪开（图2-19，1），深度为3～4cm；比较粗的，用劈接刀劈开（图2-20，1），深度为4～5cm，手压劈开有困难时，通常用木锤或木棍敲砸劈接刀，协助劈开。这些操作要注意人身安全，防止受伤，并注意保护砧木。

② 切削接穗。接穗长度以留2～4个芽为宜，有时也用单芽。一般是先削接穗，再剪下。切削接穗时，一只手倒拿握住接穗，另一只手持芽接刀。选定接穗下端适宜嫁接的芽，在芽下5cm左右处将接穗剪齐。在芽下1cm左右处，左右两面分别向下斜切至木质部后转刀向前直削至剪口，削成具有两个长3～4cm削面的楔形。削好后，将接穗留2～4个芽剪下来（图2-19，2、3，图2-20，4、5）。

接穗削面要平，切削角度要合适，能使接口处砧木上下都能和接穗接合。如果接穗与砧木粗度一致，楔形有芽的一侧和另一侧厚度一样，削成正楔形，这样不但利于砧木含夹，砧穗密接，两边形成层都能对齐，而且两者接触面大，有利于愈合。如果砧木比接穗粗，接穗插入砧木劈口后，外侧的形成层和砧木的形成层对齐，内侧不相接，所以切削接穗时楔形有芽的一侧稍厚，另一侧少薄，削成偏楔形，有利于砧穗密接。如果砧木太粗，对接穗的夹力太大，也宜削成正楔形。削好的接穗要注意保湿，防止水分蒸发，也要防止沾上泥土等。

③砧穗接合。将砧木劈口撬开，把接穗轻轻迅速插入，有芽的一侧朝外，使砧穗形成层对准、对齐，接穗削面上端露出0.5cm左右，称为露白（图2-19，4、5，图2-20，6）。如果不露白，把接穗削面全部插入劈口，一方面上下形成层对不准，另一方面愈合面在剪口下部，成活后会在剪口下形成一个疙瘩，而造成愈合不良，最终因伤口不易包严而影响寿命（图2-21）。撬开劈口，砧木细时可用芽接刀刀尖或刀柄，砧木粗时可用劈接刀（图2-20，7）。接合的关键是要双方的形成层对齐，要使接穗外侧两个削面的形成层都相对。接穗与砧木粗度一致时，两者对齐，形成层也就对齐了。如果接穗与砧木粗度不一致，砧木比接穗粗，不能两边对齐，可把接穗紧靠一边，保证接穗和砧木有一侧形成层对齐（图2-20，8）。砧木粗时，可以插入2个接穗，劈口两端各1个（图2-20，9），根据情况成活后全部保留，或者只保留一个健壮的。

④绑缚。用塑料条从砧木有伤口处开始逐渐往上压茬缠绑到接穗露白处以上，将劈口、伤口及露白处全部包严，并捆紧（图2-19，6，图2-20，8、9）。绑缚时不要碰动接穗，以免形成层错开。接穗露着的部分也要进行保护，主要是为了保水。可以根据具体情况选用以下方法：一是缠塑料条或地膜。嫁接部位绑缚好后，继续用塑料条或地膜，从下到上将接穗包严。二是套塑料袋。选择大小适宜的塑料袋将接穗、接口全部套住，袋顶与接穗顶端相距3cm左右，然后在砧木上扎紧袋口。三是埋土。嫁接部位接近地面时，用湿土把砧木和接穗全部埋上，操作时由下而上埋土，砧木部位用手按实，接穗部位埋土稍松些，接穗上端埋的土要更细、松些，以利于接穗萌发出土（图2-23，9）。

⑤解绑。接穗用地膜绑缚且有芽的部位只有一层地膜的，接穗萌芽后可破膜而出；缠塑料条的，萌芽前进行松绑，将芽露出，嫁接部位暂不解绑；套塑料袋的，萌芽后先将塑料袋顶端捅破，让新梢自然长出，切勿直接除袋，以免新梢迅速失水而干枯，待新梢长出袋后，再将袋除掉。以上情况待新梢进入旺盛生长期、塑料条影响嫁接部位生长前，进行解

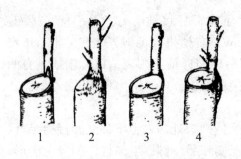

图2-21 接穗露白对嫁接成活后接口的影响

1—接穗露白；2—愈合正常；

3—接穗不露白；4—接穗形成一个疙瘩

绑。解绑早，砧穗愈合不完全，容易劈裂，影
响成活；解绑晚，随着嫁接部位加粗，塑料条
勒进皮层，既影响生长，又容易折断。特别粗
的砧木，当年嫁接部位愈合有可能不完全，塑
料条对生长影响又不大，可以来年解绑。砧穗
埋土保湿的，接穗萌芽后自然出土，待新梢进
入旺盛生长期后，再撤土、解绑。

　　⑥ 枝梢保护。枝接成活、新梢进入旺盛生
长期后，枝叶较多，遇风容易从嫁接部位折断，
可以提前用棍棒等设立支柱，绑缚支撑。绑缚
时先将木棍或竹竿绑在砧木上，必须绑两道，
用活套把接穗新梢绑缚在木棍或竹竿上，尽量
减少新梢的活动量。随着新梢的不断生长，对
新梢的绑缚应分次进行，例如第一次在新梢
长度20～30cm时，第二次在新梢长度达到
50～60cm时进行（图2-22）。一般第二年冬季
修剪时，去掉绑缚木棍或竹竿。

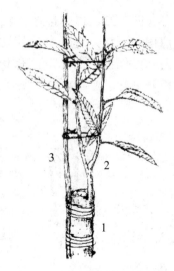

图2-22　设立支柱支撑新梢
1—砧木；2—接穗萌发新梢；
3—支柱

　　塑料袋破顶、枝梢保护等，这些看似非主要的环节，亦应重视，否则前
功尽弃。

13.切接

　　（1）技术特点　将砧木切一个切口，将接穗插入切口之中，这种嫁接方
法叫切接（图2-23）。其实劈接和切接都是在砧木上劈切一道接口，将接穗插
入，本质是一样的，不过劈接是在砧木断面中间劈切接口，切接是在砧木断
面靠边劈切接口，如果把砧木断面看做是个圆，劈接是沿直径劈切，切接则
沿弦劈切。当然二者接穗切削不一样。同劈接一样，切接不需要接穗、砧木
离皮，所以一年到头均可进行，尤其是春季在形成层尚未活动砧木不能离皮
时即可进行，可提早嫁接。切接既适用于较粗砧木，也适用于较细的砧木。
切接是苗圃地春季枝接最常用的方法，由于砧木细小、皮层薄，因而一般不
宜用插皮接，而用切接比较合适。切接和劈接相似，但比劈接省工，而且切
口偏于一边，有利于接穗和砧木四边的形成层密接，成活率高。

　　（2）操作步骤及要点

　　① 切削砧木。在砧木准备嫁接的部位，选择平滑无疤处，剪断或锯断，
比较细的用修枝剪剪断，粗的用锯锯断，再用刀削平伤口。然后在砧木断面
用刀自上而下切一垂直的切口，深度为3～5cm，宽度大致和接穗的直径相

等（图2-23，1）。接穗比较粗时，切口靠近砧木的中心；接穗比较细时，切口偏向一边，这样尽量使切口宽度大致和接穗的直径相等。切削要用利刃下刀，以保证切面光滑，有利于同接穗密接和愈合。有的地方认为在偏北一侧切开更好。

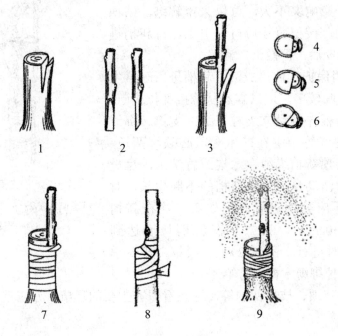

图2-23　切接

1—剪切砧木；2—切削好的接穗；3—接穗插入接口；4—接口横截面（形成层没对齐）；
5—接口横截面（形成层一边对齐）；6—接口横截面（形成层两边对齐）；
7，8—绑缚；9—埋土

② 切削接穗。接穗长度因树种而异，落叶果树一般留3～4个芽，长5～8cm，柑橘类多用单芽枝段，有人称之为单芽切接，这样与芽接的单芽切接有点混淆。切削接穗时，一只手倒拿握住接穗，另一只手持芽接刀。选定接穗下端适宜嫁接的芽，在最下端芽下4～5cm处将接穗剪断，在芽对面下1cm左右处向下斜切入木质部，而后转刀向前削至剪断口，再在对面剪断口上方约1cm处斜削一刀至剪断口，形成一长一短两个削面。削好后，将接穗按照要求长度剪下来（图2-23，2）。

③ 砧穗接合。将接穗长削面朝里插入砧木接口内，使砧木和接穗双方的形成层对齐，并露白约0.5cm（图2-23，3）。一般操作熟练者，可使接穗长削面左右两边都与砧木对上，这就要求砧木切口宽度与接穗长削面宽度相近，左右两边的形成层都对齐奠定成活的基础（图2-23，6）。如果接穗比砧木小，

将接穗一侧的形成层与砧木一侧的形成层对准密接也可以（图2-23，5）。如果接穗比砧木小，接穗与砧木中间对齐，一侧形成层不能对准密接，肯定不能成活（图2-23，4）。

　　④ 绑缚。用塑料条从砧木有伤口处开始逐渐往上压茬缠绑到接穗露白处以上（图2-23，7），最好将切口、伤口及露白处全部包严，并捆紧（图2-23，8）。绑缚时注意不要使接合处移动，造成形成层不能密接。同劈接一样，接穗露着的部分也要进行保护。一是缠塑料条或地膜。二是套塑料袋，尤其柑橘类切接后一定要套上塑料袋保湿，因为它的接穗鲜嫩，否则很容易被抽干。三是埋土。用湿土把砧木和接穗全部埋上，操作时由下而上埋土，砧木部位用手按实，接穗部位埋土稍松些，接穗上端埋的土要更细、松些，以利于接穗萌发出土（图2-23，9）。

　　⑤ 解绑。解绑参见劈接解绑。

　　⑥ 枝梢保护。枝梢保护参见劈接枝梢保护。

14.插皮接

　　（1）技术特点　这种方法是将接穗插入砧木的木质部和韧皮部之间，看似插到树皮里，故称插皮接（图2-24）。插皮接是枝接的主要方法之一，也是枝接中应用最广泛的一种方法。接穗要插入砧木的木质部和韧皮部之间，砧木需要离皮，所以嫁接时间需在春季树液开始流动后，直到砧木离皮期间都可进行。但以发芽前后和5月下旬至7月上、中旬发育枝旺长时期嫁接的成活率最高、效果最好。因此，必须将接穗保存在冷凉的地方控制其萌芽，在砧木离皮期间即可进行。插皮接嫁接时期长，接穗容易采集；选择砧木不很严格；接穗与砧木接触面大，成活率高。插皮接操作简便、迅速，容易掌握。插皮接要求较粗砧木，以便接穗插入，多用于低接和大树高接换头。

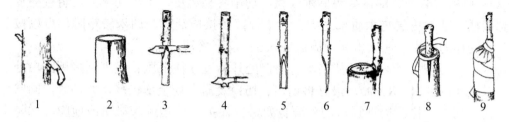

图2-24　插皮接

1—砧木锯断；2—切削砧木；3—切削接穗长削面；4—切削接穗短削面；5—接穗正面；
6—接穗侧面；7—接穗插入接口；8—接穗插入接口并绑缚；9—绑缚

　　（2）操作步骤及要点

　　① 切削砧木。在砧木准备嫁接的部位，选择平滑无疤处，剪断或锯断，

比较细的用修枝剪剪断，粗的用锯锯断（图2-24，1），断面要平整，否则用刀削平，以利愈合。选择皮层较为光滑的一侧，从伤口向下纵切一刀，长3cm左右，切透皮层，深至木质部（图2-24，2）。如果砧木较粗，切削容易离皮，也可以不纵切一刀，将来直接插接穗。

②　切削接穗。接穗留1～3个芽，长8～15cm。切削接穗时，一只手倒拿握住接穗，另一只手持芽接刀。选定接穗下端适宜嫁接的芽，在芽下5cm左右处将接穗剪断。在芽对面下1cm左右处向下斜切入木质部约1/2处，再转刀向前继续削至剪断口（图2-24，3），然后在对面剪断口上方约1cm处斜削一刀至剪断口（图2-24，4），形成一长一短两个削面，长削面长4～5cm，短削面长1cm左右。削好后，将接穗按照要求长度剪下来，顶芽留在长削面的对面（图2-24，5、6）。

砧木的粗度决定接穗切削的程度，一般砧木比较粗时，接穗削去得少，留下的部分厚，削面也宽。反之，砧木比较细，接穗削去的部分就多，留下的部分比较薄，削面也比较窄，这样可使接穗插入砧木后，二者接触比较紧密；如果接穗削去得比较少，留下的部分比较厚，削面也比较宽，接穗插入砧木后则引起皮层与木质部间的过大分离和绑扎不严。

如果砧木树皮比较薄，又比较粗壮，如枣树，接穗可用另一种切削方法，同样先将接穗切削一个长削面，不一样的是，再在对面切削两个小削面。这样接穗两边变薄，插入木质部与树皮之间后，砧木树皮两边内侧把接穗的两个削面包住，使树皮内侧的形成层与接穗两个削面相接触，并可减小砧木的裂口，有利于愈合。

③　砧穗接合。将砧木树皮向两边轻轻挑起，把接穗对准皮层切口中央，长削面对着木质部，在砧木皮层与木质部之间插入，削面上端露白0.5cm左右（图2-24，7、8）。如果砧木较粗，切削容易离皮，不纵切一刀，将接穗直接插入砧木皮层与木质部之间。为了提高嫁接成活率，砧木较粗时，可以按照同样的操作，在砧木断面周边插入3～4个接穗。

④　绑缚。用塑料条从砧木有伤口处开始逐渐往上压茬缠绑到接穗露白处以上（图2-24，8、9），最好将切口、伤口及露白处全部包严，并捆紧。同劈接、切接一样，接穗露着的部分也要进行保护。一是缠塑料条或地膜，二是套塑料袋，三是埋土。具体方法参见劈接、切接相关内容。

⑤　解绑。解绑参见劈接解绑。

⑥　枝梢保护。枝梢保护参见劈接枝梢保护。

15. 插皮舌接

（1）技术特点　插皮舌接是在插皮接的基础上改进而来的。这种方法是将呈舌状的接穗木质部插入砧木的木质部和韧皮部之间，故叫插皮舌接（图2-25）。插皮舌接与插皮接不同的是，砧木要削去老皮，露出嫩皮，接穗的皮不切除，而是包在砧木嫩皮的外边。插皮舌接接穗要插入砧木的木质部和韧皮部之间，接穗的皮包在砧木皮的外边，所以砧木、接穗均需要离皮，嫁接时间应为春季树液开始流动后、形成层活动期。同插皮接一样，插皮舌接也要求较粗砧木，以便接穗插入。插皮舌接操作比插皮接复杂，操作复杂是为了使砧木和接穗之间的接触面扩大，有利于愈合，提高成活率。但有人观察，插皮舌插砧穗双方的愈合情况并不好，实际效果比较差。而且要求接穗离皮，所以采穗时期必须在芽即将萌动时，而这个时期很短，很难大面积采用此法进行嫁接。另外，进入生长期的枝条其养分含量往往没有休眠期的高，所以愈伤组织形成比较少。

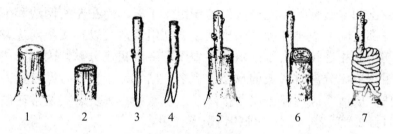

图2-25　插皮舌接

1—砧木切削；2—在砧木削面中间纵切一刀；3—接穗；4—接穗下端树皮与木质部分离；
5—接穗插入砧木（正面）；6—接穗插入砧木（侧面）；7—绑缚

（2）操作步骤及要点

① 切削砧木。在砧木准备嫁接的部位，选择平滑无疤处，剪断或锯断，比较细的用修枝剪剪断，粗的用锯锯断，并将伤口削平，以利愈合。再在砧木树皮光滑的一侧剪锯口以下5～6cm处，从下而上地将老树皮削掉，露出嫩皮，削口宽度比接穗削口稍宽（图2-25，1），然后从剪锯口向下在削面中间纵切一刀（图2-25，2）。

② 切削接穗。接穗留2～3个芽。切削接穗时，一只手倒拿握住接穗，另一只手持芽接刀。选定接穗下端适宜嫁接的芽，在芽下5cm左右处将接穗剪断。在芽对面往下1cm左右处向下斜切入木质部约1/3处，再转刀向前继续斜削至剪断口边缘，削成先端薄而尖的舌状长削面（图2-25，3）。然后用大拇指和食指捏下接穗削口的两边，使其下端树皮与木质部分离（图2-25，4），削好后，将接穗按照要求长度剪下来。

③ 砧穗接合。将接穗的舌状木质部尖端插入砧木已削去老皮的皮层与木质部之间，从纵切口处插入，并露白0.5cm左右，接穗的皮层敷于外表面与

砧木韧皮部的削面贴合（图2-25，5，6）。砧木粗壮也可以在剪锯口断面上插入2个以上接穗。

④ 绑缚。用塑料条从砧木有伤口处开始逐渐往上压茬缠绑到接穗露白处以上（图2-25，7）。如果砧木粗壮、拥有2个以上接穗则可用塑料袋套上。但是在套袋之前也必须用塑料条捆绑固定好，方可套袋。

⑤ 解绑。解绑参见劈接解绑。

⑥ 枝梢保护。枝梢保护参见劈接枝梢保护。

16.去皮贴接

（1）技术特点　这种嫁接方法是将砧木纵向切去一条树皮，在去皮的地方贴上接穗，故叫去皮贴接（图2-26）。去皮贴接砧木要切去一条树皮，所以需要离皮，嫁接时间应在春季树液开始流动后形成层活动期。砧木切去一条树皮，露出的木质部外侧能形成的愈伤组织不多，而在左右两边和下部木质部与韧皮部之间形成层处能生长出大量愈伤组织，可以和接穗两边及下边形成的愈伤组织相连接；由于砧木和接穗没有造成树皮分离，因此形成层产生的愈伤组织要比分离时形成的愈伤组织多，砧木、接穗双方贴合紧密，愈合也比较快，成活率高。但去皮贴接嫁接速度较慢。去皮贴接通常在砧木接口大，同时接2个或2个以上接穗的情况下使用。

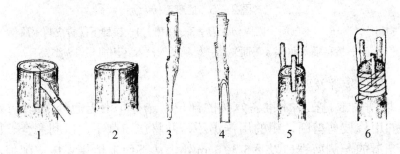

图2-26　去皮贴接

1—砧木切削；2—砧木露出木质部和形成层切口；3—接穗侧面；
4—接穗正面；5—砧穗接合；6—绑缚及套袋

（2）操作步骤及要点

① 切削砧木。砧木切去的树皮要与接穗伤口大小相等。在砧木准备嫁接的部位，选择通直平滑无节疤处锯断，并用刀削平伤口，以利愈合。然后从砧木锯口向下平行切两刀，宽度与接穗削面相同，深至木质部，切透皮层，长度约4cm（图2-26，1）。再横切一刀，深至木质部，切透皮层，将两纵向平行刀口下端相连，挑去树皮，呈现露出木质部和形成层的切口（图2-26，2）。砧木上的切口数量，也就是嫁接接穗数量，可视砧木粗细而定。中等砧

木可切2个，较大的砧木可切3～4个或4个以上。每一个切口接1个接穗。

②切削接穗。切削时，一只手倒拿握住接穗，另一只手持芽接刀。选定接穗下端适宜嫁接的芽，在芽下5cm左右处将接穗剪断。在芽对面以下1cm处向下斜切入木质部约1/2处，再转刀向前直往下平削至剪断口，前端削、留剪断口直径的各1/2，不是削尖。削好后，留2～3个芽将接穗剪下来（图2-26，3、4）。

③砧穗接合。将接穗切削面贴在砧木已去皮的切口中，贴紧，两边密接，接穗切削面上方露白0.5cm。砧木粗壮也可以在剪锯口断面上插入2个以上接穗（图2-26，5）。

④绑缚。用塑料条从砧木有伤口处开始逐渐往上压茬缠绑到接穗露白处以上，砧木锯口可用较宽的塑料条包严。再套塑料袋保温、保湿（图2-26，6）。

⑤解绑。解绑参见劈接解绑。

⑥枝梢保护。枝梢保护参见劈接枝梢保护。

17. 切贴接

（1）技术特点 所谓切贴接是说接穗的切削方法类似切接，又贴在砧木的切口上，其实砧木切口下部的切削倒像嵌芽接（图2-27）。同切接一样，切贴接不需要接穗、砧木离皮，所以一年到头均可进行，尤其是春季在形成层尚未活动砧木不能离皮时即可进行，可提早嫁接。切贴接相对于劈接、切接等枝接方法，砧木切削比较容易，因而嫁接速度快，形成层也好对接，只要双方形成层对准，则很容易连接和愈合，因而成活率高。切贴接适合于苗圃小砧木的春季枝接。

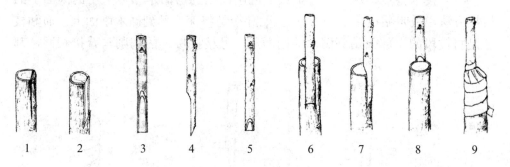

图2-27 切贴接

1—砧木竖切一刀；2—砧木斜切一刀，取下一片砧木，露出切面；3—接穗正面；4—接穗侧面；

5—接穗背面；6—砧穗接合正面；7—砧穗接合侧面；8—砧穗接合背面，露白；9—绑缚

（2）操作步骤及要点

①切削砧木。在砧木准备嫁接的部位，选择平滑无疤处剪断，剪口要平

整。在砧木剪口边缘用刀自上而下垂直切一刀，深度为4～5cm，宽度大致和接穗的直径相等（图2-27，1）。然后用刀在离剪口3～4cm处向内向下斜切一刀，长约1cm，并使两刀相接，取下一片砧木，露出切面（图2-27，2）。

②切削接穗。接穗切削与切接一样，注意接穗长削面宽度大致和砧木切面宽度相等，一般砧木比接穗粗、树皮厚，要使接穗长削面的形成层与砧木切面形成层对齐，接穗长削面宽度应该小于砧木切面宽度。切削接穗时，一只手倒拿握住接穗，另一只手持芽接刀。选定接穗下端适宜嫁接的芽，在芽下4～5cm处将接穗剪断，在芽对面下1cm左右处向下斜切入木质部约1/2处，再转刀向前直削至剪口，然后在对面剪口上方约1cm处斜削一刀至剪口，形成一长一短两个削面，长削面长4～5cm，短削面长1cm左右。削好后，将接穗留2～4个芽剪下来（图2-27，3、4、5）。

③砧穗接合。将接穗长削面朝里贴放到砧木切面，下端插紧，使左右上下砧木和接穗形成层相接（图2-27，7），并露白约0.5cm（图2-27，8）。如果不能两边对齐，则必须对准一边。

④绑缚。用塑料条从砧木有伤口处开始逐渐往上压荐缠绑到接穗露白处以上（图2-27，9），最好将切口、伤口及露白处全部包严，并捆紧。

同劈接一样，接穗露着的部分也要进行保护。参见劈接绑缚相关内容。

⑤解绑。解绑参见劈接解绑。

⑥枝梢保护。枝梢保护参见劈接枝梢保护。

18.贴枝接

（1）技术特点　这是一种把接穗的削面贴到与砧木相似大小的削面上的嫁接方法，故叫贴枝接（图2-28）。贴芽接是将芽片贴到砧木削面上，而贴枝接是将枝段的一部分贴到砧木的削面上。贴枝接接穗的切削与合接相同，都

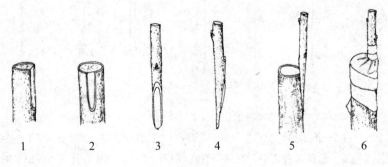

图2-28　贴枝接

1—砧木切削接口（侧面）；2—砧木切削接口（正面）；3—接穗正面；

4—接穗侧面；5—砧穗结合；6—绑缚

是切削一个平直的斜削面。贴枝接不需要接穗、砧木离皮，所以一年到头均可进行，尤其是春季在形成层尚未活动砧木不能离皮时即可进行，可提早嫁接。贴枝接切削方法比较简单，嫁接速度快，成活率高，接口愈合牢固，成活后不易被风吹折。唯绑缚时接穗容易动弹，要注意形成层对接。

（2）操作步骤及要点

① 切削砧木。在砧木准备嫁接的部位，选择平滑无疤处剪断或锯断，剪锯口要平整。选择光滑直溜的一面，在锯剪口以下4～5cm处自下而上斜削至剪锯口，削成平直的马耳形斜面，宽度大致和接穗的直径相等（图2-28，1、2）。斜面宽度与接穗直径不一致时，一般是调整砧木斜面宽度。

② 切削接穗。切削接穗时，一只手倒拿握住接穗，另一只手持芽接刀。选定接穗下端适宜嫁接的芽，在芽下5cm左右处将接穗剪断，在芽对面向下斜切入木质部，直达剪口边缘，削成平直的马耳形斜削面（图2-28，3），侧面看接穗带尖（图2-28，4）。注意接穗削面宽度大致和砧木切面宽度相等，一般砧木比接穗粗、树皮厚，要使接穗削面的形成层与砧木切面形成层对齐，接穗削面宽度应稍小于砧木切面宽度。

③ 砧穗接合。将接穗的削面贴到砧木削面上，下端、两边的形成层对准，上端接穗露白约0.5cm（图2-28，5）。

④ 绑缚。用塑料条从砧木有伤口处开始逐渐往上压茬缠绑到接穗露白处以上（图2-28，6）。必要时套袋。

⑤ 解绑。解绑参见劈接解绑。需要说明的是，贴枝接砧穗愈合前完全靠塑料条机械固定。嫁接成活后，塑料条不要过早去除，到新梢生长达40cm以上时再去除。这时，双方伤口不会分离，砧、穗共同形成的新木质部和新的韧皮部，使接合部很牢固，不易被风吹折。

⑥ 枝梢保护。枝梢保护参见劈接枝梢保护。

19.锯口接

（1）技术特点　这种方法是用手锯将砧木锯出一道或多道锯口，将接穗插入锯口中，故称锯口接（图2-29）。锯口接类似于劈接，劈接砧木接口是劈开，锯口接是在砧木上接口锯接口；接穗切削锯口接也和劈接相似，两刀削成楔形，不过锯口接外宽里窄明显。锯口接主要用于比较粗的砧木的春季枝接。锯口接不需要接穗、砧木离皮，因而嫁接时期可以提前和延长。锯口接砧木和穗插的韧皮部、木质部和形成层都直接对接，裂口较小，所以形成层处生长愈伤组织快而多，两者容易愈合，接口处不易被风吹折，接合牢固。但操作比较复杂，嫁接速度较慢。

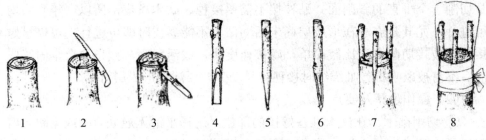

图2-29　锯口接

1—锯断砧木；2—用锯在砧木断面锯出接口；3—用刀加宽并削平接口；4—接穗正面；
5—接穗厚侧面；6—接穗薄侧面；7—接穗插入砧木；8—绑缚并套袋

（2）操作步骤及要点

① 切削砧木。在砧木准备嫁接的部位，选择平滑无疤处，将砧木锯断，并用刀削平（图2-29，1）。用小手锯在锯口边缘斜锯一垂直锯口，锯口长度4～5cm（图2-29，2），然后用小刀将锯口左右两边削平，并适当加宽（图2-29，3），使之宽度略大于接穗切削厚度，这就是砧木的接口。接口形状要与接穗切削形状一致，接穗削成楔形，砧木接口上下宽度差别小；接穗削成锥形，砧木接口则接近三角形。

如果接穗比较粗，要求砧木的接口比较宽，也可以锯两锯，然后将两锯间的小块砧木去掉，再用小刀将锯口左右两边削平，并加宽到要求宽度。

锯口接一般嫁接多个接穗，具体数量根据砧木的大小而定，在2～5个之间，即锯2～5个接口。

② 切削接穗。切削接穗要与砧木切削一致。切削接穗时，一只手倒拿握住接穗，另一只手持芽接刀。选定接穗下端适宜嫁接的芽，在芽下4～5cm处将接穗剪断。在芽左右两面向下向前各斜削一刀至剪口，削成一面厚一面薄的锥形，横截面似三角形或梯形，削面长4～5cm。通常是有芽的一面厚，对面薄。削好后，将接穗留2～4个芽剪下来（图2-29，4～6）。也可以与劈接法一样，削成楔形。切削接穗时，一只手倒拿握住接穗，另一只手持芽接刀。选定接穗下端适宜嫁接的芽，在芽下4～5cm处将接穗剪断。在芽左右两面分别向下斜切至木质部后转刀直削至剪口，削成一面厚一面薄的楔形，削面长4～5cm。削好后，将接穗留2～4个芽剪下来。

③ 砧穗接合。将接穗厚面朝外薄面朝里插入砧木接口内，使厚面左右两面的形成层和砧木接口两边的形成层对准，上部露白约0.5cm（图2-29，7）。砧穗接合的关键是接穗插入砧木后二者接口正好接合，不能太松，否则会使双方形成层不能密切相接而妨碍愈合。初次操作时，砧木切削或接穗切削先少留余地，不合适时再削去一部分使砧、穗接合紧密。

④ 绑缚。先用塑料条从砧木有伤口处开始逐渐往上压茬缠绑到接穗露白处以上，最好将切口、伤口及露白处全部包严，并捆紧。再用塑料袋将锯口和接穗套起来，并捆紧（图2-29，8）。

⑤ 解绑。解绑参见劈接解绑。

⑥ 枝梢保护。枝梢保护参见劈接枝梢保护。

20.腹接

（1）技术特点　这种方法是将接穗斜插在砧木中，好似人身腹部的位置，故称腹接，又称腰接（图2-30，图2-31）。嫁接时期与劈接相同，不需要接穗、砧木离皮，因而嫁接时期可以提前和延长。亦可生长季绿枝腹接。腹接一般在大树缺枝的部位进行，对树体不进行处理。由于嫁接部位不处在优势部位，芽接可能不萌发或萌发后新梢长势弱，腹接为枝接，相对提高优势部位，有利于萌发和新梢生长。对于大树内膛空虚的果树，腹接可以增加内膛的枝量，恢复树体内外立体结果。细小砧木嫁接也可采用腹接，代替其他嫁接法，嫁接时期可以提早，嫁接速度快，接穗夹得比较紧，成活率高。

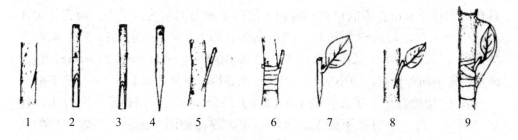

图2-30　腹接

1—切削砧木；2—接穗（长削面）；3—接穗（短削面）；4—接穗（侧面，下部尖）；5—接穗插入砧木；6—绑缚；7—削好的绿枝接穗；8—绿枝接穗插入砧木；9—绿枝绑缚与套袋

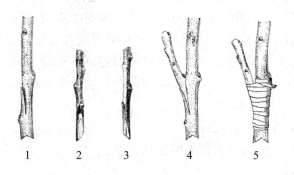

图2-31　腹接（细小砧木）

1—切削砧木；2—接穗（长削面）；3—接穗（短削面）；4—接穗插入砧木；5—绑缚

（2）操作步骤及要点

① 切削砧木。砧木剪断或不剪断，一般是不剪断，尤其是大树缺枝处腹接，不可能剪断；也可以剪断，代替其他枝接方法时需要剪断，如春季苗木补接，剪断部位在接口以上，剪口要平整。在砧木准备嫁接的部位，选择平滑无疤处，由上而下呈30°左右斜切入木质部，深度与接穗削面长度相适应，一般3～5cm，细小砧木可稍浅一些，粗大砧木不能超过砧木中心，以免砧木折断（图2-30，1）。对于粗大砧木，一般需要用木锤敲打嫁接刀，切入木质部。对于苗圃地生长的细小砧木，则在离地10～20cm处，左手拿住砧木，使砧木在切口处弯曲，右手拿嫁接刀从上而下斜切一刀，深入木质部。也可以用修枝剪剪出接口。砧木接口斜切的角度可以根据砧木与接穗的粗度适当调整。砧木较细时，角度适当小些，以免接口深度超过直径的1/2，但接口宽度不能小于接穗削面宽度（图2-31，1）。

② 切削接穗。切削接穗时，一只手倒拿握住接穗，另一只手持芽接刀。选定接穗下端适宜嫁接的芽，在芽下3～5cm处将接穗剪断。在芽侧面向下向前斜削一刀至剪口中央，形成一个马耳形的长削面（图2-30，2，图2-31，2）；再在对面往下1cm左右的位置同样向下向前斜削一刀至剪口中央，两刀基本在剪口中央相接，形成一个马耳形的短削面（图2-30，3，图2-31，3）；侧面看呈锥形（图2-30，4）。长削面长度要与砧木切削深度一致，一般2～4cm，粗大砧木接穗削面可长些，细小砧木可短些。削好后，将接穗留1～4个芽剪下来。

③ 砧穗接合。一手握住砧木切口以上部分，将其向切口反方向轻推，使切口裂开，另一手将接穗插入砧木切口中，使接穗两个削面与砧木切口的两个面相接，并使接穗和砧木的形成层对齐。如果砧木较粗，至少使接穗一侧的形成层和砧木形成层对齐；如果接穗和砧木粗度相当，则力争使砧穗两边的形成层都与砧木的形成层对齐（图2-30，5；图2-31，4）。

④ 绑缚。用塑料条从砧木有伤口处开始逐渐往上压茬缠绑，将伤口全部包严，并捆紧（图2-30，6；图2-31，5）。对粗大砧木用宽3～4cm、长约50cm的塑料条捆严绑紧伤口。对细小砧木所用的包扎塑料条可以窄短一些，还可以先在接口上部将砧木剪除，再将伤口连同剪砧口一起包扎起来，并捆紧。生长季绿枝腹接时，可以留叶或不留叶，留叶时先将接口绑缚，然后套袋保湿（图2-30，7～9）。

⑤ 解绑。解绑参见劈接解绑。

⑥ 枝梢保护。枝梢保护参见劈接枝梢保护。

21.插皮腹接

（1）技术特点　这种方法是将接穗插入砧木中部的木质部和韧皮部之间，

好似插入人身腹部的位置，又看似插到树皮里，故称插皮腹接（图2-32）。插皮腹接本质上和插皮接是一样的，都是接穗插入砧木的木质部和韧皮部之间，接穗切削方法与插皮接相同，砧木切削方法与插皮接相似。插皮腹接只是形式上与腹接类似，操作方法差异大。从砧木切口看，插皮腹接倒像是丁字形枝接。插皮腹接接穗要插入砧木的木质部和韧皮部之间，砧木需要离皮，所以嫁接时间需在春季树液开始流动后，直到砧木离皮期间都可进行。如果接穗采用一年生枝嫁接时间较长，必须将接穗保存在冷凉的地方控制其萌芽。同腹接一样，插皮腹接一般在大树缺枝的部位进行，可以增加内膛的枝量，恢复树体内外立体结果。同插皮接一样，插皮腹接不适宜细小砧木的嫁接。

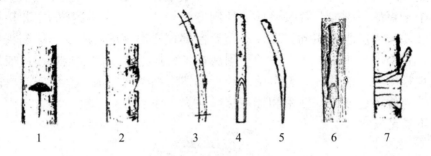

图2-32　插皮腹接

1—切削砧木；2—砧木侧面；3—作接穗的枝条；4—接穗正面；
5—接穗侧面；6—接穗插入砧木；7—绑缚

（2）操作步骤及要点

① 切削砧木。在砧木准备嫁接的部位，选择平滑无疤处，用芽接刀切一个"T"形切口，即先横切一刀，宽1cm左右，再从横切口中央往下竖切一刀，长3～5cm，深度以切断皮层而不伤木质部为宜。然后以横切口为底线，在"T"形切口之上1～2cm处，向下斜切一刀至横切口，挑下砧木片，形成一个半圆形的斜坡切口，以便使接穗顺坡插入树皮内（图2-32，1、2）。

② 切削接穗。切削接穗时，一只手倒拿握住接穗，另一只手持芽接刀。选定接穗下端适宜嫁接的芽，在芽对面下3～5cm左右处将接穗剪断。在芽对面向下向前斜削一刀至剪口边缘，形成一个马耳形的斜削面（图2-32，4），侧面看下端是尖的（图2-32，5）。接穗最好选用弯曲的枝条，在其弯曲部位外侧削马耳形斜面，方便插入砧木（图2-32，3）。削好后，将接穗留2～3个芽剪下来。

③ 砧穗接合。将接穗斜削面朝里对着砧木的木质部，从上而下全部插入砧木切口，上部形成层与半圆形斜坡切口的形成层对齐，不露白（图2-32，6）。

④ 绑缚。用塑料条从砧木有伤口处开始逐渐往上压茬缠绑，将伤口全部

包严，并捆紧（图2-32，7）。由于砧木较粗，所以包扎时要用较长塑料条，塑料条宽约4cm。如果砧木过粗，包严接口比较困难，也可以用接蜡将伤口堵住，以防水分蒸发和雨水浸入。接穗上部及顶端剪口可以用塑料条或地膜包严。

⑤ 解绑。解绑参见劈接解绑。

⑥ 枝梢保护。枝梢保护参见劈接枝梢保护。

22.合接

（1）技术特点　这种方法是将砧木和接穗的两个削面合在一起，并将其捆绑起来，故叫合接（图2-33）。合接砧木的切削方法与贴枝接相同，都是切削一个平直的斜削面，合接接穗的切削方法与砧木相同。合接砧木和接穗切削方法还与插皮腹接相同。合接不需要接穗、砧木离皮，所以一年到头均可进行，春季用一年生枝条，生长季用新梢。合接适合于砧木接口小，或砧木和接穗粗度相同的情况。合接砧木和接穗切削都一刀完成，是比较简单的枝接方法，嫁接速度快，砧木和接穗接触面大，成活率高，接口愈合牢固，成活后不易被风吹折。

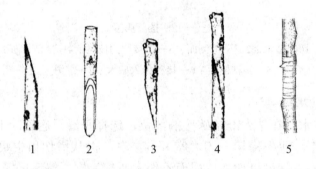

图2-33　合接
1—切削砧木；2—接穗正面；3—接穗侧面；4—砧穗接合；5—绑缚

（2）操作步骤及要点

① 切削砧木。在砧木准备嫁接的部位，选择平滑无疤处，由下而上向内斜削一刀至砧木削断，形成一个马耳形的削面，削面长4～5cm，侧面看上端是尖的（图2-33，1）。亦可先将砧木剪断，然后用刀削成上述斜削面。

② 切削接穗。接穗切削方法同砧木切削完全一样。接穗切削时，一只手倒拿握住接穗，另一只手持芽接刀。在接穗下端由上而下向内斜削一刀至接穗削断，接穗基部形成一个马耳形的削面，削面长4～5cm（图2-33，2），侧面看下端是尖的（图2-33，3）。削好后，留2～3个芽剪下。砧木和接穗斜削面要等长，以便严密接合。砧木和接穗斜削角度一般30º左右，角度小，

斜削面长；角度大，斜削面短。如果砧木和接穗粗度相当，只要削法一致，一般能严密接合。

③ 砧穗接合。将砧木和接穗的削面贴在一起。如果砧木和接穗同样粗，严丝合缝贴在一起即可（图2-33，4）。接合时一般看不清双方形成层的对准情况，只需要外皮接合平整即可，因为较细的砧木和接穗皮的厚度基本相同，外皮对齐时，其形成层即能吻合。如果砧木粗，接穗细，则需一侧形成层对准，不能看外皮是否对齐，且接穗露白约0.5cm。

④ 绑缚。用塑料条从砧木有伤口处开始逐渐往上压茬缠绑，将伤口全部包严，并捆紧（图2-33，5）。也可以套袋。

⑤ 解绑。嫁接成活后，塑料条不要过早去除，待到新梢生长达40cm以上、塑料条影响砧穗加粗时再去除。这时双方接口不会分离，共同形成的新木质部和新的韧皮部，使接合部很牢固，不易被风吹折。

⑥ 枝梢保护。枝梢保护参见劈接枝梢保护。

23.舌接

（1）技术特点 这种方法和合接相似，可以看做是在合接的基础上增加了切削舌状切口及其对接的程序，故称舌接（图2-34）。舌接同合接一样，不需要接穗、砧木离皮，所以一年到头均可进行，春季用一年生枝条，生长季用新梢。舌接比合接多了舌状切口的切削，操作复杂一些，但增大了砧穗之间的接触面，接合比较牢固，成活后不易被风吹折，也便于绑缚。舌接多用于同等粗度的砧木和接穗的室内嫁接或双方离体嫁接，比如葡萄的室内嫁接。田间操作比较困难，往往愈合较差。同时，舌状切口部分愈伤组织形成很少，不如用合接法。

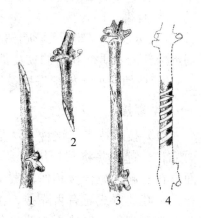

图2-34 舌接（葡萄）
1—切削砧木；2—切削接穗；
3—砧穗接合；4—稀绑缚

（2）操作步骤及要点

① 切削砧木。在砧木准备嫁接的部位，选择平滑无疤处，葡萄在节间处，由下而上向内斜削一刀至砧木削断，形成一个马耳形的削面，斜削面长4～5cm，侧面看上端是尖的。然后在削面尖端向下1/3处，垂直向下切一刀，深度1～2cm，使之成舌状（图2-34，1）。

如果离体嫁接，砧木切削与接穗切削方法相同，只是切削时用手顺拿砧木枝条。

②切削接穗。接穗切削时，一只手倒拿握住接穗，另一只手持芽接刀。在接穗下端，葡萄接穗在节间处，由上而下向内斜削一刀至接穗削断，接穗基部形成一个马耳形的削面，斜削面长4～5cm，侧面看上端是尖的。然后在削面尖端向上1/3处，垂直向下切一刀，深度1～2cm，使之成舌状（图2-34，2）。削好后，留1～3个芽剪下。实际上，砧木与接穗削面的切削方法是一样的。

③砧穗接合。将接穗和砧木的削面对齐，并由上往下移动，使接穗的舌状部分插入接穗中，同时砧木的舌状部分插入接穗中，由1/3处移动到1/2处，双方舌状部分交叉，削面互相贴合，形成层对齐密接（图2-34，3）。因为砧木和接穗粗度一样，只需要外皮接合平整，其形成层也即能吻合。遇到砧木和接穗粗度不一样的情况，必须将两者削面一侧的形成层对齐密接。

④绑缚。同合接一样，用塑料条从砧木有伤口处开始逐渐往上压茬缠绑，将伤口全部包严，并捆紧（图2-33，5）。如果结合牢固，葡萄室内舌接可不绑缚，若绑必须稀绑，以利于通气、产生愈伤组织（图2-34，4）。

⑤解绑。同合接一样，嫁接成活后，塑料条不要过早去除，待到新梢生长达40cm以上、塑料条影响砧穗加粗时再去除。这时双方接口不会分离，共同形成新的木质部和新的韧皮部，使接合部很牢固，不易被风吹折。

⑥枝梢保护。枝梢保护参见劈接枝梢保护。

24.靠接

（1）技术特点　这种方法是将带根的砧木和带根不离体的接穗的两个削面靠在一起，并将其捆绑起来，故称靠接（图2-35）。也可以认为是两个削面合在一起，与合接相似，故又称合靠接。这样就把合靠接作为靠接的一种方式，其他方式还有舌靠接、镶嵌靠接。其实合接是两个削面相接，靠接是两个削面相靠。靠接不需要接穗、砧木离皮，所以一年到头均可进行。靠接是砧木和接穗都不离体的情况下进行，砧木和接穗都有自己的根系，所以嫁接成活率高。靠接一般在砧木和接穗粗度一致的情况下采用。靠接砧木和接穗切削比较简单，但是把砧木和接穗切口密接靠在一起比较困难；靠接接穗为整根枝条，来源受限，因此生产中靠接主要用于常规方法嫁接愈合不好、难以成活的树种，以及一些特殊情况，如挽救垂危植株、盆栽果树嫁接等。

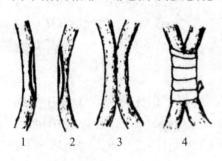

图2-35　靠接

1—切削砧木；2—切削接穗；

3—砧穗接合；4—绑缚

（2）操作步骤及要点

① 切削砧木。在准备嫁接的部位，砧木和接穗相对一侧各切削一个大小一样的削面。最好切削前先把二者捏靠在一起，在准备嫁接的部位，选择平滑无疤处，确定合适的具体位置，并做上记号，切削时就有数了。砧木切削时，一手握住砧木枝条，将枝条在确定的位置弯曲，另一只手持芽接刀，将枝条弓起部分由上而下垂直平削掉，形成长3～4cm、宽度等于接穗直径的平直削面（图2-35，1）。如果不将枝条弯曲，则无法切削。切削刀要锋利。靠接一般在砧木和接穗粗度一致的情况下采用，两者削面宽度、长度一致，形成层即可对齐。如果砧木比接穗粗，由于树皮比接穗厚，削面可稍宽于、长于削面，以便形成层对齐。

② 切削接穗。接穗切削同砧木切削完全一样。切削时，一手握住接穗枝条，将枝条在确定的位置弯曲，另一只手持芽接刀，将枝条弓起部分由上而下垂直平削掉，形成长3～4cm的平直削面，宽度等于接穗直径（图2-35，2）。

③ 砧穗接合。将砧木和接穗的削面靠在一起，对齐密切贴合（图2-35，3）。如果砧木粗、接穗细，形成层对准后，砧木削口周围会稍露一圈。

④ 绑缚。先把砧木和接穗的削面靠在一起并捆住，防止乱动，再用塑料条从砧木和接穗下部有伤口处开始逐渐往上压茬缠绑，将伤口全部包严，并捆紧（图2-35，4）。砧木和接穗都有自己的根系，一般不存在失水的问题，绑缚主要是将砧木和接穗的接口紧密靠贴在一起。

⑤ 剪砧和解绑。嫁接成活后，将砧木从嫁接口以上剪去，接穗从嫁接口以下剪去。剪接穗最好分两次进行，第一次先将接口之下环割或环剥，阻止接穗上部制造的营养再向根系运输，又不妨碍根系吸收和制造的水分和营养运往接穗上部，有利于嫁接树的生长。第二次再将接穗从嫁接口以下剪去。塑料条不要过早去除，待到接穗长出新枝叶、塑料条影响砧穗加粗时再去除。这时双方接口不会分离，共同形成新木质部和新的韧皮部，使接合部很牢固，不易被风吹折。

⑥ 枝梢保护。枝梢保护参见劈接枝梢保护。

25.镶嵌靠接

（1）技术特点　这种方法是在砧木上切一个长槽，将带根不离体的接穗切削后靠入槽中，似镶嵌其中，故称镶嵌靠接（图2-36）。镶嵌靠接砧木切削方法类似去皮贴接，只是不剪断。接穗切削方法与靠接相同。镶嵌靠接砧木去皮形成长槽，所以必须离皮，接穗则不需要离皮。在砧木和接穗都不离体的情况下进行，砧木和接穗都有自己的根系，所以嫁接成活率高。镶嵌靠接适合在砧木较粗而接穗较细的情况下采用。镶嵌靠接接穗为整根枝条，来源

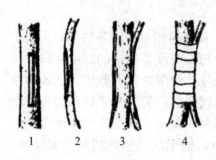

图2-36　镶嵌靠接

1—切削砧木；2—切削接穗；

3—砧穗接合；4—绑缚

受限，因此生产中靠接主要用于常规方法嫁接愈合不好、难以成活的树种，以及一些特殊情况，如挽救垂危植株、盆栽果树嫁接等。

（2）操作步骤及要点

① 切削砧木。在砧木和接穗切削前，先把二者捏靠在一起，在准备嫁接的部位，选择平滑无疤处，确定合适的具体位置和接口长度，并做上记号。镶嵌靠接砧木较粗而接穗较细，一般是接穗向砧木靠拢，所以，砧木和接穗切削部位可能不等高。砧木切削时，在确定的位置平行纵切两刀，深至木质部，宽度与接穗直径相近，长度3～4cm。再在纵刀切口两端平行横切两刀，与纵刀切口相接，深至木质部，用刀尖挑出树皮，形成一个长槽切口（图2-36，1）。

② 切削接穗。接穗切削方法同靠接完全一样。切削时，一手握住接穗枝条，将枝条在确定的位置弯曲，另一只手持芽接刀，将枝条弓起部分由上而下垂直平削掉，形成长3～4cm平直削面，宽度等于接穗直径，即在最宽处削去接穗粗的一半（图2-36，2）。

③ 砧穗接合。将接穗削面朝向砧木木质部镶嵌在长槽切口中，四周对齐密切（图2-36，3）。

④ 绑缚。用塑料条从砧木和接穗有伤口处开始逐渐往上压茬缠绑，将伤口全部包严，并捆紧（图2-36，4）。

⑤ 剪砧和解绑。嫁接成活后，将砧木从嫁接口以上剪去，接穗从嫁接口以下剪去。因为砧木比较粗，可以分两次进行剪砧，有利于接穗生长和剪口愈合，先将砧木在嫁接口以上几cm剪断，长出萌蘖后除萌，当接穗长到一定粗度，再将砧木从嫁接口以上剪掉。

塑料条不宜过早解除，待到接穗长出新枝叶、塑料条影响砧穗加粗时再去除。

⑥ 枝梢保护。枝梢保护参见劈接枝梢保护。

三、嫁接方法的选择

嫁接方法很多，有些是传统的方法，有的还在不断改进和创新。但最合适的就是最好的。

1.根据嫁接时期选用适宜的嫁接方法

一般春季嫁接适宜用枝接，如果嫁接时期早，砧木还不能离皮，可用切接或劈接；砧木芽开始萌动后嫁接，砧木形成层已活动，可以离皮，则可采用插皮接、皮下腹接等方法。

　　夏季、秋季砧木和接穗容易离皮，可以用丁字形芽接、方块芽接等方法；秋季后期嫁接，接穗难以离皮，不可勉强剥芽片，可采用嵌芽接、单芽腹接等方法。

　　目前生产上发展优良品种，除了秋季芽接培养优质苗木外，多头高接也是常用的方法。

　　大树和老树需要在春季截枝嫁接，爬在树上嫁接很困难，适宜用方法简单的插皮接。对树龄小的果树、林木，应选用秋季多头芽接，可用嵌芽接接在枝头，再用单芽腹接接在枝条中下部，这样能增加接芽数量，翌年春季在接芽前方剪砧，促进接穗萌发生长。

　　秋季多头芽接比春季多头枝接省工、成活率高，在接头多时生长比较缓和，接口又牢固，可以不绑支棍，减少风害。这种既省工又高效的方法在生产中应大力提倡。

2.根据砧木粗度选用适宜的嫁接方法

　　春季苗圃地枝接时砧木比较细，应采用切接法，砧木的切面和接穗的削面大小基本相等，接穗插入砧木切口中后左右前后四边形成层都可以对准，提高了嫁接成活率。

　　当砧木比较粗时，则适宜用劈接法，即在砧木中间劈一道口，将接穗切削面插入劈口中的一侧，使接穗外侧左右两边形成层和砧木对齐，嫁接速度快，也容易成活。

　　当接口较大时，一般可用插皮接，即将切削的接穗插入木质部和韧皮部之间的形成层处，砧木粗的可插入2个接穗，利于伤口愈合和包严。对砧木粗、接穗相对很细的，可采用袋接法，接穗插入形成层后砧木不裂口，像把接穗装入口袋中，1个砧木接口可插3～4个接穗，成活率也很高。

　　芽接法也要考虑砧木的粗度。当砧木和接穗两者粗度相当时，适宜用丁字形芽接，较粗的砧木以用嵌芽接为好，更粗的砧木则要用单芽腹接法。

3.选用操作比较简单便于掌握的嫁接方法

　　每种嫁接方法只要操作正确和熟练，都可以获得很高的成活率，但是不同的方法操作起来难易程度差别很大，在成活率相当的情况下，应该选用操作简单的方法，特别是初学者。

　　对于枝接来说，插皮接最容易掌握，而有些地区常用插皮舌接。此法要求嫁接时把接穗木质部插入砧木形成层中，还要把砧木老皮切削后露出嫩皮，使接穗皮与砧木嫩皮相贴。对于砧木和接穗必须都要离皮的嫁接方法比较复杂，对于初学者来说，嫁接成活率明显低于插皮接。另外，合接也是比较简单的方法，把砧木和接穗双方的切削口合在一起即可。但是舌接就很复杂，还要在伤口处切一小舌，使双方的小舌互相交叉在一起，嫁接者往往掌握不好导致成活率比合接低。

对芽接来说，也应该选用简单的方法，如常用的丁字形芽接，芽片切削得大一点或小一点都可以插入砧木丁字形接口中，操作简单，成活率高。而方块形芽接则要求砧木和接穗都切下一块皮，皮的大小要基本相等，实际操作起来很困难。还有套芽接，要切取1个筒状芽片，套在砧木的木质部上，芽片过大过小都不行。所以，芽接时一般应选用丁字形芽接，少用方块接，不用套芽接。

在选用嫁接方法时，最好观察一下砧木和接穗愈伤组织的生长情况，嫁接方法合适的，双方愈伤组织形成多且容易连接、接触面大。例如，插皮接在切削接穗时有两种方法，一种是接穗削1个大削面后反面再削两刀，另一种是反面不削即插入砧木形成层中。从愈伤组织生长情况来看，反面不削的接穗愈伤组织形成多，双方容易愈合，因此，插皮接时以接穗反面不削为好，只有在接穗过粗时才在反面削两刀以便于插入，但削面也不能太大。

总之，嫁接方法并不是越复杂越好，要科学地分析、掌握嫁接成活的规律和方法，只有这样才能达到事半功倍的良好效果。

第三章

果树各类砧木嫁接苗的培育方法与管理

培育果树实生砧嫁接苗

　　什么是果树实生砧嫁接苗呢？利用种子进行播种培育苗木的方法叫实生繁殖，利用种子繁殖的苗木，或者说实生繁殖的苗木叫实生苗。实生繁殖为有性繁殖。生产中果树实生苗主要作为砧木来培育嫁接苗，培育的嫁接苗为实生砧嫁接苗。

　　培育实生砧嫁接苗首先要培育实生苗，然后进行嫁接，嫁接后经过管理长成合格的苗木，最后苗木出圃用于建立果园。

　　培育实生砧嫁接苗的基本程序是：培育砧木实生苗—嫁接品种—嫁接后苗圃管理—苗木出圃（图3-1）。最烦琐的是实生苗培育，实生繁殖育苗的基

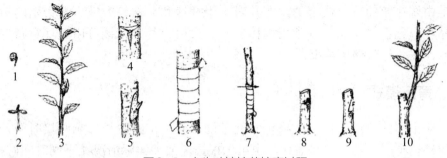

图3-1　实生砧嫁接苗培育过程

1—实生砧培育（播种）；2—实生砧培育（出苗）；3—实生砧培育（苗木地上部）；

4—嫁接（丁字形芽接）；5—嫁接（嵌芽接）；6—嫁接（绑缚）；7—剪砧；

8—丁字形芽接解绑；9—嵌芽接解绑；10—接芽萌发长成新梢

本程序是：获得种子—种子贮藏—种子检验—种子处理—苗床准备—播种—苗圃管理。最关键的是嫁接，嫁接要适时，方法选恰当，管理要跟上。

一、实生砧嫁接苗特点和利用

实生砧嫁接苗既有实生苗的特点，又有嫁接苗的特点。

1.实生苗的特点

利用种子繁殖的苗木称实生苗。实生苗繁殖方法简便，繁殖系数高，便于大量生产，其根系发达、适应性强、生长旺盛。但实生苗变异性大，生长不一致，进入结果期也晚。为了保持品种优良性状，一般实生苗不能直接当果苗栽植。

2.嫁接苗的特点

从嫁接的意义来看，嫁接苗能保持栽培品种（接穗）的优良性状，整齐一致、结果早、进入盛果期早。嫁接苗能利用砧木的特点，增强栽培品种的抗性、适应性。嫁接苗能利用砧木的特点，改变树体的特性，使树体矮化或乔化。培育嫁接苗可经济利用接穗，迅速、大量繁殖果树苗木，尽快推广优良品种，并能克服某些果树用其他方法不易繁殖的困难，是果树生产上主要的育苗方法。但是，实生砧是有性繁殖的，后代变异性大，性状不一致，也会影响接穗品种的整齐度。

3.实生苗和嫁接苗的利用

实生苗用途主要是作砧木，只有杂交育种和少数果树树种用实生繁殖的方法直接育苗。

嫁接苗在生产上主要是用作果苗，几乎全部主要树种都用嫁接苗栽培，这是由嫁接苗的特点决定的。尤其对于用扦插和分株等方法不易繁殖的树种和品种、无核树种和品种常用嫁接繁殖。果树育种上嫁接可用以保存营养系变异，使杂种苗提早结果。

二、育苗模式

在不同的育苗条件下，播种时间不同，砧木苗的生长影响嫁接时间，出圃嫁接也不同。同一时间播种，也可以根据需要和实际情况在不同时间嫁接。

1.传统育苗模式

传统育苗模式的播种时间分秋播与春播两个时期。大规模育苗一般是春播，桃秋播效果也不错。

春播在土壤解冻后进行，一般为3月中旬至4月中旬。冬季干旱、风大、严寒、鸟兽危害较重的地区宜采用春播。

秋播在秋末冬初土壤结冰之前进行，一般为10月中旬至11月中旬。秋播种子能在田间完成后熟，翌春发芽早、出苗齐、扎根深、幼苗健壮、抗病性强。在无灌溉条件的干旱地区，采用秋播比较保险，因为秋播可以利用秋季降水和冬季雨雪，采用覆盖保墒、防寒，来年春种子发芽出土比较容易。如果旱地春播，完全依靠春雨，在雨水较少的情况下育苗容易失败。秋播还可省去沙藏、催芽等工序，播期较长，便于劳力安排。怕冻种子（如板栗等）不宜秋播。

秋播、春播都是春季出苗，一般秋季实生苗粗度达到嫁接要求。秋季嫁接或第二年春季嫁接，第二年秋季苗木出圃。

2.“三当”育苗模式

“三当”育苗是快速育苗模式。所谓“三当”苗是指当年播种、当年嫁接、当年出圃的苗木。“三当”苗当年秋季出圃，必须在当年7月份之前嫁接，嫁接苗才有充足的生长时间，保证秋季枝条充分成熟。7月份之前嫁接，砧木苗粗度必须达到嫁接要求，这就要求提早播种，须在设施内进行。设施可采用塑料拱棚、日光温室等。采用塑料小拱棚提早播种，早期需要覆盖，覆盖物有光照时揭开，晚上盖上保温；采用塑料中棚、大棚，最好里面再加小拱棚；采用日光温室，一般是先在室内育苗，外部温度适宜后再移栽到苗圃。

三、实生砧木苗培育

1.种子采集

育苗用的种子要求品种纯正、类型一致、无病虫害、充分成熟、籽粒饱满、无混杂。要获得高质量的种子，必须做好以下几点。

（1）选择采种母本树　采种母本树应为成年树，要求品种、类型纯正，适应当地条件，生长健壮，性状优良，无病虫害，种子饱满。

采种母树的选择，最好在采种母本园内进行。没有母本园的，在野生母树林或散生母树中选择。

（2）适时采收　绝大部分树种必须在种子充分成熟时采收。未成熟的种子，种胚发育不全、内部营养不足、生活力弱、发芽率低，不能采用。

判断种子是否成熟，应根据果实和种子的外部形态来确定。若果实达到应有的成熟色泽、种仁充实饱满、种皮颜色深而富有光泽，说明种子已经成熟。

　　每个树种的种子有个相对固定的发育时期，一般月份到了一定时间就会成熟，采收时间也就相对固定。主要果树砧木种子采收时间和嫁接树种见表3-1。

表3-1　主要果树砧木种子采收时间和嫁接树种

名称	采收时间	嫁接树种
山定子	9～10月	苹果
楸子	9～10月	苹果
西府海棠	9月下旬	苹果
沙果	7～8月	苹果
新疆野苹果	9～10月	苹果
杜梨	9～10月	梨
豆梨	9～10月	梨
秋子梨	9～10月	梨
沙梨	8月	梨
山桃	7～8月	桃、李
毛桃	7～8月	桃、李
杏	6～7月	杏、桃、李
山杏	6～7月	杏
李	6～8月	李、桃
毛樱桃	6月	樱桃、桃
甜樱桃	6～7月	樱桃
中国樱桃	4～5月	樱桃
山楂	8～11月	山楂
枣	9月	枣
酸枣	9月	枣
君迁子	11月	柿
野栗板栗	9～10月	板栗
核桃	9月	核桃
核桃楸	9月	核桃
山葡萄	8月	葡萄
猕猴桃	9月	猕猴桃

　　（3）取种　种实采收后应立即进行处理，否则会因发热、发霉等，降低种子质量，甚至完全丧失生命力而无法使用。

从果实中取种的方法应据果实的利用特点而定。

① 果实无利用价值的，如山荆子、秋子梨、杜梨、山桃、海棠果、君迁子等，多用堆沤取种。将果实放入容器内或堆积于背阴处使果实软化，堆放厚度以25～35cm为宜，保持堆温25～30℃。堆温超过30℃易使种子失去生活力，因此，堆放期间要经常翻动。果肉软化腐烂后揉碎，用清水淘洗干净，取出种子。

板栗种子怕冻、怕热、怕风干（干燥），堆放过程中，要根据堆内的温、湿度适当洒水，待刺苞开裂，即可脱粒，脱粒后用窖藏或埋于湿沙中。

② 果肉能利用的，如山楂、野苹果、山葡萄等，可结合加工过程取种。但必须防止加工过程中种子混杂或45℃以上温度处理、化学处理和机械损伤，以免影响种子的发芽率。枣、酸枣取种，可用水浸泡膨胀后，搓去果肉，取出种子，洗净晾干。

葡萄、猕猴桃取种，可搓碎用水漂去果肉果皮，洗净晾干。

葡萄将果实成熟的果穗剪下，搓碎用水漂去果肉果皮，洗净晾干。可将果穗放入盆、缸、泥池等容器中，用棍棒搅拌，或带皮手套用手搓，使果粒破碎，种子与果肉分离，将果汁滤出加工利用。再加水后搅拌，进一步脱除黏附在种子上的碎果肉，把浮在上边的果穗梗、瘪粒种子、果肉、果皮等捞出，饱满种子沉留在下边，经多次冲洗干净后取出。

（4）种子干燥　大多数果树种子取出后，需要适当干燥，方可贮藏。通常将种子薄摊于阴凉通风处晾干，不宜暴晒。限于场所或阴天时，亦可人工干燥。

（5）种子精选分级　种子晾干后进行精选，除去杂物、病虫粒、畸形粒、破粒、烂粒，使种子纯度达95%以上。净种方法可根据不同种子而定。大粒种子（核桃、板栗等）用人工挑选；小粒种子利用风选、筛选、水选等方法。

分级是将同一批种子按其大小、饱满程度或重量进行分类。用分级后的种子分别播种，其发芽率、出苗期、幼苗的生长势有很大差异，所以种子分级是十分必要的。

分级方法因种子而异，大粒种子人工选择分级；中、小粒种子可用不同的筛孔进行筛选分级。

2.种子贮藏

获得种子后，需要妥善贮藏保管。一般果树砧木种子贮藏过程中，空气相对湿度50%～70%为宜，最适温度0～8℃。种子贮藏过程中，还要随时防虫防鼠。

贮藏的方法因种子不同而有差异，落叶果树的大部分树种充分阴干后进行贮藏，包括苹果、梨、桃、葡萄、柿、枣、山楂、杏、李、部分樱桃、猕猴桃等的种子及其砧木种子，用麻袋、布袋或筐、箱等装好存放在通风、干燥、阴冷的室内、库内、囤内等。板栗、银杏、甜樱桃和大多数常绿果树的种子，必须采后立即播种或湿藏。湿藏时，种子与含水量为50%的洁净河沙混合后，堆放室内或装入箱、罐内，贮藏期间要经常检查温度、湿度和通气状况，尤其夏季气温高、湿度大，种子易发热出汗，筐、袋上层种子易结露，应及时晾晒散热降温，并通气换气。

3.种子质量检验

种子层积处理前、播种前或购种时，均需对种子进行质量检验，以确定种子的使用价值。

（1）种子净度和纯度的检验　检验种子的净度和纯度，可以作为确定播种量的依据。

净度是指种子占样品的百分比，纯度是指本品种种子占种子的百分比。

检验的方法是：取袋内上下里外部分样品，混合后准确称其重量，然后放置于光滑的纸上，把本品种种子、其他种子、杂质分别拣出。先称本品种种子，记录重量；再称其他种子，记录重量；其余的一块称，作为杂质，记录重量。杂质包括破粒、秕粒、虫蛀粒及杂物。

然后按照以下公式进行计算：

净度（%）=（本品种种子重量+其他种子重量）/（本品种种子重量+其他种子重量+杂质重量）×100%

纯度（%）=本品种种子重量/（本品种种子重量+其他种子重量）×100%

例如，假设取怀来海棠样品250g，怀来海棠种子、其他种子、杂质的重量分别为240g、2g、8g，

净度=（240+2）/（240+2+8）×100%=96.8%；

纯度=240/（240+2）=99.2%。

（2）种子生活力的鉴定　鉴定种子的生活力，也是作为确定播种量的依据。如果有生活力的种子占比少，同样情况下，需增加播种量。

① 目测法：观察种子的外表和内部，一般生活力强的种子，种皮不皱缩、有光泽，种粒饱满。剥去内种皮后，胚和子叶呈乳白色、不透明、有弹性、用手指按压不破碎、无霉烂味。而种粒瘪小，种皮发白且发暗无光泽、弹性小或无弹性，胚及子叶变黄或污白，都是生活力减退或失去生活力的种子。

目测后，计算正常种子与劣质种子的百分数，判断种子生活力情况。

② 染色法：使用不同的染色剂，对种子进行染色观察，根据染色情况，判断其生活力大小。常用靛蓝、曙红等试剂进行染色，其溶液能透过死细胞组织，但不能透过活细胞。操作方法是：取种子100粒（大粒种子50个），用水浸泡1～2天，待种皮柔软后剥去外种皮与内种皮，浸入0.1%～0.2%靛蓝溶液2～4h，或0.1%～0.2%曙红溶液1h，或5%～10%红墨水溶液6～8h。溶液随配随用，不宜久置。染色时温度20～30℃为宜，温度低时，染色时间适当加长，当低于10℃，染色困难。完成染色之后，用清水漂洗种子，检查染色情况，计算各类种子的百分数。凡胚和子叶没有染色或稍有浅斑的为有生活力的种子；胚和子叶部分染色的为生活力较差的种子；胚和子叶完全染色的为无生活力的种子。

③ 发芽试验法：在适宜条件下使种子发芽，直接测定种子的发芽能力。

供测种子必须是未休眠或已解除休眠。每次使用50～100粒种子，重复3～5次。在培养皿或瓦盆中，衬垫滤纸、脱脂棉或清洁河沙，加清水以手压衬垫物不出水为度，将种子均匀摆布其上，保持20～25℃较恒定的温度，每天检查1次，记录发芽种子数，缺水时可用滴管滴水，避免冲动种子。

凡长出正常的幼根、幼芽的种子，均为可发芽的种子；幼根、幼芽畸形、残缺、中间细和根尖发褐停止生长的，为不发芽的种子。

根据发芽种子数量，计算发芽率，判断种子的生活力。

$$发芽率 = 发芽种子总粒数/试验种子总粒数 × 100\%。$$

④ X射线照相法：X射线照相法是一种无伤检验方法，操作快捷、简便、准确，能探及种子的饱满度、空壳率、虫害、胚成熟度和生活力等，且不受种子休眠期的影响。

其原理是，基于老化劣变种子的细胞失去半透性，用重金属盐类（如$BaCl_2$、$BaSO_4$等）作为照相衬比剂处理后，受损伤的细胞能吸收衬比剂，在软X射线下照相可显示出不同程度深浅阴影，以便鉴别出种子劣变或损伤的程度。

我国生产的DGX-4型软X射线机，已用于许多种子生活力的测定。

⑤ 烘烤法：这是种子简易测定方法，此法适合苹果、梨等中小粒种子的简易快速测定。取少量种子，数清粒数，将其放在炒勺、铁片或炉盖上，加热炒烤。有生活力的好种子会发出"叭叭"的爆裂声响，无生活力的种子则无声焦化，然后统计好种子百分率。

此外，还有用分光光度计测定光密度来判断种子生活力、用过氧化氢（H_2O_2）鉴定法测定种子生活力等方法。

4.种子层积处理

所谓层积处理，是将果树种子和湿润基质混合或相间放置，在适宜的条件下，使种子完成后熟，解除休眠的措施。层积处理基质多用河沙，因而也称沙藏。为什么要进行层积处理呢？层积处理的本质是创造适宜的条件，使种子完成后熟，解除休眠，能够发芽。种子的休眠和后熟又是怎么回事呢？

（1）种子的休眠和后熟

落叶果树秋季落叶进入休眠，落叶果树的种子跟树体一样，也需要休眠。休眠是指有生命力的种子，由于内部因素和外部条件的影响而不能发芽的现象。种子成熟后，其内部存在妨碍发芽的因素时处于休眠状态，称为自然休眠。

形态上成熟的种子，萌芽前内部进行能导致种子萌发的生理变化叫后熟作用。完成后熟也就解除了自然休眠，解除自然休眠的种子外部条件适宜随时可以发芽。

完成后熟的种子吸水后，由于外部环境条件不适宜可能仍处于休眠状态，称为被迫休眠。

落叶果树的种子必须通过自然休眠才能在适宜条件下萌芽。常绿果树的种子多数没有休眠期或休眠期很短，采种后稍晾干，立即播种即发芽。

造成种子休眠的原因是多方面的，不同树种完成休眠所需时间也有差异。

一是生理原因引起的休眠。苹果、梨、桃、杏、李等砧木种子，在形态上已经发育完全，但生理上的许多变化过程尚未完成，如酶活性的增加、呼吸作用的加强、有机质的转化及促进生长物质的形成等没有完成，从而影响种子的萌发，种子呈现休眠状态。这些生理变化，需要一定的低温、湿度和通气条件，并且要经过一定的时间才能完成。

二是种皮的特殊结构引起的休眠。如山楂、桃、樱桃等种子，由于种皮坚硬、致密，不易吸水膨胀开裂，同时又影响气体交换，或产生机械约束作用，阻碍种子内部生理、生化过程的顺利进行，致使种子处于长期休眠状态。这类种子生产上常用机械损伤种皮、干湿交替、冻融交替和药剂处理等方法，使其通气、透水，缩短休眠时期，提早萌发。

三是种胚发育未成熟引起的休眠。如银杏种子，果实成熟时，其外部形态虽表现出成熟的特征，但种胚发育不完全，其长度可能只有成熟胚的1/3，采收后还需经过4～5个月从胚乳吸收营养继续发育，才能完全成熟，具备萌发能力。

种子休眠是由上述的某种原因，或多种原因综合作用的结果。例如山楂种子休眠主要是生理原因引起的，但其种皮硬厚、致密，不通透性延长了后熟过程。因此，不同种类的种子，完成后熟需要的时间不同，如湖北海棠需

30～35天；山楂种子一般播种后需经过两个冬天才能发芽，如果提前采收或经过破壳处理，或温、湿处理后再进行层积处理，亦可翌年播种后发芽；核桃只需一定低温就可以完成后熟（表3-2）。在自然界，种子是在自然条件下完成后熟的。生产上使种子完成后熟的方法，一是秋季播种，种子在田间自然条件下通过休眠；二是春季播种，播种前需进行人工处理，最常用的方法是层积处理。

表3-2　主要果树砧木种子层积天数（2～7℃）

名称	种子完成后熟需要的天数（层积天数）/天
湖北海棠	30～35
山定子	30～90
楸子	40～50
西府海棠	40～60
沙果	60～80
新疆野苹果	40～60
杜梨	60～80
豆梨	10～30
秋子梨	40～60
山桃	80～100
毛桃	80～100
杏	80～100
山杏	80～100
李	60～100
甜樱桃	150～180
中国樱桃	90～150
山楂	200～300
枣	60～90
酸枣	60～90
君迁子	≈30
野栗板栗	100～150
核桃	60～80
山葡萄	90～120
猕猴桃	60～90

（2）层积处理的时间

层积处理的天数即种子完成后熟所需时间（表3-2）。开始层积处理的时间根据种子完成后熟所需天数，和当地春季播种时间决定。确定了播种时间，上推种子完成后熟所需天数，就是开始层积处理的时间。

例如，在山东潍坊地区，桃育苗采用青州蜜桃作为砧木，青州蜜桃为毛桃，种子完成后熟需要的天数为80～100天，如果采用小拱棚2月中旬播种，11月上中旬就得进行层积处理。

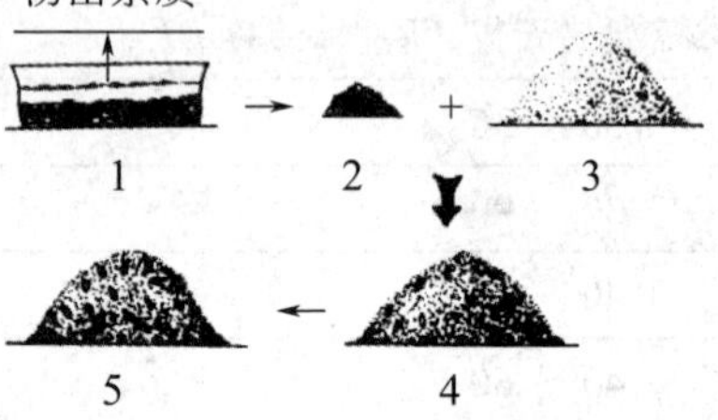

（3）层积处理的方法

层积前将精选的种子用清水浸泡1～3天，每天换水并搅拌1～2次，使全部种子都能充分吸水。河沙要洁净，小粒种子河沙用量为种子体积的3～5倍，大粒种子为5～10倍，含水量50%左右，以手握成团但不滴水为度。种子与河沙混合，拌匀（图3-2，图3-3）。

种子的层积处理可用容器。容器层积处理适于种子较少时。容器可以花盆、木箱等。操作时，容器底部先铺一层湿沙，装入种子后其上再覆一层湿沙，或者种子、湿沙混合装入后再覆一层湿沙。容器放于冬季无取暖设备的房屋内或地下室及菜窖内，温度保持在2～7℃（图3-4）。

大量种子的层积处理一般露天进行。方法是，选地形较高、排水良好的背阴处，挖一东西向的层积沟，深度为60～150cm（东北地区深度120～150cm，华北、中原地区60～100cm），坑的宽度为80～120cm，长度随种子的数量而定。层积时，先在沟底铺5～10cm的湿沙，然后将种子和湿沙混合均匀或分层相间放入，至离地面

图3-2　种子、河沙的层积前处理

1—种子清水浸泡；2—浸泡后的种子；3—河沙；
4—种子与河沙混合；5—种子与河沙拌匀

图3-3　河沙含水量

1—水分过多；2—水分适宜；3—水分不足

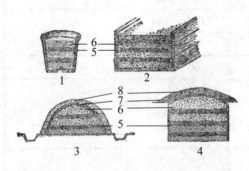

图3-4　容器层积处理与露天层积处理

1—花盆层积；2—木箱层积；3—露天地
上层积；4—露天地下层积；5—种子；
6—湿沙；7—草帘；8—覆土

10～30cm，离地面高度视当地冻土层厚度而异，冻土深则厚，反之则薄。上覆湿沙与地面相平或稍高于地面，盖上一层草后，再用土堆盖成屋脊形，四周挖好排水沟。对层积种子名称、数量和日期要做好记录。在冬季温度不太低的地区，也可以露天地上层积（图3-4）。

种子的层积处理亦可在室内进行。室内是指冬季无取暖设备的房屋内，温度保持在2～7℃。在室内一角，先在地面铺5～10cm的湿沙，然后将种子和湿沙混合均匀或分层相间放入，高度40～50cm，上面和周围再覆盖一层湿沙，最后覆盖塑料薄膜（图3-5）。

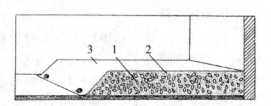

图3-5　室内种子层积处理
1—种子；2—河沙；3—塑料薄膜

种子层积过程中的适宜温度为2～7℃。层积期间应检查2～3次，并上下翻动，以便通气散热，如果沙子变干，应适当洒水，发现霉烂种子及时挑出。春季气温上升，应注意种子萌动情况，如果距离播种期较远而种子已萌动，可喷水降温或将其转移到冷凉处，延缓萌发；已接近播种期，种子尚未萌动，可白天撤去覆土，盖上塑料薄膜增温，夜间加盖草帘保温，促进种子萌动；也可移到较高温处促进萌芽，以便适时播种。

常绿果树的种子多数没有休眠期，或休眠期很短，不需要进行层积处理，采收后立即播种就能发芽生长，但为了适期播种，中国四川柑橘产区也利用沙藏的方式，把采下的柑橘种子立即用湿沙贮藏起来，以备播种。

5.播种前种子处理

一般情况下，在播种前将种子移至温度较高的地方，待种子萌动露白时即可播种（图3-6）。播种前5～10天将种子移入室内，保持一定室温，任其自然发芽；大量种子可用底热装置、塑料拱棚或温室大棚进行催芽；有些厚壳种子，如核果类，层积处理后种皮硬壳仍未裂开时，催芽前或播种前可人工破核。

沙藏未萌动的种子或未经沙藏处理的种子，播种前可进行浸种催芽处理，使种子在短期内吸收大量水分。然后提升温度，加速种子内部的生理变化，解除休眠，提早萌发。苹果、梨等砧木种子常用温水浸种，方法是，将种子放入40℃左

图3-6　层积处理的桃种子萌动露白

右的温水中，不断搅拌，直到冷凉为止；然后放入清水中浸泡2～3天，每天换水1～2次；捞出种子，混以湿沙，平摊在塑料拱棚、温室大棚，或用地热装置，温度控制在20～25℃；加盖草帘，保湿保温，每天用30～40℃的温水冲洒1～2次。当有20%～30%的种子露出白尖时，即可播种。

6.苗床准备

（1）土壤消毒　苗圃地下病虫对幼苗危害性较大，在整地时对土壤进行处理，可起到事半功倍的效果。病害中，立枯病、猝倒病、根腐病等病害，危害较大。一般用50%多菌灵或70%甲基托布津或50%福美双，每667m²地表喷撒5～6kg，翻入土壤，可防治病害。地下害虫中，蛴螬、地老虎、蝼蛄、金针虫等危害比较严重。每667m²用50%辛硫磷300mL或40%甲基异柳磷250mL拌土25～30kg，撒施于地表，然后耕翻入土。

（2）整地　首先深耕细耙，整平土地，除去影响种子发芽的杂草、残根、石块等障碍物。耕翻深度以25～30cm为宜。土壤干旱时可以先灌水造墒，再行耕翻，亦可先耕翻后浇水。

（3）施入底肥　底肥最好在整地前施入，亦可作畦后施入畦内，翻入土壤。每667m²施2500～4000kg腐熟有机肥，同时混入过磷酸钙25kg、草木灰25kg，或复合肥、果树专用肥。缺铁土壤，每667m²施入硫酸亚铁10～15kg，以防苗木黄化病的发生。

（4）整地作畦　土壤经过耕翻平整即可作畦或垄，一般畦宽1m、长10m左右，畦埂宽20～30cm，畦面应耕平整细。低洼地宜采用高畦苗床，畦面应高出地面15～20cm。畦的四周开25cm深的沟，以便灌溉和排水防涝（图3-7）。垄作适于大规模育苗，有利于机械化管理。

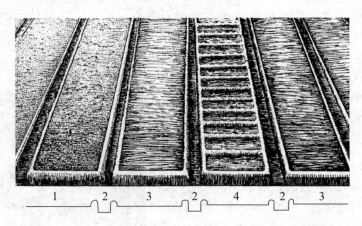

图3-7　作畦与播种方法

1—畦面撒播；2—排水沟；3—畦面覆草；4—畦面条播

7.播种

（1）播种时间

秋播或春播。为了增加苗木前期生长量，使其出苗早、生长快，当年能够达到嫁接标准，春播宜早不宜迟，要抢墒播种，尽量缩短播种时间。

"三当苗"必须采用塑料拱棚、日光温室等提早播种，以便苗木尽早达到嫁接要求。播种时间一般在2月份。

（2）播种量

单位土地面积用种子的数量称为播种量。播种量通常以kg/667m²或kg/hm²表示。

播种量理论上可用下列公式计算：

播种量（kg/hm²）＝每公顷计划出苗数÷（每千克种子粒数×种子纯度×种子发芽率）

由于各种原因会造成缺苗损失，实际用量一般要高于计算用量。如仁果类，每667m²可容纳基本苗数10000～12000株，实际用量应为苗数的3～4倍，种子发芽率低可提高到5～6倍；大粒种子，发芽率高，可为1.5倍。

主要果树砧木种子常用播种量可参见表3-3。

表3-3　主要果树砧木种子常用播种量

名称	每千克种子粒数/粒	播种量（kg·hm⁻¹）
山定子	15000～22000	15～22.5
楸子	40000～60000	15～22.5
西府海棠	≈60000	25～30
沙果	≈44800	15～33.75
新疆野苹果	35000～45000	35～45
杜梨	28000～70000	15～37.5
豆梨	80000～90000	7.5～22.5
秋子梨	16000～28000	30～90
沙梨	20000～40000	15～45
山桃	—	450～750
毛桃	200～400	450～750
杏	300～400	400～600
山杏	800～1400	225～450
李	—	200～400
毛樱桃	8000～14000	112.5～150

名称	每千克种子粒数/粒	播种量（kg·hm⁻¹）
甜樱桃	10000 ～ 16000	112.5 ～ 150
中国樱桃	—	100 ～ 130
山楂	13000 ～ 18000	112.5 ～ 225
枣	2000 ～ 2600	112.5 ～ 150
酸枣	4000 ～ 5600	60 ～ 300
君迁子	3400 ～ 8000	75 ～ 150
野栗板栗	120 ～ 300	1500 ～ 2250
核桃	70 ～ 100	1500 ～ 2250
核桃楸	100 ～ 160	2250 ～ 2625
猕猴桃	100万～ 160万	—

（3）播种方式

播种方式有大田直播和苗床密播两种。大规模育苗一般是苗床密播。

大田直播是将种子直接播在苗圃、果园内，就地生长成果苗或作砧木。这种方式可用机械操作，简便省工、出苗整齐、苗木生长迅速。

苗床密播是将种子稠密地播种在苗床内，出苗后移栽到大田进行培养。这种方式播种密度大，便于集中管理，可以创造幼苗生长的良好条件。经移栽后苗木侧根发达、须根量大，且节省种子，但移栽比较费工。

（4）播种方法

播种方法主要有撒播、点播和条播三种。

条播是按一定的行距开沟，将种子均匀地撒在沟内的播种方法（图3-7）。大、小粒种子均可采用。1m宽的畦播2 ～ 4行，小粒种子行距20 ～ 30cm，大粒种子30cm，边行距畦埂至少10cm。亦可采用宽窄行播种，一般仁果类宽行50cm，窄行25cm，1m宽的畦播4行为宜；核果类宽行60cm，窄行30cm，畦宽1.2m为宜。播种时先按行距开沟，大粒种子宜深，小粒种子宜浅；土壤疏松的应深，土壤黏重的要浅。灌透水，待水渗下后将种子撒在沟中，再覆土整平，最后盖上覆盖物或细沙。条播的优点是，苗木有一定的行间距离，便于进行土壤管理、施肥、嫁接等工作，通风透光良好，苗木生长健壮，起苗方便，节省用工。

点播是按一定的株、行距挖小穴将种子撒于育苗地的方法。点播育苗，一般畦宽1m，每畦播2 ～ 3行，株距15cm。播种时先开沟或开穴，灌透水，待水渗下后放种，再覆土整平。播种板栗时，种子宜平放，但核桃种子缝合线要与地表垂直；板栗种子要平放，利于种胚萌发出土，而且幼苗生长健旺。点播主要用于核桃、板栗、桃、杏等大粒种子。容器育苗时，小粒种子也多采用点播。优点是苗木分布均匀、生长快、质量好，但单位面积产苗少。

撒播是将种子均匀撒在畦面上，然后撒土覆盖种子的播种方法。撒播适用于小粒种子和极小粒种子苗床密播，如山荆子、杜梨、猕猴桃种子。具体方法是：先将畦面整平，刮出覆土后灌水，水渗后均匀撒种，然后覆细土，再覆一层细沙，也可再加覆盖物。

苗床密播是将种子均匀撒在畦面上，然后撒土覆盖种子。适于小粒种子，如山荆子、杜梨、猕猴桃种子。有省工、出苗率高、经济利用土地等优点，但需移栽。

（5）播种深度

播种覆土厚度一般为种子直径的 1～3 倍。在这一范围内，如果种子大、气候干燥，沙质土壤可深播；种子小、气候湿润，黏质土可浅播。秋播比春播深。

生产上对不同果树种子播种深度归纳如下：猕猴桃、无花果等，播后不覆土，只需稍加镇压或筛以微薄细沙土，不见种子即可；山定子 1cm 以内；楸子、沙果、杜梨、葡萄、君迁子等 1.5～2.5cm；樱桃、枣、山楂、银杏 3～4cm；桃、山桃、杏等 4～5cm；核桃、板栗 5～6cm。

8.播种后管理

（1）覆盖

播种之后，床面用作物秸秆、草类、树叶、芦苇等材料覆盖。以保护地表，避免风吹、日晒、雨淋；减少土壤水分蒸发，提高含水量，防止板结，保持疏松；稳定地温，预防冻害和鸟害。因此，覆盖有助于种子萌发和幼苗出土。覆盖的厚度，秋播 5～10cm，春播 2～3cm，干旱、风多、寒冷地区适当盖厚。在覆盖的草被上，点撒少量细土，以防火灾和被大风吹走。

当 20%～30% 幼苗出土时，应逐渐撤除覆盖物，以免引起苗木黄化或弯曲，形成"高脚苗"。为了防止环境突变对幼苗出土带来的不良影响，撤除覆盖物最好在阴天或傍晚进行，且应分 2～3 次揭除。

采用塑料薄膜棚，不必进行以上覆盖。塑料薄膜棚的大小不同，其保温效果不同，小拱棚、中棚、大棚、日光温室，保温性能依次增加，播种时间可以依次提前。随着气温的升高，塑料棚要注意逐渐防风，直至撤膜。

（2）浇水

种子萌发出土和幼苗期需要足够的水分供应，播种地必须保持湿润，如果土壤缺墒，就会对幼苗出土造成影响。种子萌发出土前后，忌大水漫灌，尤其播种较浅的中小粒种子，以免大水冲刷，造成播行混乱、覆土厚度不均、地表板结、出苗困难。如果需要灌水，以渗灌、滴灌和喷灌方式为好。无条件者可用喷壶或喷雾器喷水增墒。苗高10cm以上不同灌溉方式均可采用，但幼苗期漫灌时水流量不宜过大。生长期应注意观察土壤墒情、苗木生长状况和天气情况，适时适量灌水，以促进苗木迅速生长。秋季控制肥水，防止徒长，促进新梢木质化，增强越冬能力。越冬前灌足封冻水。

（3）间苗与移栽

点播按一定的株、行距播种，如果出苗好，株距、行距已经确定。条播、撒播虽然尽量撒种均匀，不可能完全按照我们要求的株、行距出苗，会有稀有密。先要根据要求的株、行距确定留苗，这叫定苗。定苗距离，小粒种子10cm，如苹果、梨等；大粒种子15～20cm，点播播种时已经确定。在确定留足苗的基础上，把多余苗拔掉，叫做间苗。间苗一般是间去小、弱、密、病、虫苗。间苗和定苗是一致的，要同时在幼苗长到2～3片真叶时进行。

要求做到早间苗，分期间苗，适时合理定苗，保证苗全苗壮。所谓分期间苗，就是间苗进行多次，第一次间苗适当密留，以免以后有损坏缺苗，第二次或第三次再间苗、定苗。

准备间出的幼苗，除病苗、弱苗和损伤苗不能利用之外，都应移栽，加以利用，提高出苗率。首先用于补苗，选择好苗补齐缺苗断垄的地方。然后将多余的苗，按照育苗株距、行距要求栽入空地，集中移栽，集中管理，同其他苗一样管理。

移栽前2～3天灌水一次，以利挖苗。移栽在阴天或傍晚进行，栽后要立即灌水。

（4）断根　在苗高10～20cm时将主根截断称为断根。截断时离苗10cm左右倾斜45°角斜插下锹，将主根截断。以便增加侧根，减少起苗时根系损失。

（5）中耕锄草　苗木出土后以及整个生长期间，经常中耕锄草，以疏松土壤，破除板结，增强透气性，保持水分；清除杂草，减少水分和养分消耗，为苗木生长创造良好的环境条件。

（6）追肥

在苗木生长期，结合灌水进行土壤追肥1～2次。第一次追肥在5～6月份，667m^{2}施用尿素8～10kg；第二次追肥在7月上、中旬，666.7m^{2}施用复合肥10～15kg。

除土壤追肥外，结合防治病虫喷药进行叶面喷肥，7～10天进行1次，生长前期喷0.3%～0.5%的尿素；8月中旬以后喷0.5%的磷酸二氢钾。或交替使用有机腐殖酸液肥、氨基酸复合肥、光合微肥等叶面肥料。

（7）防治病虫害

幼苗期应注意立枯病、白粉病、地老虎、蛴螬、蝼蛄、金针虫、蚜虫等病虫害的防治。主要有以下措施：

① 拔病苗。发现病苗立即拔除，并迅速带离苗圃，集中烧毁或深埋。

② 灌根。发现幼苗被地下害虫危害，可用辛硫磷等药剂灌根处理。$1hm^2$用50%辛硫磷3750mL加水7500～10000kg灌根；或用50%乙硫磷1000～1500倍液灌根。

③ 地面诱杀。对地老虎、蝼蛄等地下害虫，可以加工毒饵诱杀。如用谷子500g煮或炒至半熟，拌50%甲胺磷10mL制成毒谷，用耧耩于行间，或用90%晶体敌百1kg、麦麸或油渣30kg，加水适量拌成豆渣状毒饵，傍晚撒施于苗圃内诱杀。还可利用趋光性黑光灯诱杀成虫。

④ 喷药防治。幼苗根部病害采用铜铵合剂防治效果较好。配制方法为：将硫酸铜2kg、碳酸铵11kg、消石灰4kg，混匀后密闭24h。使用时取1kg，兑水400kg，喷洒病苗及土壤。也可用50%多菌灵或50%甲基托布津800倍液、75%百菌清500倍液喷雾。兼治白粉病时，可喷160倍倍量式波尔多液。

防治蚜虫，可选用10%吡虫啉3000～5000倍液、20%甲氰菊酯3000倍液、40.7%乐斯本2000倍液等。

（8）摘心 当年利用作绿枝嫁接的实生砧木苗，当幼苗长到30cm左右高时，可适时摘心，促其加粗生长。如当年不利用其嫁接，东北地区可待8月末摘心，促进枝芽成熟，提高出圃率。

图3-8 苹果实生苗

经过以上获得种子—种子贮藏—种子检验—种子处理—苗床准备—播种—苗圃管理的过程，实生苗培育完成（图3-8）。实生苗经过嫁接即可培育成为实生砧嫁接苗。

四、嫁接时间与方法

1.嫁接时间

最适嫁接时间在初夏的5月中旬到6月上旬，最晚到6月底。

嫁接时间主要取决于是否有适宜的砧木和接穗，以及接穗萌芽生长到秋季落叶前是否能够成熟，并且达到苗木高度和粗度要求。嫁接时，砧木苗要达到一定粗度，一般要求嫁接部位直径8mm以上，细了不好操作，也影响成活率；当年育苗也不可能太粗。所以，砧木苗要加强管理，在适宜嫁接期内达到要求粗度。

夏季育苗嫁接使用的接穗为新梢，新梢随采随接。所以，夏季芽接时间主要考虑接穗，芽接太早新梢上的芽没有形成，芽形成以后随时可以采集。夏季嫁接新梢处于生长季，形成层活跃，芽接可以不带木质部，也可以带木质部。5月中旬到6月上旬，新梢接穗一般能达到嫁接要求。6月底以后嫁接，一般砧木粗度、接穗质量达到嫁接要求没有问题，但接穗萌芽后到秋季，生长时间比较短，落叶前接穗新梢不能成熟，休眠期干枯，并且一般难达到苗木高度和粗度的要求，不可能成为高质量的苗木。

2.嫁接方法

育苗夏季嫁接以芽接为主，用接穗少、操作方便、成活率高。夏季苗木嫁接一般采用丁字形芽接、贴芽接，也可采用嵌芽接。丁字形芽接为传统方法，采用得比较多。贴芽接经过培训练习速度比较快、工作效率高。具体操作参见"嫁接方法"中的"丁字形芽接""贴芽接"和"嵌芽接"的相关内容。

苗木嫁接操作时，一手握住砧木苗，一手在嫁接部位切削。影响操作时，可以去掉嫁接部位的叶片。嫁接部位一般离地面10～30cm，原来一般主张10～20cm，后来嫁接部位不断提高，其实只要出圃时苗木能够达到要求，嫁接部位不必太高。嫁接部位高度要一致，这样苗木整齐，操作也方便。

操作时，要按照顺序进行，先内后外，防止漏接。注意保护苗木，不管是砧木苗还是嫁接过的苗木。

有人试验，把"先嫁接后剪砧"改为"先剪砧后嫁接"，嫁接成活率达98.3%，比传统的"先嫁接后剪砧"高7%～10%；苗木生长量大，比传统方法高10～15cm；剪砧、嫁接一次完成，省工省力。嫁接时可以试用。

五、嫁接苗的管理

1.检查成活

大多数果树嫁接后10～15天即可检查是否成活，春季温度低时间长些。一般从枝、芽、叶柄的状态来检查。接芽新鲜、叶柄一触即落的，即为生长季芽接成活。根据检查或调查情况可以计算嫁接成活率，成活率可用于检验嫁接技术，总结经验。

成活率（%）=调查株数/成活株数×100%。

例如，调查1000株，成活955株，成活率=1000/955×100%=95.5%。

2.解绑

生长季芽接检查成活的同时进行松绑或解绑，秋季芽接的也可来年春季解绑。嵌芽接，芽不能自己顶出的，先把塑料膜挑破，露出芽体，待芽萌发后新梢进入旺长后再解绑。

3.剪砧和折砧

所谓剪砧，就是芽接成活后，剪去接芽上方砧木部分或残桩。剪砧时，修枝剪刀刃应迎向接芽一面，在芽上0.3～0.5cm处剪截，剪口往接芽背面稍微向下倾斜，不留活桩（图3-9）。苹果、梨等苗木这样操作即可，一次完成剪砧。

也可以采用二次剪砧，第一次在接口以上20cm左右处剪去砧木上部，保留的20cm左右部分叫"活桩"。活桩的作用是叶片暂时辅助根系和接芽的生长；随着接芽萌发，新梢加粗，活桩的粗度相对减小，剪贴后容易愈合。待接芽萌发的新梢木质化后，再行第二次剪砧，剪去此活桩。

还可以采用折砧，即嫁接后或成活后在接芽上方将砧木苗折倒（图3-10）。折砧时，将木质部和大部分皮层折断，少部分相连，折倒部分低于接芽高度（图3-10，2）。折砧后保留砧木叶片，继续制造营养哺养砧木根系和接芽，促使接芽萌发。折砧对桃苗尤为重要，尤其透气性较差的土壤，直接剪砧往往造成死苗。在嫁接苗长到10多个叶片之后，再剪除砧木（图3-10，3～5）。

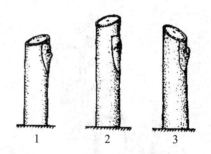

图3-9　剪砧
1—剪砧正确；2—剪砧过高；
3—剪口削面不对

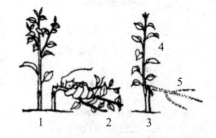

图3-10　剪砧和折砧
1—嫁接后的砧木苗；2—折砧；3—嫁接苗；4—接芽萌发的新梢；5—剪除砧木

4.补接

经过检查成活，嫁接未成活的苗木，要及时再嫁接，即为补接。嫁接较早的苗木，7月份之前及时补接，成活后马上剪砧，当年还可萌发成苗。补接可以采用第一次嫁接的方法。

7月份之后尚未嫁接成活的，可以马上补接，也可以延续到秋季，根据时间安排随时补接。接穗离皮，可以采用第一次嫁接的方法。接穗不离皮，只能用贴芽接、嵌芽接等带木质部芽接，或选择不需离皮的枝接方法。7月份之后补接，当年不萌发，这样的苗木，叫半成品苗。半成品苗可以当年出圃，也可以继续培育成成品苗，来年出圃。

如果极少数秋季补接未成活，只能春季用休眠枝条再次补接，也可待新

图3-11　除萌抹芽
1—除萌；2—接芽萌发的新梢

图3-12　当年出圃梨嫁接苗

梢长出后进行芽接和绿枝嫁接。那就不是今年出圃的苗了。

实际操作时，检查成活、解绑、剪砧、补接互相结合、同时进行。

5.除萌和抹芽

芽接剪砧后在接芽周围、枝接成活后在砧木上都会长出萌蘖，均应及时去掉，这叫除萌（图3-11）。除萌要多次进行，以节省养分。

但桃嫁接后要保留部分萌蘖，尤其砧木苗夏季嫁接剪砧后，更需保留基部3～5个砧木苗副梢，以利于嫁接枝芽的生长，但要控制其长势。待接芽萌发后的新梢长出叶片后，再除萌。

嫁接成活后，接芽抽生的新梢只留一个，其他的抹去，这叫抹芽。

6.加强综合管理

新梢长出后，生长前期要满足肥水供应，并适时中耕除草；生长后期适当控制肥水，防止旺长，使枝条充实。同时注意防治病虫害，保证苗木正常生长。

桃树育苗夏季嫁接成活后，不剪砧，而是折砧，使砧木叶片继续制造营养，供给根系，否则容易死苗。

经过以上培育实生苗、嫁接、嫁接后管理的过程，实生砧嫁接苗培育完成，即可出圃（图3-12）。

六、苗木出圃

育成的果树苗木移出苗圃供生产上使用，称为苗木出圃。苗木出圃是育苗工作的最后一环，做不好可能前功尽弃。

1.出圃准备

苗木出圃前要做好准备工作。

一是做好人员、器械、工具、场地、运输设备等准备。

二是对苗木种类、品种、各级苗木数量等进行核对、调查或抽查。

三是根据调查结果及外来订购苗木情况，制定出圃计划及操作规程。

四是搞好宣传，扩大影响，保证及时销售。与购苗单位及运输单位密切联系，保证及时装运，缩短运输时间，提高苗木质量。

2. 苗木挖掘

苗木挖掘不是单纯的挖树，而是要考虑后期的种植。挖掘质量的好坏，直接关系到以后种植的成活率。

（1）挖苗时期

挖掘苗木的时间因果树种类及地区而异。北方落叶果树多秋季挖苗，在开始落叶到封冻前进行。桃、梨等苗木停止生长早，可先挖；苹果、葡萄等苗木停止生长较晚可迟挖。急需栽植或外运苗木可早挖；就地栽植或明春栽植的苗木可后挖。秋季挖苗后可进行秋栽，不栽植的要进行假植。

也可春季挖苗，时间在解冻后到根系生长前，此时起苗不必假植直接定植，近距离运输可在此时起苗。

（2）挖苗方法

挖苗分带土和不带土两种方式。落叶果树露地育苗，休眠期不带土对苗木成活影响不大，一般不带土，挖出的苗木称为裸根苗；生长季出圃的苗木，如绿苗需带土，杯苗自然带土，栽植时不能破土团。

起苗前对苗木挂牌，标明树种、品种、砧木、来源、树龄及苗木数量等。如果土壤干燥，应提前 1 ～ 2 天先充分灌水，待稍干后再起苗，以免起苗时损伤须根过多。

人工起苗用铁锨、镢等工具。先在苗木一侧离苗 20cm 处，或行中间，垂直铲下 20cm，再在另一侧离苗 20cm 处，或行中间，垂直铲下 20cm，并将苗挖出。

挖掘时，要尽量少伤根，使根系完整。挖出后，就地临时假植，用土埋住根系，以免风吹日晒。一畦或一区最好一次全部挖完，以便安排土地。

3. 苗木分级与修剪

为了减少苗木风吹日晒的时间，起苗后，应立即移至背阴无风的地方，进行选苗分级。

分级根据苗木规格进行。由于各地的气候条件不同，对苗木的出圃规格要求不同。对所有苗木的基本要求是：品种纯正，砧木类型正确；地上部生长发育正常，健壮充实，具有一定的高度和粗度，芽体饱满，整形带内有足够数量、饱满的芽或副梢；根系发达，具有较完整的主侧根和较多的须根，断根少；无严重病虫害及机械伤；嫁接苗的接合部愈合良好。

不符合出圃要求的，坚决不能出圃。不合格的苗木应留在圃内继续培养。

结合分级同时进行修剪。剪去病虫根、过长及畸形根。主根留20cm短截。伤根应修剪平滑，且使伤面向下，利于愈合及生长。剪去地上部的枯枝、病虫枝、不充实的秋梢及萌蘖。

4.苗木检疫与消毒

（1）苗木检疫

是植物检疫的一个方面。植物检疫是通过法律、行政和技术的手段，防止危险性植物病、虫、杂草和其他有害生物的人为传播，保障农林业的安全，促进贸易发展的措施。所指的危险性植物病、虫、杂草和其他有害生物就是检疫对象。

苗木检疫是防止病虫害传播的有效措施，对果树新发展地区尤为重要。凡是检疫对象应严格控制，不使蔓延，做到疫区不送出、新区不引入；育苗期间发现病苗，立即挖出烧毁，并进行土壤消毒；挖苗前进行田间检疫，调运苗木要严格检疫手续，发现此类苗木应就地烧毁；包装前，应经国家检疫机关或指定的专业人员检疫，发给检疫证。

我国对内检疫的病虫害有：苹果绵芽、苹果蠹蛾、葡萄根瘤蚜、美国白蛾、柑橘黄龙病、柑橘大实蝇、柑橘溃疡病。

列入全国对外检疫的病虫害有：地中海实蝇、苹果囊蛾、苹果实蝇、蜜柑火实蝇、葡萄根瘤蚜、美国白蛾、栗疫病、咖啡非洲叶斑病、梨火疫病等。

（2）苗木消毒

是用药剂杀灭苗木上的病虫害。苗木都不同程度带有病虫害，除检疫对象外，带有一般病虫害的苗木应进行消毒，以控制其传播。一般采用液剂消毒和熏蒸剂消毒。

液剂消毒是用药液对苗木进行消毒。可用3～5°B石硫合剂水溶液，或1：1：100式波尔多液浸苗木10～20min，再用清水冲洗根部。李属植物应慎重用波尔多液，尤其早春萌芽季节更应慎用，以防药害。还可用0.1%升汞水浸苗木20min，再用清水冲洗1～2次，在升汞水中加用醋酸或盐酸，杀菌效力更大。用0.1%～0.2%硫酸铜液处理5min后，用清水洗净，此药主用于休眠期苗木根系的消毒，不宜用作全株消毒。用于苗木消毒的药剂还有甲醛、石炭酸等。

熏蒸剂消毒是用氰酸气熏蒸消毒，每1000m³容积用氰酸钾300g、硫酸450g、水900mL，熏蒸1h。熏蒸前关好门窗，先将硫酸倒入水中，然后再将氰酸钾倒入，1h后将门窗打开，待氰酸气散发完毕，方能进入室内取苗。少量苗木可用熏蒸箱熏蒸。氰酸气有剧毒，要注意安全。

5.苗木包装运输与贮藏

（1）包装运输　苗木经检疫消毒后，即可包装调运。包装调运过程中要防止苗木干枯、腐烂、受冻、擦伤或压伤。苗木运输时间不超过1天的，可直接用篓、筐或车辆散装运输，但筐底或车底须垫以湿草或苔藓等，苗木根部蘸泥浆。苗木放置时要根对根，并与湿草分层堆积，上覆湿润物料。如果运输时间较长，苗木必须妥善包装。一般用草包、蒲包、草席、稻草等包装，苗木间填以湿润苔藓、锯屑、谷壳等，或根系蘸泥浆处理，还可用塑料薄膜袋包装。不带土的

图3-13　大樱桃嫁接苗打捆

苗木，每包50～100株，较小的苗木还可以多一些（图3-13）。包装时，大苗根部向一侧，小苗则根对根摆放。包裹要严密，以减少水分散失。包装好后挂上标签，注明树种、品种、数量、等级以及包装日期等。

运输过程中做好保温、保湿工作，保持适当的低温，但不可低于0℃。

（2）贮藏　苗木挖掘后或运抵目的地，不立即出圃和栽植时，必须进行短期假植。如果需要来年处理，则要进行越冬假植。

短期假植可挖浅沟，将根部埋在地面以下即可。越冬假植则应选避风、高燥、平坦、无积水、土中无病虫害和鼠害的地方挖沟假植。假植沟一般南北向，宽80～100cm，深40～50cm，沟距1～2m，沟长视苗木数量而定。苗干向南倾斜放入沟中，分次培覆松细湿润的土壤，使之与根密接，不留空隙。培土可达苗木干高的1/3～1/2，严寒地区达定干高度，砧木较小者可全埋上沙土，并高出地面10～15cm，使之成土垄，以防寒害和雨水进入。土壤干燥时可适量灌水。假植地四周应开排水沟，大的假植地中间还应适当留有通道。不同品种的苗木，应分区假植、详加标签，严防混杂。

运输时间过久的苗木，视情况立即将其根部浸水1～2天，待苗木吸足水分再行假植，浸水每日更换1次。

第二节　培育果树自根砧嫁接苗

根系由自身体细胞产生的苗木叫自根苗，亦称无性系苗或营养系苗。自根苗可用扦插、压条、分株和组织培养等方法繁殖。用扦插、压条、分株和

组织培养等方法繁殖的苗木都是自根苗。用自根苗作为砧木嫁接的苗木叫自根砧嫁接苗，如果自根苗是矮化砧木苗，则叫矮化自根砧嫁接苗。自根苗繁殖的基础是枝条、叶片能够产生不定根，根能产生不定芽。葡萄、石榴等果树多用自根繁殖生产苗木，苹果矮化砧木、樱桃矮化砧木、葡萄抗性砧木等多用自根繁殖生产矮化砧苗用于嫁接栽培品种。

所谓扦插是将果树部分营养器官插入基质中，使其生根、萌芽、抽枝，成为新的植株的方法。根据所用器官的不同，扦插可分为枝插、芽（叶）插和根插。根据枝条成熟程度枝插分为硬枝扦插和绿枝扦插。硬枝扦插是利用生长充实的 1 ～ 2 年生枝进行扦插。绿枝扦插又名嫩枝扦插，是利用当年生未木质化或半木质化的新梢在生长期进行扦插。

压条是把母树枝条压入土中，待枝条或其上新梢长出新根后与母树切断而成为新植株的方法。根据压条的空间位置分为地面压条和空中压条，地面压条根据枝条的处理方式分为直立压条、水平压条、曲枝压条等。

分株是利用母株的根蘖、匍匐茎、吸芽等营养器官在自然状况下生根后，切离母体培育成新植株的方法。根蘖分株繁殖用于易发生根蘖的果树，如枣树。匍匐茎、新茎、根状茎分株为草莓的繁殖方式。

组织培养是将植物的器官、组织或细胞，在人工培养基和无菌条件下，离体培养成完整植株的方法，亦称试管繁殖、试管育苗。

一、自根砧嫁接苗特点和利用

1. 自根苗的特点

自根苗能基本保持母本优良性状，苗木生长整齐一致，很少变异，进入结果早。自根苗无主根，根系较浅，苗木生活力较差，寿命较短。抗性、适应性亦低于实生苗，部分树种的部分品种和类型具有矮化、某一方面抗性强的特点。育苗时需要大量的繁殖材料，繁殖系数低。繁殖方法简单，应用广泛，但较费工。

2. 嫁接苗的特点

嫁接苗能保持栽培品种（接穗）的优良性状，整齐一致、结果早、进入盛果期早。嫁接苗能利用砧木的特点，增强栽培品种的抗性、适应性；嫁接苗能利用砧木的特点，改变树体的特性，使树体矮化或乔化。培育嫁接苗可经济利用接穗，迅速、大量繁殖果树苗木，尽快推广优良品种，并能克服某些果树用其他方法不易繁殖的困难，是果树生产上主要的育苗方法。

3. 自根砧嫁接苗的利用

自根苗可以直接作为果苗栽培，如葡萄、石榴、无花果、枣等。还可作为嫁接用的砧木，培育自根砧果苗，如苹果的矮化砧自根苗。

矮化自根砧嫁接苗繁育整个过程中不使用实生种子播种，苗木生长个体差异小、整齐一致。发达国家广泛采用矮化自根砧苗建立果园，园貌整齐、结果早、产量高、品质好，取得了良好的效果。我国苹果矮化自根砧嫁接苗的繁育技术相对薄弱，研究也不多见。

二、自根繁殖的生物学基础

1. 成活原理

自根繁殖是利用植物细胞的全息性和再生能力，在一定条件下不同器官的细胞分化出根或枝，形成与母株具有相同遗传基础的新植株的无性繁殖方法。培育自根苗的关键在于能否发生不定根和不定芽。

根、芽的再生过程是，插穗或根插条剪切后，剪口受到刺激，发生栓化作用，产生愈伤木栓，在适宜条件下，形成愈伤组织。愈伤组织可保护伤口，避免养分和水分流失，改善吸水条件，提高通气性，防止病菌入侵伤口造成腐烂，为发根创造良好的条件。插穗产生的根有定根和不定根两种。定根的发生与愈伤组织的形成没有直接的关系，在愈伤组织形成之前，存在于葡萄枝条皮部形成层与髓射线相交点及其附近的根原始体，从节间或节的部位可长出新根；插条的不定根是由茎的内鞘、韧皮部、形成层等分生组织的活动，分化出新的根原始体后，从插穗基部的伤口断面上生长出来。根插条在创伤面的愈伤组织里，根段中潜伏的根原始体及维管束形成层部分产生不定根。

不定芽大多发生在根上，幼根在中柱鞘靠近维管形成层的地方发生；老根从木栓形成层或射线增生的类似愈伤组织里产生。许多植物的根未脱离母体即形成不定芽，特别是根受伤后，主要在伤口面或断面的伤口处的愈伤组织里形成。

不定根和不定芽发生的部位都有极性现象。一般枝或根总是在其形态顶端抽生新梢，下端发生根。因此扦插时注意不要颠倒。

2. 影响生根的因素

自根繁殖能否生根成活，与繁殖材料的内部因素和外界条件有关。

（1）内部因素　苹果矮化砧、樱桃矮化砧、葡萄、石榴、无花果等，枝条上易产生不定根，扦插枝条容易成活；苹果、枣、山楂、海棠等根上产生不定芽的能力强，根插容易成活。树龄、枝龄、根龄越大，自根繁殖越难。

组织充实、营养丰富的枝易生根。含激素较多的树种，扦插易生根。维生素 B_1、维生素 B_2、维生素 B_6、维生素C、烟碱在生根中有良好的效果。

（2）外部因素　自根繁殖的外部因素要求适宜的水、肥、气、热条件。扦插、压条的基质宜选用河沙、珍珠岩、砾石、泥炭、沙壤土等，这些材料通气性好。基质中含腐殖质不能太多，否则易烂根。扦插适宜基质湿度为 $60\% \sim 80\%$，空气湿度在90%以上。插条生根适宜的温度为 $15 \sim 25℃$，北方春季气温的升高快于土温，要注意提高土温，使枝条先生根，后发芽，否则不易成活。扦插基质中的氧气保持在15%以上时，对生根有利，葡萄达到21%时生根最为有利。应避免扦插基质中水分过多，造成氧气不足。充分的光照有利于生根，但光照过强导致高温干燥，插穗易失水枯死。生根部位的光照对生根有抑制作用，生根部位不能见光。

3.促进生根的方法

（1）机械处理　对枝条木栓组织较发达的果树，如葡萄，扦插前要先将表皮木栓层剥去，利于对水分的吸收和发根。新梢停长后扦插前，在枝条基部进行环剥、刻伤或绞缢等处理，使营养物质和生长素在伤口以上部位积累，扦插时易发根。扦插时，加大插条下端伤口；或在枝条生根部位，纵划 $5 \sim 6$ 条伤口，深达形成层，以见到绿皮为度；或适度弯曲，使表皮破裂，利于枝条形成不定根。分株繁殖前，在早春于树冠外围挖沟断根，可促进不定芽萌发。压条时环割、环剥、纵伤有利于生根。

（2）催根处理　早春扦插可采用加温催根处理。插条基部用生根药剂处理后，置于基质中，插条基部温度保持在 $20 \sim 25℃$，顶部暴露于冷量的空气中，气温 $8 \sim 10℃$，经 $3 \sim 4$ 周即可生根。根形成后，应在萌芽前栽植苗圃。

（3）植物生长调节剂处理　常用的生长素有液剂和粉剂，如2,4-D、α-萘乙酸（NAA）、β-吲哚丁酸（IBA）、β-吲哚乙酸（IAA）、ABT生根粉等。处理方法有液剂浸渍，是将枝条基部放在药液中浸泡，药液浓度嫩枝为 $(5 \sim 25) \times 10^{-6}$，浸泡 $12 \sim 24h$，也可用 1×10^{-3} 蘸 $5 \sim 10s$。粉剂蘸沾，是先将插穗基部用清水浸湿，然后蘸粉。有些营养物质如蔗糖、果糖、葡萄糖等溶液，与生长素配合使用，有利于生根。

（4）黄化处理　对插条进行黑暗处理，有利于根原体的分化而促进生根。一般常用培土、罩黑色纸袋等方法使插条黄化。

（5）化学药剂处理　用高锰酸钾、硼酸等的 $0.1\% \sim 0.5\%$ 液，浸泡插条基部数小时至24h，能促进生根。此外，利用蔗糖、维生素 B_{12} 浸插条基部，对促进生根亦有效果。

三、硬枝扦插培育嫁接苗

硬枝扦插是利用生长充实的 1～2年生枝进行扦插（图3-14）。硬枝扦插的基础是枝条容易产生不定根，扦插后下端产生不定根、上端芽萌发形成新的植株。凡是枝条容易产生不定根的果树如葡萄、苹果矮化砧木、樱桃矮化砧木等均可硬枝扦插，应用最广泛的是葡萄。硬枝扦插法培育苗木，

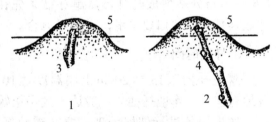

图3-14　葡萄硬枝扦插
1—短插条直插；2—长插条斜插；3—短插条；
4—长插条；5—埋土保湿

具有繁育速度快、育苗量大、节省土地和繁殖材料等特点，便于实现集约化工厂化育苗。

硬枝扦插苗嫁接，先在设施内进行硬枝扦插培养小苗。再将小苗移栽到苗圃，采用绿枝枝接的方法嫁接栽培品种接穗，接穗萌发后经过培育，成为嫁接苗。绿枝劈接成活率较高，在95%以上。经过管理，秋季苗木出圃。

下面以葡萄为例介绍硬枝扦插培育嫁接苗的方法。

1.枝条采集和贮藏

（1）采集　作砧木扦插用的枝条要求在无病毒品种和砧木母本园采集。作砧木扦插以及硬枝嫁接用的枝条，都要从品种纯正、无病虫害的健壮植株上剪取充实、芽饱满、粗度在0.7cm以上的枝条。在秋季落叶后至翌年春季树液流动前采集，生产园一般结合冬季修剪进行，按照产量要求修剪，将修剪下来的枝条收集起来，不埋土的地区亦可随插随采。砧木母本园采集，按照来年生产枝条的要求修剪，可以冬季修剪，将修剪下来的枝条收集起来，亦可随插随采。

（2）贮藏　冬季修剪采集的枝条要进行妥善贮藏，防止失水、腐烂等失去生活力。采用室内贮藏、室外窖内或沟内贮藏、放于冷藏库中等方法。

贮藏时，将枝条剪成50～100cm长，50～100根捆成一捆，标明品种、采集日期。湿沙贮于室内、窖内、沟内或冷藏库中，贮藏温度1～5℃，湿度10%。

2.插条处理

准备扦插的枝条，尤其经过冬季贮藏的枝条，扦插前用清水浸泡1天，使枝条吸足水分。清水浸泡也可以在枝条剪截后进行。

把枝条剪成20cm左右、有1～4个芽的插条，多用1～2个芽，即单芽

或双芽插条。插条上端剪口在芽上距芽尖0.5～1cm处平剪断，下端在芽下0.5～1cm处斜剪成马耳形，单芽插条先在芽上剪断后，再把每段的下端斜剪成马耳形。剪口要平滑，以利于愈合。

3.扦插时间

露地扦插以15～20cm土层温度达10℃以上时为宜，大约在3月下旬，各地有差异。露地扦插，一般达不到当年嫁接、当年成苗的要求。

如果插条进行催根处理，要在露地扦插前20～25天进行，大约在3月上、中旬。

硬枝扦插培育嫁接苗，如果要求当年嫁接、当年成苗出圃，必须先在设施内扦插，生长一段时间，大约5月份再移到露地。扦插时间在插条通过休眠以后，随时都可进行。

4.培育砧木苗

砧木小苗培育是指先在设施内扦插，待长成带有几片叶片的小苗后，再移到露地栽植。这样，当年即可达到进行嫁接并培育成合格嫁接苗的要求。

砧木小苗培育在塑料大棚、日光温室等设施内进行，扦插在基质中。基质要满足插条及小苗生长对水、肥、气、热的要求。可以根据当地实际情况进行配制。例如，用土、过筛后的细沙、腐熟的厩肥按照体积2∶1∶1的比例配制成营养土作为基质。

设施内建立苗床，或叫育苗畦。苗床长度以设施而定，以方便操作、充分利用空间为准，宽度1m，深15～20cm。苗床填入基质，厚10～15cm。把充分吸水的枝条插入基质，枝条间距1cm左右，露出顶芽。插后喷水，覆盖地膜进行保湿，控制好设施内温度。辽宁建昌的贝达品种在3月1日扦插，15天后揭去上面覆盖的地膜，20天左右芽眼膨大见绿，其间视苗床湿度酌情供水。经过30天左右产生愈伤组织，晚霜过后即可移栽（图3-15）。

采用营养袋育苗，移栽更方便，成活率更高，但比较费事。用市面出售的高10cm、口径10cm规格的塑料袋，袋底剪一个直径1cm的小孔或剪开袋底的2个角，以利排水。将基质装入袋中，放入阳畦育苗。将剪好的插条用催根药剂处理后，直插在已摆好的营养袋中央，插条的顶芽与袋内基质面相平。扦插后，灌1次透水，同时在阳畦上架设拱形支架，上盖塑料薄膜。使畦内白天的温度保持在20～30℃，夜间温度保持在10℃以上即

图3-15　葡萄绿苗

可。扦插后的管理主要是保持袋内适当的湿度，切忌袋中渍水。营养不足时，在长出2～3片叶后，喷施1～3次0.3%尿素及磷酸二氢钾液。在山东聊城3月中旬进行扦插，插条萌芽，新梢长到20cm时，大约5月中下旬即可在露地定植。这时，小苗带有几片绿叶，习惯上叫绿苗。

5.苗圃地整地作畦

苗圃地整平，每666.7m^{2}均匀撒施撒可富或磷酸二铵50kg及纯羊粪3m^3，然后用旋耕机旋耕，耕深20cm左右。

根据地势作成高畦、平畦或起垄。畦宽1m，移栽2～3行，株距15cm。土壤黏重、湿度大可以起垄，起垄按照宽75cm、高15cm、台面宽35cm，同时向垄台喷洒地乐安除草剂，然后在垄台中间放置塑料滴灌管，最后覆膜保湿增温，覆膜以白膜＋黑膜为好。

6.砧木苗移栽

设施内培养的小苗春季温度适宜即可移植露天苗圃畦垄。畦宽1m，栽植2～3行，株距10～15cm；垄宽75cm，台面宽35cm，双行栽植，小行距20cm，株距10～12cm。

移栽时间，一般在4月下旬到5月中旬，小苗带有3～4片叶为宜。移栽前，设施适当放风、炼苗，以便移栽后更好地适应露天环境，防止死苗。

移栽后，每株只保留1个新梢，其余的新梢抹去。

苗床扦插的，从苗床中挖出带有3～4片叶且根系完好的砧木苗进行移栽，栽植深度与设施一样，注意保护根系和叶片。栽植时将绿苗新梢伸向行间内侧，便于管理和嫁接。栽植后立即灌足水。

营养袋育苗的，运到育苗地，随栽随除袋，栽植深度与基质齐平，防止基质破碎。栽植后立即灌足水。

7.砧木苗管理

小苗栽植后要加强管理，目的是促进新梢生长，尽快达到嫁接要求。

主要是肥、水管理。每周叶面施肥1次，喷施0.3%尿素。每周灌溉施肥1次，每666.7m^{2}施尿素8kg，按照1kg兑水70kg稀释后，通过滴灌管滴施，或随灌溉水流施入，保持土壤湿润。

新梢长到40～50cm进行摘心，使其充实。

8.接穗采集

嫁接接穗采用新梢，从母本园采集，从品种纯正、生长健壮、无病虫害的植株上采集。接穗要求粗度与砧木绿苗基本一致。母本园优先保证接穗供应，在满足规格要求的情况下，接穗采集可与夏季修剪时的疏枝、摘心、除副梢等项工作结合进行。接穗剪下后，立即去掉叶片，防止失水，用塑料薄膜包裹，必要时先蘸水。

接穗最好随剪随用，以保持活力，提高成活率。需从外地采取时，剪下的新梢应及时将叶片去掉，用新湿毛巾和塑料薄膜包好或放在广口保温瓶中，瓶底放少许冰块，途中2～3天可保持接穗新鲜。外地采集运回后，放置阴凉处，每天喷淋水2次。外地采购接穗一般需提前备足3天用量，不得过多。

9.嫁接

砧木嫁接是嫩枝嫁接，嫁接时间6月份为宜，6月中旬最为合适。这时，砧木和接穗一般均能达到嫁接要求，嫁接成活、接穗萌发后有比较长的生长时间。如果条件具备，嫁接越早越好。

嫁接工具为刀片、手术刀或美工刀。

选择新梢半木质化的部分作为接穗，芽眼最好利用刚萌发而未吐叶的夏芽，嫁接后成活率高、生长快。如果夏芽已萌发，则去掉副梢，利用冬芽。冬芽萌发慢，但萌发后生长又快又粗壮。砧木、接穗枝条的粗度和成熟度一致，成活率高。

嫁接前可先将品种新梢作为接穗的部分在芽上1cm左右处分段剪开，成单芽接穗，放在盆中覆盖湿毛巾保存。

嫁接方法采用绿枝单芽劈接（劈接参阅嫁接方法中的劈接）。接穗粗度和成熟度与砧木相近。操作时，在接穗芽下方0.5cm左右处，从两侧向下削成长2～2.5cm的斜削面，呈楔形，削面要平滑。砧木留2～4片叶，离地面15cm左右，割断或剪断，除掉芽眼，在断面中间垂直劈开，劈口深2～2.5cm。将接穗马上插入砧木接口中，使二者形成层对齐，粗度不一致时要确保一侧形成层对齐，接穗削面要露白0.5cm，有利于愈合。最后用薄塑料条，从砧木接口下边向上缠绕，只将接芽露出外边，一直缠到接穗的上刀口，封严后再缠回下边打个活结即可（图3-16）。

1周后接芽开始萌动，不必解绑。

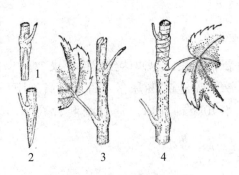

图3-16　葡萄绿枝嫁接（劈接）

1—接芽正面；2—砧木断面中央垂直劈开；3—砧木切削；4—绑缚

10.嫁接后管理

（1）除萌　对砧木上萌发的分枝及时掰除，保证营养集中供给顶端嫁接新梢，每隔5天进行1次。

（2）整枝　对嫁接成活后的新梢及时整枝，对其基部副梢全部掰除，顶端副梢留2～3片叶反复摘心。当新梢长至40～50cm时，进行摘心，避免过高徒长倒伏，促进加粗生长。

（3）建架绑梢

建立简易架，把新梢绑缚在简易架上，防止苗木倒伏，通风透光，便于作业。建架绑梢时间在新梢长至30cm以上时。架材、架式可以因地制宜（图3-17）。

图3-17　葡萄绿枝嫁接苗

例如建架吊苗，即将1.2m长的竹竿交叉插在两行内，每隔4m一根，把渔网线架在竹竿上端作为拉线系紧固定。用长40cm、宽1.5cm的塑膜条进行吊苗，方法是将塑膜条一端系住苗木中间部位，另一端拉至上端拉线处进行缠绕固定。在接穗枝条长到50cm左右时，要沿葡萄苗行向在上面架设铁丝，然后将枝条绑缚上去。

（4）施肥灌水　当嫁接新梢长出3～4片叶时，每666.7m²施尿素8kg，撒施或灌溉施入。摘心后，叶面喷施"海法魔立壮"叶面肥（N：18%，P_2O_5：18%，K_2O：18%）2次，使用浓度为0.5%，每隔5天喷施1次。

生长期保持土壤湿润，汛期注意排水。秋季要控水，促进新梢成熟，防止旺长。

（5）病虫害防治　葡萄苗期主要病虫害有霜霉病、白腐病、叶蝉等。各地情况各异，可据情防治。

霜霉病是葡萄苗期的主要病害，主要危害叶片，一般7月初开始发病。当嫁接新梢长至4片叶左右时，开始喷施杀菌剂，以80%烯酰吗啉为主，浓度为2000～3000倍液，每隔7天喷1次。个别发病较重的植株需连续用药，直至病害消除为止。白露节气前后因露水大、温度尚高，霜霉病有1次发病高峰，应加大农药使用剂量，或改用1：1：160倍波尔多液进行防治。亦可在7～9月，每隔10天左右喷波尔多液1次，防治霜霉病。

白腐病常在根颈部位发生，危害根颈，喷药时用40%氟硅唑8000倍液，少量连喷2次，即可避免该病的发生。

每隔20天左右喷一次吡虫啉+高效氯氰菊酯，防治叶蝉危害。

11. 苗木出圃

（1）苗木挖掘　秋季或春季起苗。采用人工挖掘或机械挖掘。

（2）苗木分级　起苗后按苗木质量和标准进行分级，每20株1捆，距接口上方留4个芽进行短截，其间注意根系保湿（图3-18）。

（3）苗木假植　假植方法是一层苗木一层湿沙。为了降低沙贮温度，保证沙藏湿度，对假植苗木进行适度洒水。苗木上方要保证有30cm厚的沙层（图3-19）。小雪之后覆盖草苫保温，确保苗木安全越冬。

图3-18　葡萄嫁接苗打捆　　　　　　　图3-19　葡萄苗假植

四、硬枝嫁接培育嫁接苗

硬枝嫁接培育嫁接苗，先在设施内把砧木和接穗嫁接在一起，接口愈合后，再进行扦插，砧木生根、接穗萌芽，培育为嫁接苗。硬枝嫁接育苗前期在塑料大棚或日光温室等设施中进行，后期在露地苗圃进行。硬枝嫁接培育嫁接苗主要用于培育葡萄嫁接苗。下面以葡萄为例介绍硬枝嫁接培育嫁接苗的方法。

1.枝条采集和贮藏

枝条采集和贮藏参见"硬枝扦插培育嫁接苗"中"枝条采集和贮藏"内容。

2.枝条处理

砧木、接穗都用一年生枝条。经过冬季贮藏的枝条，使用前用清水浸泡1～2天，使枝条吸足水分。清水浸泡也可以在枝条剪截后进行。

3.嫁接

硬枝嫁接培育嫁接苗是先嫁接，再扦插。扦插前15～20天进行嫁接。人工嫁接或机器嫁接。

（1）人工嫁接　人工嫁接一般采用劈接。接穗枝条剪成单芽枝段，上端平剪，下端削成楔形，并用 $100×10^{-6}$ 吲哚丁酸 $+200×10^{-6}$ 萘乙酸混合液蘸沾削面，促进愈合。砧木枝条也剪成单芽枝段，下端剪成斜口，用生根剂蘸沾剪口，生根剂为 $300×10^{-6}$ 吲哚丁酸 $+400\sim500×10^{-6}$ 萘乙酸混合液；上端平剪。在砧木枝条上端剪口中央，向下垂直劈一接口，将接穗枝条插入接口，使砧木枝条夹紧接穗枝条，形成层对齐，0.5cm 露白。自下至上用薄膜包扎嫁接口，并将接穗上端剪口封严，仅露接穗芽眼。

亦可用舌接。参见嫁接方法中的舌接内容。

（2）机器嫁接　机器嫁接需要有车间、机器、温室、塑料周转箱等设施设备。嫁接机器采用自动化程度很高的欧米卡嫁接机，每小时可嫁接 $600\sim700$ 株。接穗枝条可按2芽、长度约10cm剪截，砧木枝条剪截成 $20\sim30cm$ 长。机器嫁接时，分别在接穗枝条和砧木枝条上切出两个相反的 Ω 形接口，然后将二者接合压合在一起。嫁接好的枝条随即蘸蜡处理，并用甲基托布津消毒杀菌后放于冷藏室（$0\sim3℃$）中贮藏备用。

4.促进接口愈合

为了促进嫁接部位的愈合，于扦插前 $15\sim20$ 天对嫁接枝条进行加温。加温方法因地制宜，下面介绍两种：

（1）温室加温　促进嫁接部位愈合在温室内进行。加温温室内地面为裸土地，以利于吸水保湿。把成捆的嫁接枝条竖摆在地上面，上面盖上塑料薄膜保湿。室温保持在 $25\sim28℃$，湿度保持在90%以上，持续1周。再以每天 $2℃$ 的速度降至 $20℃$，随时观察嫁接部位愈合组织的形成情况。再经过15天左右，掀去薄膜，降低室温，即可挑选、扦插。

（2）电热线加温　促进嫁接部位愈合在加温沙床进行。沙床用沙为粗度在 $0.1\sim3mm$ 的黄沙，铺设厚度为 $10\sim15cm$。将嫁接枝条按 $45°\sim60°$ 角成行整齐排列在沙中，露出接穗芽眼。沙床底部和中部嫁接口处各埋设一层农用地热线，上线与下线的间距为 $5\sim6cm$，错开排列。同层线呈弓形在沙床中平行排列，拉直绷紧，不能交叉。按电热功率 $80\sim100W/m^2$ 计算电热线用量，电热线排列间距为 $5\sim8cm$，地热线与嫁接砧穗枝条的加热部位间隔2cm。铺好地热线并排放葡萄嫁接插枝条后，向沙床中喷水，使沙达到手捏成团，放开即散的湿度。

先接通上部地热线，加温嫁接口部位，并用温控仪控制温度，嫁接口部位保持在 $25\sim28℃$。上部地热线加热 $4\sim6$ 天后，接通下部地热线，加热催根，温度控制在 $23\sim26℃$。6天后砧穗枝条接口愈合，停止电热线加热，让下部电热线加热，经 $5\sim8$ 天，当砧木基部愈伤组织形成，且新根刚长出时，停止加热。冷床处理 $2\sim3$ 天，以便让扦条苗能适应大田环境温度，之后即可扦插。

5.扦插

嫁接枝条加温促进嫁接部位的愈合并催根后即可扦插育苗。一般在3～4月份。直接在苗圃扦插育苗，或者营养钵扦插。

直接扦插到苗圃，人田气温低于5℃时，则需用塑料小拱棚或大棚等保温设施。

采用营养钵或容器育苗，一般在温室进行，要求温室25～30℃、湿度65%～80%。基质由表土、河沙与有机质混合配制而成。

把接口愈合，砧基部产生愈伤组织生根，接芽萌发或开始萌动的插条，用营养钵移栽，或采用容器法育苗，在苗木长到3～5叶时，即可用于建园定植。小苗要适时叶面施肥，并注意防治病虫害。4月下旬，当幼苗达到4片叶时，开始炼苗。具体技术措施参见硬枝扦插培育嫁接苗中的培养砧木小苗。

小苗一般移植到苗圃继续培育，亦可直接用于大田建园。

6.栽植与管理

当5月份小苗高度达到10cm左右时，移栽于苗圃。具体技术措施参见硬枝扦插培育嫁接苗中的培养砧木小苗、嫁接后管理。

7.苗木出圃

参见硬枝扦插培育嫁接苗中的苗木出圃。

五、绿枝扦插培育嫁接苗

绿枝扦插，又名嫩枝扦插，是利用当年生未木质化或半木质化的新梢在生长期进行扦插（图3-20）。山楂、猕猴桃等硬枝扦插难生根的树种，绿枝扦插效果好。苹果、樱桃等的矮化砧木可用绿枝扦插。

采用嫩枝扦插繁育矮化自根砧苗，具有繁殖速度快、成本低、经济效益高等特点，但由于嫩枝扦插对苗木生根环境要求高，成活率受到一定影响。如樱桃矮化砧育苗出圃率在85%以上，小范围内试验研究较多，大面积应用很少。下面以大樱桃为例，介绍绿枝扦插培育矮

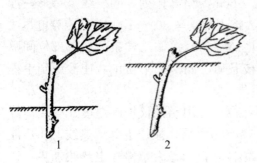

图3-20　葡萄绿枝扦插

1—直插；2—斜插

化自根砧嫁接苗的方法。

1.育苗设施

绿枝扦插培育矮化自根砧嫁接苗，首先是进行绿枝扦插。嫩枝新陈代谢作用较强，合成的内源激素较多，尚能制造营养，细胞生成能力强，扦插后易于产生新根。但绿枝吸水能力弱、蒸腾作用强，极易失水枯死；抗逆性差，对温度敏感，极易感病。所以，绿枝扦插需要特定的设施，多采用荫棚育苗、弥雾育苗、全光照喷雾扦插育苗等。下面介绍双层钢管骨架育苗大棚。

双层钢管骨架大棚，内层覆盖塑料薄膜，外层覆盖遮阳网。大棚跨度9m左右，高度2.5～3m，拱架间距1m，拱架用5道固膜槽固定。大棚两侧的侧立柱部分可以装纱网和卷帘通风装置。大棚的栽培床下埋地热线，以满足加温需要。地热线上埋土后压实整平，高度与地面持平。大棚内铺20cm厚的干净河沙，河沙灭菌采用0.3%高锰酸钾水溶液或800倍液多菌清喷洒，边喷边搅拌，使药剂与沙子充分接触。棚内按照每7～10m²安装1台的标准配备LED补光灯。棚内微喷灌装置，要求微喷头离地高度1.2～1.5m，喷头间距2.8～3m，工作压力0.18Mpa左右。

伏天连续闷棚1周，对棚架、土壤、细沙进行高温杀菌消毒。

2.扦插时间

嫩枝扦插一般在5～8月进行。

3.采集插条

选择生长健壮、无病虫害的3～5年生砧木植株剪取插条，剪取前1周喷1次30%苯甲丙环唑悬浮剂2000～4000倍液、10%醚菊酯悬浮剂5000倍液杀菌杀虫。插条在早晨水分充分时采集。采穗时，选择木质化程度达到2/3的嫩枝，用消过毒的刀口锋利的修枝剪截取20cm长的嫩枝，注意剪口必须是平滑、无毛刺的平口，去掉下部叶片，上部留2～3片叶用塑料布包裹，放置于阴凉保湿环境，防止失水萎蔫。最后将插条集中运到扦插大棚。

4.穴盘扦插

扦插穴盘选用36孔育苗穴盘。扦插基质按照珍珠岩占60%、商品草炭基质占40%的比例配制。先将基质填满穴盘穴孔，并压实，整齐排放。插条用500mg/kg萘乙酸或100mL/kg ABT生根粉溶液进行处理。

插条运到大棚后，马上用配好的萘乙酸或ABT生根粉溶液浸蘸插条基部3～5cm。接着垂直插入装满基质的穴盘孔穴，每穴1根。边扦插边喷雾，保持插条周围空气湿度在饱和状态。待全棚扦插完毕，盖严棚膜和遮阳网。

5.插后管理

扦插后的管理，除前期做好大棚消毒外，管理好扦插大棚内的温度、湿度和光照是育苗成功的关键。要注意光照和湿度的控制，喷水或浇水，保持空气湿度达到饱和，勿使叶片萎蔫。

利用地热线、通风口等调节棚温，使棚内温度维持在25～35℃。利用微喷装置及时喷雾，使棚内相对湿度保持在85%～95%，以防止叶片失水，利于生根。及时排除多余水分。

扦插初期，利用遮阳网遮阳，避免直射光照射；生根后，逐渐加大透光量，保证叶片有充足的光照进行光合作用，制造养分，促进苗木生长。

一般扦插后12～15天，苗木根部即可产生明显的愈伤组织，扦插后20天产生根毛。插条生根后，先逐渐通风、降湿，再扩大通风口，进行适应性锻炼，使苗木的叶片颜色变为深绿色，茎秆木质化程度增强。

扦插后50～60天，自根苗长到20～25cm高时即可出棚。

6.移栽苗木

砧木自根苗育成后，移栽到苗圃培育成苗。

移栽前，苗圃整地、施肥、作畦。每亩施入底肥有机肥3000kg、复合肥30kg。深翻耙磨细碎，按照2m左右的宽度起垄做畦。

在畦内以50cm的行距确定定植行，以定植行为中线铺宽40cm左右的黑色地膜，按照20cm的株距在地膜中间挖穴。将自根砧苗带基质移栽到穴中。栽后浇透水。

7.栽后管理

定植后1～2个月追1次氮肥，遇连续干旱天气应及时浇水。9月中旬，当自根砧苗基部直径达到0.5～0.8cm，即可嫁接。

8.嫁接

（1）嫁接时间　嫁接时间一般在9～10月份。绿枝扦插苗基部嫁接部位直径达到要求即可嫁接。樱桃播种育苗和扦插育苗技术执行《育苗技术规程》（GB/T6001），秋季嫁接时苗木地径达到0.5cm以上。确定嫁接时间除砧木粗度外，嫁接方法以及影响愈伤组织形成的温度、湿度和光照等都是影响因素。当温度过高（超过28℃）或过低（低于15℃）时，愈伤组织不能形成，嫁接成活率低。嫁接时应避免阴雨天，连续3～5天气温比较稳定时为宜。

凡在嫁接期进行浇水的，成活率低，一般嫁接期土壤含水量保持在16%左右为适宜。所以，嫁接期一定不要浇水。为了防止土壤干旱，可在嫁接前1周浇1次透水，嫁接后半月内不浇水。

（2）嫁接方法　大樱桃秋季宜采用嵌芽接和贴芽接。

实践证明，受炎热高温、强光直射的嫁接苗难以成活。所以嫁接部位一定要避开光照直射方位，在背光面嫁接较好。

① 嵌芽接。在砧木基部距离地面10～15cm处的背光面，选择光滑的部位，由上向下斜向削下，深达木质部，长度2～3cm，厚度约为接穗直径的1/4～1/3；再从下切口上部适当位置自树皮部向木质部呈45°角斜切一刀，与第一刀下切口部对接。切削接芽时，在接穗芽的上方1～2cm处向下斜削一刀，深达木质部，再从芽的下方1cm处约呈45°角斜切一刀，取下带木质部的芽片。将芽片插贴于砧木切口上，使芽片至少单侧与砧木切口的形成层对齐，用塑料条将砧穗接合部包严绑紧。具体操作还可参见"嫁接方法"中"嵌芽接"。

② 贴芽接。嫁接时，在砧木基部距离地面10～15cm处的背光面，选择光滑的部位，沿垂直方向，轻轻削成长2.5cm左右、深2mm左右的长椭圆形削面。切削接芽时，在接芽以下1.5cm处由下向上削切，将芽片轻轻从接穗上削下，削成长2.5cm、厚2mm左右的长椭圆形芽片。将芽片紧紧贴在砧木的削面上，使芽片至少单侧与砧木切口的形成层对齐，用塑料薄膜带包严绑紧。具体操作还可参见"嫁接方法"中"贴芽接"。

9.嫁接后管理

嫁接后当年管理比较简单。主要是水分管理，嫁接后半月内不浇水，以后适当控水，促进接口愈合和砧木成熟，安全越冬。嫁接成活、接芽未萌发的苗木为半成品苗，俗称"秋憋法"。

翌年春季待气温回暖后，解绑剪砧，剪砧部位离嫁接口上部的距离约0.5cm。接芽正常萌发即为嫁接成活。

未嫁接成活的及时补接，补接仍用嵌芽接、贴芽接，绑缚时露芽，成活后不必解绑，自然萌发。

枝叶萌动后，定时对砧木进行抹芽和除萌，每隔15～20天进行一次，以促进接芽生长。

在施足底肥的基础上，可结合浇灌进行追肥，薄肥勤施。每隔20天施肥一次，肥料以速溶性氮肥或复合肥为主，将其稀释成0.5%浓度浇施。

及时除草，以人工除草为主，可结合中耕除草，松土保墒。

及时浇水，保持土壤湿润，雨季注意排水。

做好有害生物防治。根据当地情况有针对性地实施具体措施。在山东烟台地区，大樱桃易遭受细菌性穿孔病、小灰象甲、梨小食心虫、卷叶蛾、刺蛾等病虫危害。预防细菌性穿孔病，于7～8月喷1～2次65%代森锌可湿性粉剂500倍液，或40%多锰锌600～800倍液，或硫酸锌石灰液（硫酸锌1份、消石灰4份、水240份，并充分混合）。防治小灰象甲，发现虫害时可人工捕捉或使用80%晶体敌百虫做成毒饵诱杀。防治梨小食心虫，于6～7月选用50%杀螟硫磷乳油1000倍液或2.5%溴氰菊酯乳油2500倍液进行喷雾。卷叶蛾、刺蛾等害虫，可喷25%灭幼脲3号2000倍液或50%敌敌畏乳油1000～1500倍液防治。

10.苗木出圃

大樱桃起苗可选择2个时间段，即苗木落叶后至土壤封冻前，和春季解冻后至苗木芽体萌动前。

起苗时可不带土球，尽可能保全根系，勿损伤枝干和根皮。当地建园的苗木可以直接定植，起苗后不直接定植的应进行假植。假植时选择背风而不积水的地方，挖深1m左右的假植沟，将苗木斜放其中，然后培土至苗高2/3处。

苗木出圃前或假植时进行苗木质量分级，Ⅰ级苗木：苗高＞50cm，地径＞1cm，根长＞20cm，大于5cm一级侧根数＞15条，根幅＞15cm；Ⅱ级苗木：苗高30～50cm，地径0.6～1cm，根长10～20cm，大于5cm一级侧根数8～15条，根幅10～15cm。

异地运输苗木需要包装。每50株或100株苗木为一捆，使用草绳捆扎，挂上标签，标签制作和填写执行《林木种苗标签》（LY/T 2290—2018）标准。长途运输时，应喷水保湿、遮阳并保持通气。

11.档案管理

大樱桃育苗和销售过程中，应建立苗木生产经营档案，档案的建立与管理按照《林木种苗生产经营档案》（LY/T 2289—2018）标准执行。

六、水平压条培育嫁接苗

水平压条，又称开沟压条，是在萌芽前选用母株靠近地面或部位低的枝条，水平横压在沟中，萌芽后多次覆土，使新枝基部生根，挖出后成为单独植株的方法。水平压条苗具有须根数量多、整齐度高、繁殖速度快、操作简单和成本低等特点。水平压条主要用于葡萄繁殖自根苗，苹果矮化砧、樱桃矮化砧繁殖矮化自根苗作为砧木嫁接栽培品种。下面以苹果为例，介绍水平压条培育矮化自根砧嫁接苗的方法（图3-21）。

1.准备土壤

（1）深翻施肥　春季或上年秋季整理育苗地，土壤深翻80～100cm，注

意保护好表土层。施入底肥，每亩施
腐熟牛羊粪10～12m³，撒匀后深翻
40～50cm。栽前1～2周，每亩均
匀撒施磷酸二铵100kg或氮磷钾复合
肥100kg，旋耕并耙平。

（2）土壤消毒　为了预防根部病
害，喷洒五氯硝基苯，用量为每平方
米75～100g，也可用50倍硫酸亚铁
溶液淋透；为清除土壤中害虫，撒施
15%毒死蜱颗粒剂。

（3）灌溉系统　灌溉建议安装自
动喷灌、滴灌或微喷灌系统。

2.准备母株

（1）母株来源　砧木苗生产分为
以下几个层次，原种生产—母株生
产—砧木生产。原种砧木压条植株即
为生产上繁殖用母株；母株压条生长
出来的植株为子株，即生产用砧木。

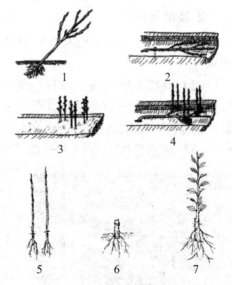

图3-21　水平压条培育嫁接苗
1—母株斜栽；2—水平压条；3—新梢生长及
覆盖；4—扒开覆盖，露出苗干及其根系；
5—矮化砧嫁接品种；6—剪砧；
7—品种接芽萌发成新梢

原种只能由国家认可或指定的专业科研机构、公司提供。生产中，母株引进
的渠道应正规可靠。如条件具备，提倡栽植原种组培苗。

（2）规格及要求　砧苗优先选择无病毒母株，母株应无检疫性病虫害，
根系良好，枝条充实，粗度较均匀，芽眼饱满，皮部光滑，根颈以上10cm处
粗度不应小于5mm，高度不低于50cm，侧根粗＞1.5mm。根部位以上10cm
处粗度大于10～12mm的过粗砧苗也不宜选作母株。

（3）栽植数量　栽植数量由栽植方式和苗木高度决定。一般每亩需母
株2000～3000株。例如，母株高度60cm，采用单行栽植，行距1m，株距
35cm，栽植夹角20°～30°，栽植深度10cm，每亩约需母株2000株；若采
用大小行栽植，大行距1m、小行距30cm，栽植夹角20°～30°，栽植深度
10cm，株距35cm，每亩约需母株3000株。

（4）母株处理　栽植之前，将母株放置在流动的清水中浸泡1～2天。
剔除死株、损伤株和有病虫危害的母株。适当修整根系，保留新鲜健全的所
有短须根，如果须根较长，可剪留10～15cm；剪掉顶端干枯及坏死部分。
按照干径、高度等相对一致的规格进行分级，分别栽植，便于管理。将母株
放入适当浓度的杀菌剂、生根剂与泥土的混浆内蘸根后，即可定植。

3.栽植母株

（1）栽植时间　土壤解冻后至母株萌芽前栽植，在山东3月上旬至4月上旬为宜。

（2）栽植深度　按定植行向和行距放线，顺行挖深20cm左右的定植沟。母株根部在土中的垂直深度以不低于8cm、不超过15cm为宜。母株水平压倒后，苗干所形成的水平面以低于地面3～5cm为宜。

（3）栽植角度　母株主干以与地面呈20°～30°夹角栽植在定植沟内。南北行向栽植的，梢头宜向北倾斜；东西行向栽植的，宜向东倾斜。

图3-22　水平压条单行栽植

（4）栽植株行距　栽植株距根据母株苗的高度确定，苗干压倒后，顶端部位超过前1株根颈处5～10cm为宜。如母株高度60cm，株距以30～35cm为宜。

栽植行距。单行栽植行距一般为0.9～1.8m，常用行间距为1m（图3-22）。

双行栽植有两种方式。一是两行相互平行，且主干倾斜方向与行向一致，两行行距（小行距）为15～40cm，大行距1.0～1.8m。如，小行距×株距×大行距为（20～25cm）×25cm×150cm。小行距多设置为20cm，过宽需增加更多的锯木屑等覆盖物，增加工作量；过窄则影响子株出圃数量和质量。这种方式简便易行。二是两行母株的苗干均倾斜伸向行间，与母株行向呈45°左右夹角。

4.栽后管理

（1）浇水封土　栽后立即顺沟浇1次透水，3日内再浇1次。水渗下后封土至低于地面3～5cm。以后视天气情况每隔5～7天喷灌或滴灌1次，喷透为止。

5月下旬至麦收前后，由于日照时间长、光照强烈，地面灼热，应适当增加喷灌、滴灌次数，保湿降温，防止母株主干近地面处发生日灼或土壤烫伤。

（2）除草　苗圃要保持无杂草状态，采用机械或人工清除杂草。推荐使用壅土类除草机械，作业效率高、效果好。控制杂草禁用除草剂。

（3）促萌　从叶芽萌动期开始连续喷布3次以上发枝素，每次间隔7天左右，均匀喷洒到母株的苗干和叶芽等部位；或发芽前每隔3～4m对苗干目伤；或发芽前涂抹发枝素，促进苗干芽萌发。

（4）追肥　根据生长情况，及时追肥。

5.压条

压条在萌芽前和萌芽后进行，萌芽前在栽植母株苗的同时一并进行水平压条，并固定；萌芽后在母株上大多数新梢开始半木质化，生长超过5～10cm，大约在5月中下旬实施（图3-21，2）。

压条有两种方式。一种是顺行压条，另一种是行间压条。顺行压条是将母株按照栽植行向依次水平压倒，要平直，防止中部鼓起，用莛草秆、细竹竿等固定。行间压条是将母株按照与栽植行向45°～50°夹角倾斜行间依次水平压倒（图3-23）。

图3-23　单行萌芽后行间水平压条

6.覆盖

随着春季气温升高，母株苗干上陆续萌发出新梢。覆盖是在新梢基部盖上一层锯木屑、基质或土（图3-21，3），要提前准备好，每亩用量为150～300m³。

锯木屑以加工阔叶木类原木的锯木屑为好，发酵后使用。不得使用含有油漆、胶等化工成分的木屑以及未经杀菌处理的苹果、梨等仁果类果树枝干锯木屑。基质由苗圃土、腐熟锯木屑、细沙各占1/3，并加入适量牡蛎壳粉混合而成。苗圃土内应混入适量腐熟的细土粪，细沙粒度在0.5～2mm，不能使用含盐量高的海沙。

覆盖进行4次。第一次覆盖在大多数新梢直立生长15cm左右时进行，填入基质3～5cm至地平面。第二次覆盖在新梢生长至高于地面20～30cm时进行，大约在6月中旬前后，覆盖锯木屑厚度10～20cm。覆盖前，先顺行在植株两侧各起畦垄，以方便木屑放置。第三次覆盖在1个月后新梢生长至40～60cm时，6月下旬至7月中旬，覆盖锯木屑厚度20～30cm。至此覆盖总厚度30～50cm。8月下旬至9月上旬进行第四次覆盖，此时覆盖物形成了斜面长度60cm、上顶宽约30cm、下底宽约80cm的覆盖层，垂直厚度30～50cm，最后覆盖一层较薄封土。

如果管理得当，此期新梢高度可在80cm以上，基部生根砧段长度15～20cm，须根数量可达6条或以上。

因地域、母株质量、管理水平等不同，覆盖时间往往存在较大差异，应根据实际情况进行。如果新梢长势健壮、高度整齐，覆盖时间越早越好。

覆盖要细致周到，应尽量避免压倒新梢，如果压倒应立即扶直。对较矮的新梢侧枝，覆盖后应至少露出顶芽和2片顶叶，以利其生长。要注意填满根际部位的空隙，不留空洞。

7.覆盖后管理

（1）水分管理　覆盖后立即喷淋水，确保锯木屑完全吃透水，含水量达到60%～80%。此后可根据天气、木屑干湿程度等情况，每隔数天或更长时间喷灌1次。9～10月是新根萌发的又一次旺盛期，尤应注意保持根际附近环境相对稳定和良好。喷淋水极易沿覆盖物外层流失，出现外湿、内干现象，应特别注意经常检查根际附近水分含量是否适宜。

（2）植株管理　部分砧木品种，如M_9T_{337}，萌生新梢苗干上还能多次发枝，必要时可人工掰芽去除。

（3）追肥　追肥提倡少量多次。前期多施氮肥以促加快生长，中后期（7月以后）适当控制氮肥和水分，增施磷、钾肥。追肥方式主要有撒施、冲施、滴喷或喷灌等水肥一体化、叶面施肥等。撒施肥可结合喷灌或下雨时进行，叶面施肥可结合杀菌杀虫喷药进行，如0.3%尿素、0.3%磷酸二氢钾混合溶液或其他叶面肥。

（4）病虫害防治　新梢生长期间病虫害相对较轻，要有针对性地防控，病虫防治时间与苹果幼树期基本相同。苗期的病虫害主要有金龟子、蚜虫、红蜘蛛、顶梢卷叶虫、棉铃虫、绿盲蝽、梨小食心虫、土壤线虫等虫害，以及苹果斑点落叶病、苹果锈病、苹果褐斑病、苹果白粉病等病害，应特别注意防治苹果根棉蚜。清明后（苹果开花前）喷25%噻虫嗪可溶性粉剂5000倍液或48%毒死蜱乳油1000倍液，可有效防治苹果棉蚜，同时可兼治苹果瘤蚜等。喷药时，不仅要喷施枝干，还要喷施根颈处的土壤，药液最好能渗入土下5cm。

8.起苗

起苗就是挖出砧木苗，压条培育的子株连同基部形成的根系就是砧木苗。

（1）起苗时间　砧木苗起苗时间，在叶片自然脱落后至土壤封冻前（11月中下旬）。到起苗时间，叶片仍没有脱落的，可喷布化学叶片脱落剂（1000L水加6kg硫酸锌），促其加速落叶。因故没有完成起苗的，早春土壤解冻后及早起苗。

（2）起苗方式方法　起苗方式常采用手工剪切即人工起苗或机械切割即机械起苗2种。

① 人工起苗。将覆盖物全部扒开，露出苗干及其根系。（图3-21，4）在基部1cm左右，用修枝剪或其他工具剪断，即为独立的砧木苗，母株苗的苗干及其上留下的有根短桩保留不动，特别注意不能伤害苗木。

② 机械起苗。采用特制的专业砧苗切割收获机，进行集切割、传输、分拣、打包等于一体的高效率机械收割作业。

9.砧木苗处理

（1）分级与打捆

按品种、粗度等指标，分级拣选并统计砧木苗数量。有条件的采用自动化分拣机械设备进行分级。

砧木粗度一般分级为＜4mm、5～6mm、6～8mm、8～10mm、10～12mm、＞12mm等不同的规格。砧木粗度5～6mm的可用于砧床建设，6～10mm的可用于芽接，8～12mm或以上的用于枝接。一般淘汰直径小于4mm、没有生根以及弯曲度过大的苗木。

砧木苗分好级，对齐根部，每50株1捆，加贴可追溯信息标签，做好原始记录等。

（2）贮藏

有条件的，砧苗冬季全部贮藏在低温冷库或气调库中，贮藏环境湿度接近100%、温度–0.5～1.5℃（最低–1.5℃，最高3℃），贮藏期可达6个月。库房内不得混放能够释放乙烯气体的农产品，如苹果等水果。

也可放在装有湿沙或湿锯末的箱体内置于低温环境，或者窖藏培沙土越冬。

10.嫁接

嫁接有冬季室内枝接、冬季或春季室内芽接和秋季露地芽接3种主要模式，此外还有春季露地枝接等次要模式（图3-21，5）。

次年春季萌芽前，于室内分批完成枝接或芽接是主要模式。芽接要求砧木嫁接部位最理想直径为6.25mm，枝接为12.5mm，嫁接口部位距基部38～40cm处为宜。枝接接穗长多为5个芽左右，接穗切削后保留品种芽2～3个。具体操作参见"嫁接方法"中的"劈接""舌接"。枝接口用塑料条包扎的，仅蜡封接穗顶部剪口即可，嫁接口用纸带缠绕的蜡封接穗及砧木苗的总长度为10～15cm。枝接接穗顶部封蜡，把接穗放入到90～102℃的蜡液中，停留约1s迅速取出散开，让浸蜡条迅速降温、不粘连；蜡温不要过低或过高，蜡层应薄厚均匀。

枝接或芽接完成后，将嫁接苗送入到空气湿度接近100%、气温略小于10℃的环境中愈合。嫁接口完全愈合后，运送至低温库内贮藏待植，贮藏湿度接近100%、温度接近0℃。

11.嫁接苗栽植

（1）栽植密度　不同的培育模式采用不同的栽植密度。一是普通育苗，一般整地作畦宽度1m，每畦3～4行，株距10～15cm。

二是培育大苗，出圃苗木基部干径1cm以上，苗高1.5m以上，苗木70～150cm处具6～9个分枝，有长度15cm以上的侧根5条以上，须根发达、密集。畦宽3m，栽植密度一般采用宽窄行，宽行60cm，窄行40cm，株距15～20cm，每畦可栽6行。

（2）整地作畦　苗圃整平，深翻土壤，每亩施5～6m³完全腐熟的农家肥或等值有机肥，以及适量化肥，对土壤进行杀菌消毒处理，防治地下害虫和病害。然后作畦。

（3）栽植时间和方法　春季气温逐步回升，当土壤解冻后即可栽植砧木苗或嫁接苗，山东一般在3月上旬至4月上旬进行。

按照计划的株行距栽植，栽植深度以埋住根系、嫁接接口离地面10cm左右为宜。栽植后立即灌足水。

12. 栽后管理

（1）肥水管理　栽植初期不施肥料，5月初苗高20～30cm时，叶面喷施0.2%～0.5%尿素；5月底6月初以追尿素为主；7～8月以追施磷、钾肥为主。追肥后及时浇水，中耕除草。

栽后及时灌水，以后根据天气情况和土壤湿度及时补足水分。为提高苗木越冬抗寒能力，防止抽干，后期要适当控水、控肥。

（2）剪砧除萌　芽接的移栽7～10天在接芽上方留1cm剪除剩余砧段，解除薄膜，剪口涂抹愈合剂。砧芽萌发时，要及时抹除砧木上的萌芽，促使接芽萌发生长，以后连续除萌3～4次。

（3）中耕除草　及时中耕除草，保证土壤疏松，减少杂草危害。

（4）病害虫防治　栽后萌芽前喷施2～3°B石硫合剂1次，生长季及时防治病虫害，尤其是蚜虫、叶蝉等刺吸式口器害虫，防止病毒的传播。

13. 母株管理

第一年砧木苗起苗时，可根据母株上发出砧木苗的疏密程度有选择性地选留，凡是基部没有生根且有生长空间的全部保留，继续实施水平压条，成为下一年的新母株，多余的一律剪除。

留作下一年母株的砧木苗可直接在空地处水平压条，与相邻母株的间距不低于5～10cm。剪苗后原母株应重新覆盖越冬，冬前灌好封冻水，做好防寒越冬工作。

正常情况下，一个砧床圃可持续生产20～25年。每年春季在土壤化冻后，把母株上所有覆盖物仔细清理在一旁，让母株新一年拟萌芽的部位裸露于空气中。结合第一次覆盖，撒施腐熟有机肥，确保母株和新砧木苗生长良好。

从压埋的第二年起，母株主干上发芽数量明显增加，应适当疏除细小过密的新梢，保证砧木苗的质量。当子株起苗量很大时，要尽量压低剪割子株苗剪口高度，避免因剪口过高导致萌芽过多，影响到子株发育和出圃质量。不得在母株圃内的砧苗上嫁接品种，以防接穗感染病毒导致整个苗圃感染。

七、直立压条培育嫁接苗

直立压条，又称垂直压条、培土压条。萌芽前将母株枝条在近地面处短截促发分枝，待新梢长出后，分次将土壤培在植株基部，使新梢基部生根，秋季或冬季嫁接。冬前或翌春扒开土堆，把砧木苗或半成品苗从母株基部剪下，成单独植株（图3-24）。苹果、梨、樱桃的矮化砧采用此法繁殖矮化自根苗作为砧木嫁接栽培品种。樱桃、石榴、无花果、李等果树均可采用此法繁殖苗木。

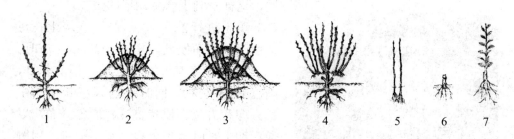

图3-24　直立压条培育嫁接苗

1—母株栽后短截；2—新梢长出第一次培土；3—第二次培土；4—刨开土堆，
剪下砧木苗；5—矮化砧嫁接品种；6—剪砧；7—品种接芽萌发成新梢

1.准备土壤

选择地势平坦、土壤肥沃、土层较厚、灌溉便利的沙质壤土地块作为母株园，土地3年以上未育过果树和林业苗木，且远离果园和其他育苗地。最好有喷灌或滴灌等节水灌溉设施。平整地面，深翻松土，施足底肥。结合深翻每亩施入腐熟的牛粪或马粪3000kg，优质复合肥50kg，尿素30kg。土壤杀菌杀虫，亩施甲基托布津1～2kg。然后按100cm行距开挖深、宽30cm的定植沟，定植沟的长度依地形而定。

2.准备母株

选择生长健壮、组织充实、地径在0.8cm以上的1～2年生苗作为压条母株。有条件的可采用无病毒苗。

3.栽植母株

秋季落叶后，按照株距100cm，将母株栽植于定植沟内。定植后浇水并加强管理，确保成活。

4.栽后管理

（1）平茬　第二年春季萌芽前，每株母株留1根苗干，50cm左右平茬，用伤口保护剂或塑料薄膜封住剪口，以防早春失水抽干（图3-24，1）。

（2）施肥浇水　采用环状沟施肥法，株施尿素10～15g，施肥后浇水。

（3）抹芽　春季芽萌动时，抹去离地面30cm以上的侧芽，只保留最顶部一个侧芽，以促进下部芽尽量多地萌发、抽生新枝。

5.培土

所谓培土是在新梢基部培营养土。营养土为充分腐熟的牛粪和沙质壤土按照1∶1的比例配制，用粗筛筛过。确保营养土既疏松透气，又富含有机质，这样有利于新生幼根的生长。

图3-25　苹果砧木直立压条
第一次培土

培土进行2～3次。第一次培土在母株苗干下部萌发的新梢长到20cm左右时。培土时，将营养土堆在已发新梢的基部，高度10cm左右。同时适当调整新梢的生长方向和方位，使其整齐、均匀分布，以便后期生长时互不重叠、互不影响。用脚轻轻将营养土踩实，使新梢基部与营养土紧密结合。踏实后用黑色地膜对土堆进行覆盖（图3-24，2、图3-25）。

第二次培土在6月中旬新梢长到40～50cm时。揭开地膜，将营养土继续堆在新梢基部，厚度15cm。培土方法与第一次相同，踏实后用黑色地膜覆盖（图3-24，3）。

第三次培土在7月中旬，培营养土厚度10cm左右，踩实后覆膜。使植株基部形成30cm左右的小土丘。

6.培土后管理

（1）追肥　从第一次培土开始，每隔20天左右叶面喷施0.3%的尿素1次，保证新梢生长健壮，叶片制造更多的营养促进新根快速生长。第二次培土后，顺行间开深15cm左右的小沟，每亩追施磷酸二铵20kg，施肥后适当灌水。从8月中旬开始，每隔20天左右叶面喷施磷酸二氢钾0.3%1次，确保侧枝组织生长充实。

（2）摘心　7月下旬，对生长旺盛的新梢进行轻摘心，摘去顶端15～20cm，抑制新梢旺长，促进组织充实和新根的生长。

（3）除草　在苗木生长过程中，及时清除苗圃内杂草。

（4）病虫害防治　要及时防治金龟子、叶片褐斑病等病虫害。

7.嫁接

嫁接有不同的模式。

一是传统做法，秋季在母株园嫁接。在砧木新梢离地面5cm左右处芽接栽培品种。采用丁字形芽接和嵌芽接，当年不剪砧、不解绑、不萌发。具体方法参见"嫁接方法"中"丁字形芽接"和"嵌芽接"。培育无病毒苗木杜绝在母株园嫁接，以免接穗带入病毒感染母株（图3-24，5）。

二是"水平压条培育嫁接苗"中"嫁接"中介绍的模式。压条砧木苗离开母株园再进行嫁接，一般是冬季室内枝接、冬季或春季室内芽接，避免接穗带入病毒感染母株，也便于机械嫁接。

8.分株

苗木秋季落叶后或春季萌芽前，轻轻刨开基部土堆，将已生根的砧木苗或半成品苗从压条母株上剪下（图3-24,4）。并选取靠近母株的1～2个枝条，留作下年培土压条用。剪除未生根的枝条，分株后及时覆土防寒越冬，并施足量底肥。

为保证移栽成活率，对苗木按粗细和新根生长情况进行分级。砧木根系生长健壮、达到嫁接标准的砧苗，可于剪下后及时移栽于苗圃，成活后于第二年春季嫁接苗木。根系较细弱或者达不到嫁接标准的小苗，移栽成活后加强肥水管理，于第二年夏季进行芽接，繁育苗木。

半成品苗也按粗细和新根生长情况进行分级，不同级别分别栽植，便于管理。

9.砧木苗处理

砧木苗处理参见"水平压条培育嫁接苗"中"砧木苗处理"。

10.嫁接苗栽植

嫁接苗栽植参见"水平压条培育嫁接苗"中"嫁接苗栽植"。

11.栽后管理

栽后管理参见"水平压条培育嫁接苗"中"栽后管理"（图3-24，6、7）。

12.母株管理

第一年砧木苗起苗后，第二年还继续萌发更多的新梢，再继续培土，连年生产无性系砧木。

培育果树矮化中间砧嫁接苗

在砧木上嫁接接穗培育成的苗木为嫁接苗。连同根系用作砧木的称为基砧，只用一段枝条嵌在基砧与接穗之间的砧木称为中间砧，如果中间砧为矮化砧，则称为矮化中间砧。具有基砧、矮化中间砧和接穗的苗木为矮化中间砧果苗。正规写法为：品种 / 中间砧 / 基砧，如红将军 /M$_{26}$/ 海棠。

矮化砧可以使树体矮小，便于矮化密植栽培，早期丰产，管理方便。但有些矮化砧繁殖困难，有些矮化砧根系生长过弱，生产上不能利用。矮化中间砧果苗综合利用基砧和矮化砧的优良特性，克服了矮化砧的缺点，培育矮化中间砧果苗进行生产栽培比较符合我们的国情。矮化中间砧果苗的基砧一般为当地优良砧木实生苗，繁殖方法简便，繁殖系数高，便于大量生产，其根系发达、适应性强、生长旺盛；矮化中间砧具有使树体矮小、早结果、早丰产、单位面积产量高、品质优良等特点；矮化中间砧果苗繁殖也比较快，因而深受种植者青睐。

矮化中间砧嫁接苗与实生砧嫁接苗相比，中间多了一段中间砧。所以培育矮化中间砧嫁接苗过程和实生砧嫁接苗相似，就是多了一道嫁接中间砧的工序。另外，为了解决矮化中间砧的来源，需要建立矮化中间砧采穗圃。所以，培育矮化中间砧嫁接苗的基本程序是：培育基砧实生苗—建立矮化中间砧采穗圃提供矮化砧—嫁接中间砧—（苗圃管理）—嫁接品种接穗—苗圃管理—苗木出圃。

一、基砧实生苗的培育

基砧实生苗的培育与果树实生砧嫁接苗培育完全一样，参见"培育果树实生砧嫁接苗"中"砧木实生苗的培育"。

二、矮化中间砧嫁接苗嫁接出圃模式

矮化中间砧果苗是经过两次嫁接而成的，常规育苗需要三年才能出圃，如果采取有效措施，二年也可以培育出优质壮苗（图3-26）。

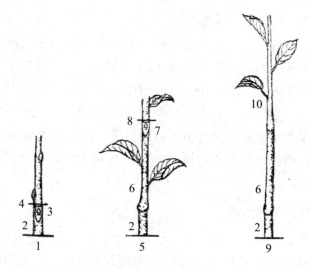

图3-26 两次芽接

1—基砧芽接中间砧；2—基砧；3—中间砧接芽；4—剪砧；

5—芽接栽培品种；6—中间砧；7—栽培品种接芽；

8—剪砧；9—栽培品种接芽萌发成新梢；10—栽培品种

1.两次芽接，三年出圃

这是培育果树矮化中间砧嫁接苗的常规育苗模式。第一年春季播种培育实生砧木（基砧）苗，7～9月在距地3～5cm处芽接矮化砧（图3-26，1～3）。第二年春季萌芽前解除绑缚、剪砧（图3-26，4），加强土、肥、水管理，促进矮化砧接芽萌发生长（图3-26，6），秋季在矮化砧接口以上20～30cm处芽接栽培品种（图3-26，7）。第三年春季在品种接芽以上0.5cm处剪砧（图3-26，8），促进品种接芽萌发生长（图3-26，10），经过综合管理，秋后成苗出圃（图3-26，9）。

2.两次芽接，二年出圃

这是快速培育果树矮化中间砧嫁接苗的模式，培育过程与两次芽接三年出圃相同，只是时间缩短。第一年春季播种培育实生砧木（基砧）苗，7～9月在距地面3～5cm处芽接矮化砧。第二年春季萌芽前解除绑缚、剪砧，加强土、肥、水管理，促进矮砧接芽萌发生长；6月中、下旬芽接栽培品种，接后3～10天剪砧，15～20天解绑、除萌，加强综合管理，促进品种接芽萌发抽枝，秋后便可培育成合格的矮化中间砧果苗。两次芽接二年出圃，每株只嫁接矮化砧一个芽，适合矮化砧处理较少时采用。

3.设施育苗，两次芽接二年出圃

培育过程与两次芽接二年出圃相同，只是嫁接时间不一样。第一年春季利用地膜覆盖或小拱棚播种培育实生砧木（基砧）苗；6月下旬前，在距地3～5cm处芽接矮化砧，接后10～15天解绑、剪砧、除萌，加强综合管理，促进矮化砧接芽萌发生长；秋季在矮化砧接口以上20～30cm处芽接栽培品种。第二年春季在品种接芽以上0.5cm处剪砧，经过综合管理，秋后成苗出圃。设施育苗，两次芽接二年出圃，每株只嫁接矮化砧一个芽，适合矮化砧处理较少时采用。

4.分段芽接，二年出圃

第一年春季播种培育实生砧木（基砧）苗，常规管理；同时，当年8～9月份，在矮化砧母树的新梢上，按照中间砧长度要求（一般20～30cm）多出5cm的距离分段芽接栽培品种（图3-27，1、2）。第二年的春季，将带有栽培品种接芽的矮化砧一年生枝，在芽上1cm处分段剪下（图3-27，3），成为带有栽培品种接芽的枝段，采用劈接、插皮接、切接、切腹接等枝接方法，距地面3～5cm嫁接在基砧（砧木实生苗）上（图3-27，4），接芽解绑，成活后栽培品种接芽萌发，基砧、中间砧除萌，经过综合管理，秋后矮化中间砧苗出圃。分段芽接二年出圃，用矮化砧枝条比较多，适合矮化砧处理较多时采用。

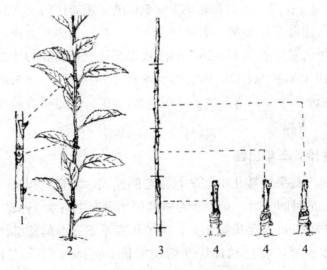

图3-27　分段芽接

1—栽培品种接穗；2—栽培品种分段芽接到矮化中间砧新梢；3—带栽培品种接芽的矮化中间砧一年生条；4—带栽培品种接芽的矮化中间砧枝段枝接到基砧

5.双芽二重接，二年出圃

第一年春季播种培育实生砧木（基砧）苗（图3-28，1），常规管理，当年8～9月在基砧距地面3～5cm的地方芽接矮化中间砧（图3-28，2、4），再在另一侧高出3cm左右的地方嫁接栽培品种（图3-28，3、5）。第二年春季解除绑缚，并从栽培品种芽的上方剪砧，同时在中间砧芽的上方刻伤，促使两个接芽同时萌发生长（图3-28，6～8），注意控制砧木上的根蘖。当二者新梢生长至40～50cm时，在中间砧20～30cm处用靠接的方法把它们嫁接在一起（图3-28，9），待20～30天二者愈合牢固后，在接口的下方剪除栽培品种新梢，保留矮化中间砧（图3-28，11），在接口的上方剪除矮化中间砧新梢，保留栽培品种（图3-28，12）。经过综合管理，秋季就可以出圃合格的矮化中间砧苗（图3-28，10）。双芽二重接二年出圃，每株只嫁接矮化砧一个芽，适合矮化砧处理较少时采用。

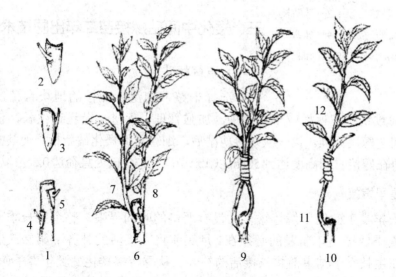

图3-28 双芽二重接

1—基砧嫁接双芽；2—矮化中间砧芽片；3—栽培品种芽片；4—矮化中间砧接芽；
5—栽培品种接芽；6—双芽萌发成新梢；7—矮化中间砧接芽萌发的新梢；
8—栽培品种接芽萌发的新梢；9—靠接；10—基砧；
11—矮化中间砧；12—栽培品种

6.双重枝接，一年或二年出圃

先准备好实生砧木（基砧）苗和矮化中间砧枝条，在冬季或早春，选用适宜的枝接方法将栽培品种枝接在30～35cm长的中间砧枝段上（图3-29，1），用塑料条绑紧包严（图3-29，4），然后沙藏使接口愈合，春季选用适宜

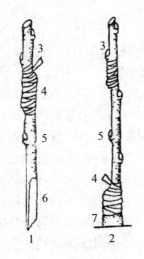

图3-29　双重枝接

1—中间砧枝接接穗；2—基砧枝
接中间砧；3—接穗；4—绑缚；
5—中间砧；6—中间砧削面；
7—基砧

的枝接方法将愈合的带有栽培品种的中间砧组合嫁接到基砧上（图3-29，2），经过综合管理，到秋季即可培育成矮化中间砧嫁接苗。

在有实生砧木（基砧）苗和矮化中间砧枝条的情况下，双重枝接可以在一年内培育成矮化中间砧嫁接苗。但需要有室屋或设施条件，并且能满足嫁接及愈合所需温度等环境条件的要求，因为冬季或早春枝段切接需要在室内或设施进行。

双重枝接本质上还是二年出圃，因为准备实生砧木（基砧）苗，实际上就是培育一年生实生砧木苗。

三、矮化中间砧嫁接苗二年出圃技术要点

1.培育壮砧

选择平整、肥沃、疏松的地块育苗，饱施基肥，细致整地。秋播或早春播种，加强管理，促进砧苗迅速生长，使其在嫁接时间达嫁接标准。第一次嫁接剪砧后，细管猛促矮化砧新梢，使其旺盛生长，力争在嫁接时间高度达到50cm以上，苗干高30cm处直径达0.5cm以上。

2.提早嫁接

第一年实生砧苗上嫁接矮化砧没有严格的时间界限，整个生长季节都可进行。夏季嫁接当年萌发的必须在7月底前将未接活的补齐；第二次嫁接品种必须在生长季节结束前将未接活的补齐。秋季嫁接矮化砧翌年春季萌发的，必须在生长季节结束前将未接活的补齐；嫁接品种翌年应提早到6月中旬，争取在6月底以前接完。最好采用带木质露芽接，以利接芽萌发。操作过程中要尽量保护好接口以下矮化砧苗上的叶片，维持足够的营养面积，提高成活率，促进栽培品种接芽早发快长。

3.及时剪砧

栽培品种芽接之后3天即可剪砧；或接后立即折砧，15～20天剪砧，以逼芽萌发。剪口涂封剪油，25天后解绑。

4.加强肥、水管理

为了促进砧苗旺盛生长，保证适时嫁接，加强肥、水管理极为重要。播

种前每 $667m^2$ 施优质农家肥 5000kg；砧苗高 10cm 左右，开沟追肥，每 $667m^2$ 施尿素 5kg；6 月上旬结合灌水每 $667m^2$ 追复合肥 10 ～ 15kg。第二年春季剪砧后，结合灌催芽水，每 $667m^2$ 施尿素 10 ～ 15kg；栽培品种嫁接前后，每 $667m^2$ 施复合肥 10 ～ 15kg。同时应加强根外追肥。品种接芽初萌发时，易感黄化病，生长缓慢。可在嫁接前 10 天左右开始喷 0.3% ～ 0.5% 的硫酸亚铁溶液，每隔 10 天喷 1 次，连喷 3 ～ 4 次，即可控制黄化现象，使叶色正常、生长加快。

5.覆盖地膜

培育二年出圃的矮化中间砧苗，应覆盖地膜，增温保墒，促进矮化砧苗生长，以便及时嫁接。覆盖地膜在第二年春季，剪砧、追肥、灌水和松土后进行。将接芽露出，地膜拉展，覆盖地表，周围用土压实。覆盖地膜的矮砧苗，萌芽早、生长快、整齐一致。

病虫防治及其他管理措施，与常规育苗相同。

四、苗木出圃

矮化中间砧嫁接苗苗木出圃参照培育果树实生砧嫁接苗有关苗木出圃的内容。

第四章

果树根接育苗与子苗嫁接育苗

第一节　根接育苗

果树根接育苗，是利用果树的根段作砧木嫁接繁殖苗木的方法。

一、根接育苗特点

根接育苗育苗周期短，现成的根段作砧木嫁接，节省了培育砧木的时间；能够利用苗圃起苗后残留在土壤中的根段，充分利用了资源，材料来源较广；能够延长嫁接期限，使嫁接育苗周年进行；可以充分利用冬季农闲时期，同时可在室内操作，大大减轻了劳动强度；嫁接和管理后，成活率较高，长势旺，一般成活率在85%左右。

这种方法适合梨、桃、李、板栗、核桃、银杏等果树的育苗。

二、砧木准备

1.砧木收集

根接育苗一定要选择亲和力强的树种作砧木。如嫁接梨可用梨、山梨、杜梨的根，嫁接苹果可用海棠、沙果、山定子的根，嫁接枣用枣、酸枣的根等。

秋季苗木出圃掘苗时应尽量深挖，尽量避免伤及主根和较粗的根。苗木运回室内后砧木进行剪根，剪根时由上往下剪，首先保证苗木根系数量、质量要求，然后将多余的根剪下，以备嫁接用。再就是将苗圃起苗后残留在土壤中的根、嫁接未成活苗的根、果树根蘖苗的根、野生砧木的根等挖出，以备嫁接用（图4-1）。

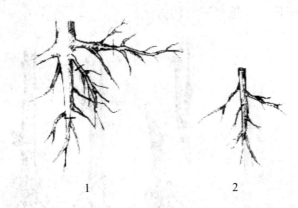

图4-1　砧木收集与处理

1—出圃苗木砧木剪下的或苗圃残留的断根；2—用作砧木的根段

2.砧木处理

作为砧木的根段，剪成10～20cm长，粗细适中，直径0.5～1cm，带有须根，不伤根皮（图4-1，1）。

根段要注意保湿，当天掘苗，当天剪根；边挖根段，边采接穗，边嫁接。来不及嫁接可将根段，以及接穗用湿沙埋藏。

三、接穗的准备

接穗结合冬季修剪进行，在冬剪时选生长充实、水分充足、芽体饱满的无病虫害的1～2年生枝条做接穗。核桃要选择节间5cm左右、髓部为直径的1/5左右、芽眼饱满、无病虫害、健壮的1年生枝条，最好选春梢作接穗。

接穗同根段一样，要进行湿沙埋藏。将其剪成50cm长的枝段，20～30根1捆，注明品种后埋放在背风、地势较高的沙坑中。每放一层接穗，填一层湿沙，尽量使沙与接穗密接，沙的湿度以手握成团不散为宜。

四、嫁接

1.嫁接时间地点

嫁接时期一般在休眠期，即每年的1～2月。嫁接在室内或设施内进行。

2.嫁接方法

根接的方法以劈接为主（图4-2，1），也可用插皮接、切接、腹接和舌接等（图4-2，2～5）。具体操作参见"嫁接方法"中的劈接、皮接、切接、腹接、舌接等。可根据需要选择适宜的方法。

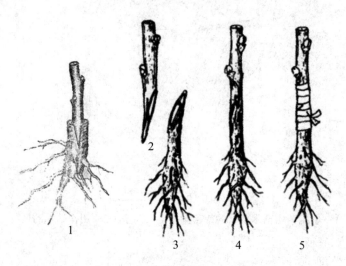

图4-2　根接

1—劈接；2—舌接（接穗）；3—舌接（砧木）；4—舌接（砧穗结合）；5—舌接（绑缚）

当根较细、接穗较粗时可采用倒接的方法，即根的削法相当于接穗的削法，接穗的削法相当于根的削法，将根的削面插入接穗接口之中。如倒劈接、倒插皮接等（图4-3，图4-4）。

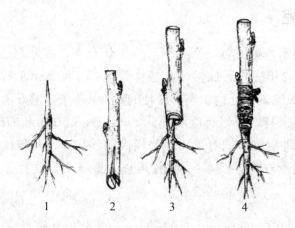

图4-3　倒劈接（根接）

1—根段砧木上部削成楔形；2—接穗下部劈接口；

3—砧木削面插入接穗切口；4—绑缚

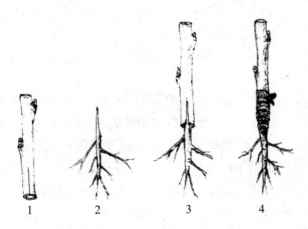

图4-4　倒插皮接（根接）

1—接穗切削；2—砧木（根段）切削；

3—砧穗接合；4—绑缚

　　嫁接操作时可以流水作业，分工协作。如两人一组，一人开砧、削接穗，另一人负责捆绑，以提高嫁接效率。

　　嫁接后按砧根粗细分级，每10～100株绑成一捆，分别放置。

　　在嫁接和接穗的保存过程中，要遮光保湿，严防根穗失水，确保质量。接好的成品移动时，要轻拿轻放，莫碰撞接穗，确保接穗不移位。

五、砧穗贮藏

　　嫁接完后不能立即栽植的，埋在室内湿沙床中贮藏，上部以微露接穗顶部为宜。沙的湿度以捏之能成团，触之即散为宜，过干过湿均为不利。室内温度15℃以上。

　　室外贮藏可以在室外铺设沙床，需用薄膜及稻草覆盖。并注意经常检查，以防霉烂。也可以挖贮藏沟，沟深60cm，长度和宽度依需要而定，沟底铺一层10cm厚的湿沙，湿沙以手握成团而落地即散为好。然后将接好的根穗移入贮藏沟，用湿沙灌满盖严。4月上旬伤口愈合，即可栽植育苗。

　　如果春接春育，接好后可放在温床上促进愈合，2周后再栽植育苗。例如核桃，3月下旬将嫁接好的砧穗置于电热床或阳畦上，促进嫁接口愈伤组织形成，期间保持嫁接口处温度25～28℃，同时要注意保持温床基质的湿度，及时洒水补充散失的水分。约20天，待愈伤组织明显形成时，停止加温，进行适应性锻炼。3～5天后将砧穗取出，解除绑缚的塑料条，即可移栽到苗圃中。

六、栽植

1.栽植模式

嫁接好的砧穗用万分之一浓度的2号生根粉溶液浸泡根部30min，然后再栽植。同其他育苗方法一样，根接育苗栽植也可采用各种不同的模式。

（1）设施催苗，苗圃栽植　先在日光温室、塑料大棚等设施内栽植，催成小苗后，再栽植到苗圃。2月下旬左右栽植，在棚内南北向做苗床，宽1～1.5m，深30cm。在畦内铺上细河沙，厚30cm，然后将接好的根穗按行距20cm、株距10cm栽入苗床。然后浇透水。

（2）大棚育苗　大棚作为苗圃，或在苗圃栽植砧穗后覆盖大棚薄膜。随着温度升高，逐渐撤膜，经过管理，直至苗木出圃。

（3）苗圃育苗　将嫁接好、处理好的砧穗直接栽植到苗圃。

2.苗圃栽植

将嫁接好、处理好的砧穗，或设施催成的小苗栽植到苗圃。小苗栽前先要炼苗。

（1）圃地准备　苗圃地选择地势平坦、坡度不大、土质疏松透气、有机质丰富、排灌方便的地块，入冬前进行深翻。先整地起畦施足基肥，然后浇透水，至稍湿润时栽植。

（2）栽植时间　砧穗直接栽植在大田果树发芽前，小苗栽植可晚些，根据实际情况确定。

（3）栽植方法　栽植行距20～30cm，株距15cm。根据嫁接根的粗细分开栽植。

砧穗直接栽植，深度以露出嫁接部位为宜，根要尽量舒展，栽后浇透水。

小苗移栽，起苗时苗床浇透水，用铲子连同床土一起挖出，尽量少伤根系。按照株行距挖穴栽植。苗木要边起、边运、边栽。栽完一行，要即时盖小拱棚防止小苗萎蔫，清明以后逐渐揭膜。栽苗最好选择阴天或在傍晚进行，可明显提高成活率，并注意大小苗分开栽植，便于管理。移栽时，设施内留有一部分小苗，用于死苗补栽。

七、栽后管理

具体技术措施参见"硬枝扦插培育嫁接苗"中的"培养砧木小苗""嫁接后管理"。

八、苗木出圃

具体技术措施参见"硬枝扦插培育嫁接苗"中的"苗木出圃"。

第二节　子苗嫁接育苗

子苗嫁接是指砧木种子萌发后在幼芽期进行的嫁接。子苗嫁接育苗，先在砧木种子幼芽出土后将要展开真叶时，嫁接品种接穗，然后将嫁接体放在适宜条件下使接口愈合，成活后再移植到苗圃，培养成嫁接苗。

子苗嫁接育苗实际上是培育实生砧嫁接苗的一种特殊形式，砧木也是用种子繁殖，只是嫁接时间提前。有些大粒果树种子，如核桃、板栗、银杏、文冠果等，在发芽时茎尖伸出土面，子叶留在土内，其中含有大量的营养，在子苗上嫁接优良品种接穗，这也是一种快速发展优良品种的方法。

一、子苗嫁接育苗特点

子苗嫁接是我国20世纪发展起来的一种新技术，是一种省时、快速繁育优质苗木的好途径。

种子萌发后，此时种子内的胚乳营养丰富，可供给幼苗使其健壮生长，用子苗做砧木进行嫁接，有利于伤口愈合成活。子苗是幼嫩组织，大部分细胞有分生能力，其愈伤组织在整个接口内部形成，而且愈合很快，嫁接后结合牢固。子苗嫁接无须培育一年生的砧木，又可缩短育苗周期，省工省时，能够做到当年嫁接当年出圃。核桃等果树容易产生伤流，影响嫁接成活，而子苗砧伤流极少，因此，子苗嫁接比苗砧嫁接容易成活。

所以，子苗嫁接育苗具有成活率高、成本低、繁育快、见效快、效益高等特点。

二、种子处理

1.种子精选

砧木种子在果实充分成熟的果园中挑选，选择粒大、粒匀、饱满、无虫粒、无霉变、无机械损伤的种子（油栗要从自然脱苞落地中挑选）。为培育粗壮的子苗，核桃种子每千克不超过90粒，板栗以每千克40 ~ 50粒为好。

2.层积处理

层积处理也叫沙藏，板栗比较怕干、怕湿、怕冷、怕热，比较难贮藏。下面介绍栗的沙藏。

将选好的栗种摊放在室内阴干1～2天，让其自然失水，然后选择通风向阳的房屋进行沙藏。先在地面上铺一层湿砖，砖上铺10cm厚的湿沙，湿沙上分层摆栗种和湿沙，每层栗种15～20cm厚、湿沙5～10cm，顶层要压湿沙20cm厚，堆放的高度不能超过1m。沙的湿度以手握紧为团，松手一触即散为宜。如堆放时间过长，要间隔5m插一通气把，可用草把，也可用玉米秆、高粱秆扎成的把，草把的上端要露出堆面，以利通气。

如果贮藏房内温度过高，超过25℃时，要打开门窗，通风降温；温度过低，低于5℃时，可在堆上加盖草苦或室内生炭火加温。也可以在温度过低时，移到地窖中越冬，操作同室内一样。

沙藏头1个月，要每10天翻动1次，挑出霉变及烂果，并按贮藏方法重新分层堆放。1个月后，可每半月或1月翻动1次，翻后仍按栗沙分层混藏堆放。

其他果树种子层积处理参见"培育果树实生砧嫁接苗""实生砧木苗的培育"中"种子层积处理"。

3.催芽

播种前，将沙藏种子放在塑料大棚或温室等设施内催芽，温度保持15～25℃。待种子的胚根露出白尖后，即可播种。

栗种与湿沙混合放入温室或塑料大棚等设施内催芽。湿沙的含水量不低于30%为宜，温度应保持在15～20℃之间。

三、播种及播后管理

嫁接前1个月左右，在温室或塑料大棚等设施内，或电热温床上播种。基质为河沙或腐质土，覆土厚度4～8cm，含水量保持在10%～12%。播种按照行距4～5cm，摆在苗床上，种子侧放，以利于生长。核桃播种时要求种子缝合线与地面垂直，使胚轴直立长出，否则将因胚轴扭曲无法嫁接。播种前，在300mg/kg萘乙酸液中蘸一下，即行播种，可促进胚轴（嫁接部位）增粗。

幼苗出土后，控制水分，增加光照，使苗茎加粗。待苗长到3～4cm高、第一对真叶将要展开时起苗嫁接。

四、接穗准备

子苗嫁接一般用休眠期硬枝（一年生枝）作接穗，也可用未生根的组织培养苗作接穗（微枝嫁接）。

　　一年生枝采集时间从12月（结合修剪）至翌年3月皆可。接穗要从生长健壮、产量稳定、丰产性抗逆性强的优良品种或品系、无检疫病虫的成年母树上剪取。要采集结果树上发育充实、无病虫、粗度在0.5cm左右的枝条。银杏根据育苗用途注意雌雄株。

　　采集的接穗要湿沙贮藏，也可用蜡封处理、塑料袋密封等方法贮藏。

　　沙藏要将接穗50～100条扎成1捆，直立埋入室内湿沙中，贮藏时要避免阳光照射，接穗上端要露出沙面2cm左右。

　　如果蜡封，将采集的接穗截成10cm左右，每条接穗顶端要保留1～2个饱满芽。蜡封时先将工业石蜡在容器中熔化，温度加到100～130℃，即可对接穗进行蜡封处理。蘸蜡时，先拿住接穗的一头，迅速在熔化的石蜡中点一下，再换另一头蘸蜡，使整个接穗表面均匀地覆盖一层薄薄的蜡膜。蜡封处理的接穗可在低温高湿的室内存放。

　　塑料袋密封贮藏，加湿填料保湿，填料为锯末或刨花，湿度以含水约55%为宜，手握成团，松手散开。1～5℃低温贮藏于果蔬冷库，亦可地窖贮存。

五、嫁接

1.嫁接时间

　　子苗嫁接在幼苗第一对真叶即将展开时，此时子苗基部粗度在0.5cm左右。具体日期可以根据苗圃栽植时间、接口愈合需要时间、子苗生长需要时间、催芽需要时间、层积处理需要时间，推算确定层积处理时间、催芽时间、播种时间、嫁接时间、移栽时间。

2.嫁接方法

　　子苗嫁接一般采用劈接，多用一年生枝作接穗，也可用刚发芽的嫩梢或未生根的组织培养苗作接穗。接穗粗度与子苗相近。在嫁接及接后促进愈合的过程中，不要损伤子叶柄和触掉种壳，以保持子苗养分供应。

　　劈接操作时，先用剪刀在子叶以上2.5cm左右处剪断胚芽，剪口要平。再从剪口中间向下纵劈1.5～2cm。然后选择与砧苗粗细相差不多的接穗，上端保留1～2个饱满芽，下端削成1.5～2cm的楔形，插入砧苗切口，最好用干净的麻绳或薄塑料条绑缚。整个操作过程要准、快、轻、紧。子苗劈接嫩梢操作见图4-5。

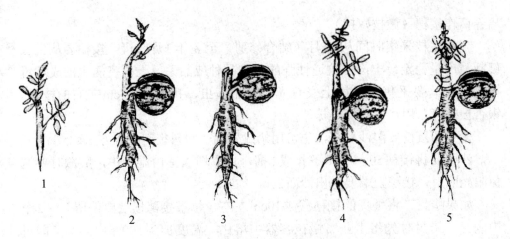

图4-5　核桃子苗嫁接（劈接）

1—接穗嫩梢基部切削成楔形；2—砧苗；3—砧苗剪断，劈切纵切口；

4—接穗嫩梢插入砧苗切口；5—绑缚

六、促进接口愈合

嫁接后，嫁接体立即植于温室锯末苗床或纸箱等锯末中。苗床或纸箱铺塑料薄膜，底部先铺一层新鲜湿锯末，湿锯末含水率60%左右，嫁接体放入。嫁接体愈合的适宜温度为23～25℃，土壤含水量10%～12%，空气湿度80%以上，并适当通风透光。小苗有时会被霉菌感染及害虫为害，发现时可用0.5%的高锰酸钾和0.15%的甲醛液喷洒植株。

在温室或大棚内10～15天，等伤口愈合后移植苗床。

七、移栽

嫁接伤口愈合后的苗要及时移植到苗床上。苗床宽1m，长度因地制宜，一般10m左右为好。先用退菌特或多菌灵进行土壤消毒，再施足底肥，深翻耙平作床，在苗床上按照10cm×20cm的株行距挖好移植沟，浇足底水，将已愈合的嫁接苗垂直放入沟内，封细土，上留1～2芽，然后搭上塑料拱棚，保持在温度25℃左右、相对湿度80%～90%的环境中。

八、栽后管理

1.解绑

当接口愈合后，应及时解除捆绑物，如遇多风季节，要立防风支柱，以防风折。

2.揭膜炼苗

嫁接后10～15天伤口愈合，20天左右接穗即可展叶，此时气温已高，要注意通风炼苗。每天早晚太阳斜照时，将薄膜掀开，正中午太阳直射时和日落前再盖上。要逐渐增加日光照射时间。炼苗1周后，即可全部拆除塑料棚，如遇寒流，要适当后延。

3.除萌抹芽

成活后，中下部萌发幼芽，要及时抹掉，以节省养分，保证成活，提高成活率，加速苗木生长。

4.肥水管理

炼苗后要经常保持圃地湿润，进入雨季要及时排除积水。5～6月份可追施速效肥料或喷0.2%～0.3%尿素水溶液2次，也可结合土壤施肥进行灌溉，促使肥料尽快发挥肥效，促进苗木生长。立秋后不再施肥浇水，以防苗木"贪青"。

5.病虫害防治

春季芽萌发展叶后，常有金龟子、象鼻虫等危害，可喷洒敌百虫、氧化乐果等药剂杀虫，接口处如发现有病害也可涂抹波尔多液防治。

九、苗木出圃

苗木出圃参见"培育果树实生砧嫁接苗"中的"苗木出圃"相关内容。

第五章

主要果树高接换头更新品种

第一节 乔木果树高接换头更新品种

利用原有植株的树体骨架，嫁接换成其他品种，因其接口比一般嫁接部位高，故称为"高接"。又因在同一株树上嫁接的接穗数量（枝头）较多，都在两个以上，习惯上又称为"多头高接"。又因在一株树上嫁接的接穗数量较多，替代了原来的大部分树冠，又称为"高接换头"。高接换头中，被嫁接的树称为砧树。高接也广泛应用于繁殖优良品种种条、补充授粉品种、弥补树冠残缺和育种单系结果习性和品质的提早鉴定等。

一、苹果高接换头更新品种

苹果是我国北方落叶果树种植面积最大的树种，新品种层出不穷，老品种逐年淘汰；并且有一段时间种植品种良莠不齐，因而高接换头更新品种进行得比较多。

1.嫁接时间

苹果高接的时间为春季、夏季和秋季。适宜时间，因被接树的枝龄而异。幼树或小龄枝组在夏季进行嫁接，采用丁字形芽接、单芽枝接等方法；或在春季萌芽前进行嵌芽接；或在秋季7月中旬至9月中旬进行丁字形芽接、嵌芽接。成龄大树或多年生的粗大枝，以春季劈接、切接、插皮接等为主，再辅以小枝上的芽接。

2.嫁接准备

（1）确定嫁接品种　高接换头是在原有品种上嫁接新品种，原品种相当于中间砧，再嫁接新品种为共砧，一般不存在不亲和的问题。嫁接只需根据市场需求和果园经营特点确定主要嫁接品种、授粉品种即可。

（2）接穗采集及保存　接穗的采集及保存参见"接穗"中的有关内容。嫁接完成后还需保存一部分接穗，以备补接用。

（3）嫁接前浇水　春季嫁接前3～5天浇一次水，确保离皮。

3.砧树处理

（1）一般要求　高接换头要与整形、树形改造相结合。尤其是树形不标准的，高接换头相当于重新改造整理，树形改造一步到位。首先要根据砧树的树形和树龄确定嫁接的位置和数量。不管砧树树形如何，要通过嫁接使其成为我们需要的树形，缺枝的地方通过嫁接填补枝干。各空间利用面面俱到，树形、树势结构均衡。

幼树改接骨干枝，如2年生树，可在中央干、各主枝上分别接1个，共嫁接4～5个。尚未完成整形的砧树，骨干枝、枝组改接与整形相结合，骨干枝、延长枝改接，枝组20～30cm改接1个，缺枝组的地方嫁接在骨干枝上，萌发后培育为枝组。完成整形的砧树，根据树形要求和枝组配置，以改接枝组为主，20～30cm改接1个，骨干枝、延长枝需要进行延伸的，也要嫁接。1株树嫁接的数量大约为树龄×3～4个头（接穗或接芽），例如，5年生树15～20个头，10年生树30～40个，15年生树45～60个，15年生树45～60个头，不同树形有差别。

嫁接枝的选留应根据原有树体大小、树形，选留各骨干枝上的2～3年生长枝作为换头枝。

嫁接部位的选择应根据树形理顺主从关系，通过高接换头，建立良好的树体结构。嫁接时，以砧树骨干枝为主轴，在两侧每隔20～30cm，选择1～3年生枝，靠近基部，选光滑处进行嫁接。芽接时尽量嵌于外侧，上斜枝嵌芽于背后，以利开张角度；水平枝嵌于侧面；下垂枝嵌芽于背上以增强长势。在无理想生枝的地方，可利用背上枝进行嫁接，将接芽向下倒嵌于缺枝一侧，以改变接芽发枝角度，充分利用空间。

（2）小冠疏层形处理　小冠疏层形、主干疏层形的缩小，现在一般不用，高接换头可能遇到这一树形。树体结构：干高40～60cm，5个主枝，分2～3层，第一层排3个，第二层1～2个，第三层0～1个；主枝层间距，1、2层间距80～100cm，上层间距50～70cm。基部三主枝上各配2个侧枝，上层主枝不配侧枝；在主、侧枝上培养结果枝组结果，树冠高在2.5～3m（图5-1，1）。

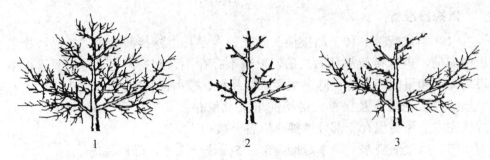

图5-1　小冠疏层形及高接换头树冠处理

1—小冠疏层形；2—小冠疏层形高接换头树冠处理；

3—小冠疏层形按照高光效树形高接换头树冠处理

　　刚完成整形小冠疏层形高接换头，根据树形要求，基部三主枝每个嫁接8～10个头，第二层、第三层主枝每个嫁接4～5个头，中心干延长枝和保留的辅养枝各嫁接1个头。嫁接后长成的树形还是小冠疏层形，并且经过有意识的调整，树形更标准。确定嫁接数量和位置后，春季嫁接在嫁接部位剪断，进行嫁接；夏季嫁接、秋季嫁接时，先在确定位置嫁接，以后再剪砧。其余枝条疏除（图5-1，2）。

　　小冠疏层形也可以利用高接换头的机会改造为高光效树形。所谓高光效树形不是一种固定的树形，它是一类丰产、优质、高效树形的统称。高光效树形干高，通风透光好，树冠中叶片、果实都能接受到比较充足的光照，果品质量好，作业方便，经济效益高（图5-2）。

　　小冠疏层形高接换头改造为高光效树形，中上部大枝参照主枝标准多头嫁接，成活后促进生长，尽快延伸长度，培养结果枝组，增加枝量，恢复产量。中心干逐年落头。下部大枝逐年疏除，以辅养树体，防止一次去枝过多，削弱树体长势。大枝保留期间要控制生长，以结果为主，弥补部分产量损失（图5-1，3）。

图5-2　苹果高光效树形结果状

　　（3）纺锤形处理　纺锤形有中心干，并始终维持优势。在中干上呈螺旋状配置小主枝8～16个，主枝上下交错插空，分层或不分层。小主枝间距30cm左右，同向小主枝间距50cm以上。小主枝分枝角度大，近于水平生长，整个树体下大上小。要控制主枝长势，一般小主枝基径不能超过其分枝处中干直径的1/2，小主枝上直接着生结果枝组结果，树高

2.5～3.5m。依小主枝大小、间距排列差异又可分为自由纺锤形、细长纺锤形。自由纺锤形主枝较大，数量较少，间距较大，中心干开心（图5-3，1）。细长纺锤形主枝较小，数量较多，间距较小，上下主枝差距不大，整个树体近似圆柱形，中心干不开心（图5-4，1）。

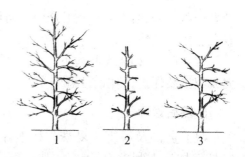

图5-3　自由纺锤形及高接换头树冠处理

1—自由纺锤形；2—自由纺锤形高接换头树冠处理；3—自由纺锤形按照高光效树形高接换头树冠处理

自由纺锤形高接换头，根据树形要求，基部主枝每个嫁接3～4个头，中部主枝每个嫁接2～3个头，上部主枝每个嫁接1～2个头，中心干延长枝落头或嫁接1个头。确定嫁接数量和位置后，春季嫁接在嫁接部位剪断，进行嫁接；夏季嫁接、秋季嫁接时，先在确定位置嫁接，以后再剪砧。其余枝条疏除（图5-3，2）。

自由纺锤形也可以利用高接换头的机会改造为高光效树形。中心干逐年落头，上部大枝参照主枝标准多头嫁接，中下部大枝逐年疏除（图5-3，3）。具体管理参照小冠疏层形高接换头改造为高光效树形。

细长纺锤形高接换头，或者其他树形改造为细长纺锤形，适于每667m² 栽80株以上果园。选留主枝砧木长度5～10cm，树高截留5～7年生不超过1.8m，8～10年生不超过2m，每主枝间距15cm左右，全树嫁接主枝8～12个，呈螺旋状插空分布（图5-4，2）。

4.嫁接方法

苹果高接换头嫁接方法，春季用劈接、切接，离皮可用插皮接，细枝可用嵌芽接；夏季多用丁字形芽接；秋季用丁字形芽接、嵌芽接。具体操作参见"嫁接方法"的有关内容。

多种嫁接方法可用的情况下，可以根据砧木断面选择。断面在2cm以上的用劈接，萌动前后采用插皮接；砧木断面在1cm左右用舌接；无砧木要求的用切腹接，幼树或秋季嫁接采用带木质嵌芽接。

由于削接穗和剪切砧木的技术含

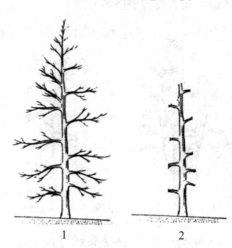

图5-4　细长纺锤形及高接换头树冠处理

1—细长纺锤形；

2—细长纺锤形高接换头树冠处理

量高一些，嫁接时，可分工合作，有经验的技术人员在前面削插接穗，后面专人包扎，既快又好。

嫁接时，按照从上到下、由里而外的顺序进行，以免嫁接后触碰接穗。大树嫁接要保护树体，注意安全。

5.接后管理

（1）剪砧及解绑　夏季、秋季嫁接的，翌春3月初剪砧。剪砧过早，剪口易干枯，不利愈合；过晚则不利于接芽萌发生长。剪砧时，在接芽上方1cm左右处进行，剪（锯）口要平滑，并及时涂抹封剪油，保护伤口，以防抽干和病菌侵染。同时，疏去树体上未嫁接的所有枝条。使树体上所有接芽都处在顶端位置，有助于接芽的萌发和生长。接芽长到20cm左右时进行解绑。解绑时，剃须刀片在接芽处背面竖切一刀，划破绑缚塑料条，将夹于芽下的塑料条抽出即可。解绑过早，嵌芽易翘起，影响生长；解绑过晚，新梢易缢伤，遇风易折。

（2）补接　对嫁接未成活的枝，及时补接。春季嫁接的，及时用枝接或芽接补接，来不及或又未成活的，夏季用芽接补接。夏季、秋季嫁接的，当年发现及时用芽接补接，亦可翌春剪砧时用枝接或芽接补接。

（3）除萌　高接砧树剪砧后萌发许多萌蘖，为保证养分集中供应接穗、接芽，保证接芽的萌发、生长，应及时除去原品种萌蘖。除萌一般在春夏季节剪3～5次。有空间利用的地方或接穗没成活的，留下少部分萌蘖，并及时嫁接或补接（图5-5）。

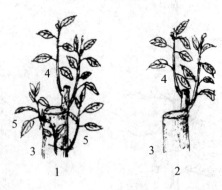

图5-5　除萌
1—春季枝接接穗成活萌发新梢，同时砧树发出许多萌蘖；2—除去萌蘖的砧木与接穗；3—砧木；4—接穗萌发的新梢；5—砧木萌发的萌蘖

（4）肥水管理　春季嫁接的，嫁接后5天对全树喷清水，隔天喷1次，连喷3天，最后一次加0.3%尿素水溶液。

为加速高接换头树尽快恢复树冠，应加强肥水管理。基肥每667m²施复合肥50kg、尿素30kg。追肥分别在春季和新梢停长前施果树专用肥50kg。结合喷药，前期喷0.3%～0.5%尿素3次，后期喷3次0.5%的磷酸二氢钾。土壤封冻前、春季萌芽前后灌水，其他季节根据土壤墒情决定是否灌水。

（5）整形修剪　嫁接成活后，接穗萌发快，抽条长叶片肥大，遇到风雨易劈折，对易折断的枝条绑支架和砧树固定或设立支柱。新梢长出后，根据生长情况和整形要求，选出骨干枝、延长枝，按要求的方向和角度，插竿绑缚引导；其余新梢，随时进行捋枝、拉枝、撑枝、摘心等处理，培养枝组，使枝条均匀分布，合理占领空间，不宜等到冬季修剪时集中处理。冬季修剪注意选留骨干枝、延长枝，轻剪长放尽量多留枝，以尽快恢复枝量。翌春刻芽促萌，增加枝量，促进成花。

（6）涂白 高接树裸露的枝、干易发生灼伤，应及时对枝、干进行涂白处理，减少灼伤。

（7）病虫害防治 春季嫁接的，砧树换头造成的剪口、锯口，易感病害，因此要加强对腐烂病防治，可喷有效成分含1.8%的辛菌胺醋酸盐，防治腐烂病。

萌芽前喷1000倍氧化乐果加100～150倍福美砷。接穗萌发3～5片叶时，喷毒死蜱2000倍液，加20%吡虫啉3000倍液，防治蚜虫等害虫。5月下旬，喷有效成分10%的四螨·三唑锡3000倍液、氰戊菊酯1500倍液防治红蜘蛛、卷叶虫。6月，喷杀虫剂甲维·毒死蜱2000倍液＋杀菌药大生800液，杀虫保叶。7月，喷白加锈2500倍液及杀菌药代森锰锌800倍液防治螨虫等。

二、梨高接换头更新品种

梨的生长结果习性和管理技术与苹果最接近。梨高接换头更新品种基本可以借鉴苹果高接换头的方法。梨树寿命比较长，有些老树需要换头。树龄40年生以下的梨树，树体健壮、原有主枝健全且结构合理，均可高接。40年生以上的梨树，只要主枝健全、结构合理、树体没有腐朽现象，也可进行高接，只是随树龄的增加伤口愈合较慢，树冠恢复也慢。梨高接换头效果见图5-6。

图5-6 梨高接换头效果

1—春季高接换头当年生长情况；2—第二年生长情况

1.嫁接时间

主要进行春季高接，从2月上旬开始至梨树盛花前均可。在低温库贮藏保存质量好的接穗，只要芽体不萌动，盛花后也可高接。嫁接早，接芽萌发早，当年新梢生长长；嫁接晚，当年新梢短。只要塑膜包严绑紧，成活率无大区别。夏季补接从5月下旬至7月底，可对未嫁接活部位进行补接，春接与夏接相结合可保证全树在一年内高接完毕。秋季高接从8月上旬至9月底进行。

2.嫁接准备

（1）确定嫁接品种　品种要纯正，配置授粉品种。

（2）接穗采集及保存　接穗的采集及保存参见"接穗"中的有关内容。嫁接完成后还需保存一部分接穗，以备补接用。

（3）高接前浇水　如果园地干旱，为提高成活率，应在高接前3～5天浇一次水。

3.砧树处理

对需要改接的梨树，在嫁接前要进行树体改造，针对原有树体结构和大小，对骨干枝、侧枝和辅养枝，视生长方位和空间确定枝干的去留，枝剪量的大小和轻重程度要根据树龄和树冠大小确定。

为确保接口当年愈合，高接骨干枝接口直径一般在6cm以下，过粗枝嫁接后愈合时间长，易发生风折。对于枝干光秃的主、侧枝，可用皮下腹接插枝补空，刮掉插枝部位的老树皮，刮皮深度以不露韧皮为宜。

以开心形为例说明，开心形在原来第一层基部主枝的基础上，选择角度合适，方向布局合理，枝势、枝量基本一致的3～4个主枝作为高接树的骨架，其他主枝及中心枝全部锯除。主枝上配备的侧枝及枝组，应在每个主枝的后部1/3部位两侧，留1～2个作为大枝组培养，截留40～50cm，基部一个略长于前部；主枝中部两侧，留1～2个作为中枝组培养，截留20～30cm；主枝前部1/3只留小枝组。后部、中部大枝组与中枝组之间穿插小枝组，20～30cm 1个，小枝组截留10cm嫁接。

4.嫁接方法

生产上常采用插皮接、腹接、插皮腹接、皮下接、劈接等，具体方法参见"嫁接方法"的有关内容。

5.接后管理

（1）剪砧及解绑　接芽能够萌发后破膜生长的，自行破膜；不能自行破膜的，应及时用牙签破膜放芽。到5月底成活的接芽长到20～30cm时，应除去塑膜。除膜过晚，所缠塑膜影响接芽基部生长，甚至造成塑膜长在其内，不抗风害。高接伤口愈合后解除绑缚，较大接穗次年春风过后解除。

（2）除萌补接　高接回缩更新会刺激出大量的潜伏芽萌发。为减少营养争夺，提高成活率，保证高接枝的生长发育，应及时抹除枝干上的萌蘖。当接芽长到20cm时，基本能看出接芽成活与否，应及时除去砧树萌芽。成活率不高的部位或接芽少的树，应留部分砧树萌芽，以增加叶片面积，提高光合作用。对有利用价值的大空间萌发枝通过培养可在夏季补接。

（3）肥水管理　在嫁接前锯去了大部分枝，因此，正常管理的梨树，接后一般不用土壤施肥。嫁接当年应控水控肥，以利形成花芽。如水肥过量，则当年新梢长花芽少。

树体过弱的树，可适量施氮肥并浇水。当高接枝迅速生长时，结合喷农药喷施0.3%尿素溶液2～3次。8月后喷2～3次0.5%的磷酸二氢钾，使枝条生长充实健壮。落叶前21天喷3次0.5%的硼砂+0.5%的尿素。9月中旬到10月中旬，每667m²施优质腐熟农家肥3000kg，混合施入20：10：10的复合果树专用肥。

干旱年份要保证水分供应，春季高接后灌透水1次；当萌芽展叶后新梢长至10cm时，要及时灌第2次水。封冻水必灌，防止抽条，保证安全越冬。

（4）整形修剪。整形修剪根据树形进行，骨干枝、枝组、新梢分别按照不同要求进行培育和利用。

当接芽萌发后，长出3～5个叶片时，应及时摘心，既促侧芽萌发而增加枝量，又加粗萌芽基部粗度而抗风。接芽多而成活率高的嫁接树可不摘心，自然封顶的可不摘心。当接芽新梢长到30cm以上时，应及时搭设简易网架或在接芽部位绑木棍，将新梢绑缚其上，以免风折。5月下旬至6月初，作为主枝、侧枝、大枝组培养的新梢，应拉至45°～50°；作为结果枝培养的新梢，应拉至70°～80°，以利于缓和树势，促使花芽形成。个别过密枝条可疏除，以利通风透光，提高花芽数量及质量。

冬剪要适当推迟，以多留枝为主。除骨干枝枝头中短截外，强壮枝要多缓放。尽快恢复树冠，增加枝芽量，促进早结果、早丰产。

（5）喷促花素。绿宝石等一些成花难的品种，为促使当年多形成花芽，于6月初和7月初必须喷两遍促花素。

（6）病虫害防治。早春发芽前对树体全面、细致、周到地喷洒0.5B°的石硫合剂1次。既可杀死各种虫卵和害虫，又可起到灭菌防病的作用。此外，刮老皮至主枝及骨干枝分枝处，可有效地清除虫卵、害虫及病菌，此措施胜似打药。为防冻害，可在立春至惊蛰间进行。

梨木虱近年发生面广，不同地块应选不同时间，在越冬代成虫出蛰盛期喷20%螨克2000倍液，防治效果很好。6～7月做好梨小食心虫的测报及生物、农业、化学防治工作，可大大减少虫果率。

三、桃高接换头更新品种

桃树生长旺盛、成形快、结果早，容易重新建园更新换代，高接换头更新品种比较少。

1.嫁接时间

桃树高接换头多采用春季枝接，在砧树发芽到展叶期进行。此时树液已开始流动，韧皮部与木质部很易分离，气温升高，嫁接后有利于伤口愈合，提高成活率。也有人认为，春季枝接接穗需要蜡封、贮藏，嫁接后需套袋进行接口保护，以及绑杆防风等系列措施，比较烦琐；采用秋季芽接进行高接换头，方法简单、省工，且成活率高。秋季桃树离皮期间都可进行，但时间不宜过早，否则接芽容易被树皮包裹。新梢停止加长生长期，即8月中下旬至9月上旬为最佳改接期。

核桃嫩枝嫁接高接换头，与硬枝嫁接高接换头相比操作简单、便于掌握；节约接穗及辅料；方便嫁接后放芽和抹芽；当年多次嫁接，确保当年成苗。

2.准备接穗

（1）确定嫁接品种　应选取适宜本地区的优良品种，桃大部分品种不用配置授粉品种，自花授粉不结实的品种必须配置授粉品种。

（2）接穗采集、处理与保存　选择生长健壮母树，结合休眠期修剪，采集生长充实的1年生粗壮发育枝或结果枝。剔除有损伤、腐烂、失水及发育不充实的枝条。接穗剪截长度一般在10cm左右，每接穗保留2～3个芽，顶端芽必须为饱满的叶芽。将盛有石蜡的容器放入水浴锅中加热至石蜡融化，水温控制在95℃左右。将剪截好的接穗段在蜡液中速蘸取出，时间不超过1s。具体操作还可参见"嫁接工具和用品"中的"蜡封接穗"。蜡封好的接穗在0℃左右低温及潮湿的环境下保存。

秋季芽接接穗随采随接，效果最好。如需运输，接穗采集后须用湿布包严，装入带孔的塑料袋中，运到目的地后，把接穗下端浸入2～3cm深的清水中，上部仍用湿布包住，放在冷凉室中备用。切不可把接穗放入冰箱中冷藏，由于冰箱内环境与外界环境相差较大，易使接穗不离皮。

3.砧树处理

桃树高接换头的多数为开心形，又以自然开心形为多，高接换头在每个主枝上进行即可，比较简单。

　　生产上多用自然开心形，干高30～50cm。主干上错落着生3个主枝，相距15cm左右。主枝开张角度40°～60°，第一主枝角度大些，可开张60°；第二主枝略小；第三主枝则开张40°左右。三个主枝水平夹角120°，第一主枝最好朝北，其他主枝也不宜朝正南。主枝直线或弯曲延伸。每主枝留2个平斜生侧枝，开张角度60°～80°，各主枝上第一侧枝顺一个方向，第二侧枝着生在第一侧枝对面；第一侧枝距主枝基部50～70cm，第二侧枝距第一侧枝50cm左右。在主侧枝上培养大、中、小型枝组（图5-7，1）。

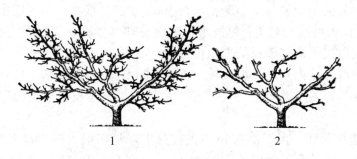

图5-7　自然开心形及高接换头树冠处理
1—自然开心形；2—自然开心形高接换头树冠处理

　　高接换头整株树要1次完成，才能提高嫁接成活率，保证接芽整齐萌发和正常生长。需改接的母树，按照主、侧枝的位置选取嫁接枝条，有空间的地方多留枝改接，嫁接部位选择距离改接枝基部10～20cm光滑无疤处的侧面与下部，这样有利于开张枝条角度。另外，三大主枝的嫁接高度应在同一水平面（图5-7，2）。

4.嫁接方法

　　春季高接采用插皮接较为适宜。秋季高接枝条粗度超过2cm的，采用方块芽接法；细枝采用丁字形芽接；未嫁接成活的，翌春采用插皮接、单芽腹接等方法进行补接。具体操作参见"嫁接方法"的有关内容。

5.接后管理

　　（1）检查成活、剪砧及解绑　春季蜡封接穗枝接7～10天检查成活，接穗变褐或干瘪表明未成活，应及时补接，即将原砧枝再截去一小段，重新嫁接。秋季高接后7～10天便可解绑，接芽新鲜的证明已成活，接芽干瘪的未活，需及时补接。

　　春季枝接的新梢长到10cm左右时，略松一下绑缚物，但不要全部解开，防止水分散失。新梢长到15～20cm时用木棍或竹竿固定，一头固定在砧枝上，另一半用细绳子围拢住新梢，并用刀片将包扎物割断，避免出现缢痕。

（2）除萌与修剪　春季枝接的，及时抹除砧木萌蘖，除萌蘖要经常进行。小砧枝上的萌蘖除净，较粗砧枝在适当部位保留部分萌蘖作为营养枝，以叶养根，同时防止嫁接不成活导致砧树整株或整枝死亡，直到新梢长15～20cm时，疏除保留的营养枝。

秋季嫁接的，休眠期剪除嫁接部位10cm处的枝条，以防枝条抽干至接芽处。当桃树萌芽后，抹除嫁接部位周围及上部萌发的芽，接芽下部的萌芽暂不抹除。当芽长到2～3cm时，接芽上部留0.5cm剪截。当芽长到5～6cm，抹除接芽之外的所有萌芽。当新梢长至50cm左右时摘心，对内膛生长的二次枝进行扭梢。6月下旬至7上旬按主、侧枝及辅养枝将新梢拉至合适的角度，以后每次夏剪按正常定植树的方法进行。

冬季修剪疏枝为主，轻剪长放，不进行短截或只轻短截，尽量多留花芽，以增加来年枝叶量并形成一定的产量。主枝、侧枝延长枝根据树形要求适当长留。

（3）肥水管理　由于高接换头去枝量大，易伤根，应注意有机肥和磷、钾肥的补充。生长季可叶面喷施0.3%～0.4%的尿素和磷酸二氢钾1∶1的混合液。7月中下旬间隔10天连喷2次200倍的15%多效唑溶液，抑制新梢生长，促进形成花芽。秋季施足基肥，每667m^{2}施猪圈肥3000kg或鸡粪2000kg，春夏季追肥34次，前期追施尿素或磷酸二铵，后期追施果树专用肥。叶面追肥，新梢长10cm时，叶面喷施0.3%的尿素，生长后期喷0.3%～0.5%磷酸二氢钾。施肥后注意灌水。浇封冻水，保证安全越冬。

（4）病虫害防治　为害桃树的主要病虫害有细菌性穿孔病、蚜虫、叶螨、潜叶蛾及顶梢卷叶蛾等。萌芽前喷施3～5°B石硫合剂；开花前，要特别注意防治蚜虫；开花后，再次喷药防治蚜虫和叶螨；5月上中旬，重点防治潜叶蛾，每次喷药要加杀菌剂。

四、核桃高接换头更新品种

核桃高接换头成形快、结果早、产量高，嫁接当年成花，第二年即有产量，第三年就可解绑恢复原树冠。

1.嫁接时间

（1）春季　核桃春季高接换头在核桃展叶期进行，即雄花膨大伸长到散粉之前，时间为4月上旬至4月底，自砧木离皮立即开始。过早伤流严重，不易成活；过晚气温高，接口不易愈合，成活率降低。

春季树液从伤口流出的现象叫伤流。核桃树根系吸水能力强，春天伤流严重。伤口越靠近根系，其根压越大，伤流液量也越大；伤口距根系越远，其根压越小，伤流量也越小。核桃树在休眠期也有伤流，芽萌动时伤流量增加，到芽膨大时，伤流量到最大，芽萌发后伤流量下降。如果嫁接接口被伤流液浸泡，会发黑霉烂，砧穗难以愈合，影响成活。根据这一特点，可以适当推迟嫁接时间；还可进行"放水"处理。

（2）夏季　核桃嫩枝嫁接，一般5～7月均可，最佳时间是气温稳定在25～30℃时，在5月底～6月初，成活率最高。嫁接后的新枝木质化程度高，一般可以长50～60cm，易越冬。嫩枝嫁接高接换头，与硬枝嫁接高接换头相比操作简单、便于掌握；节约接穗及辅料；方便嫁接后放芽和抹芽；当年多次嫁接，确保当年成苗。

2.准备接穗

（1）确定嫁接品种　首先，选用国家林业部门推广的早实核桃品种，必须选在当地经过区域栽培试验后确认适合当地推广的品种。目前在我国推广的早实核桃品种不下四五十种，我国幅员辽阔，气候、土壤等自然环境差异大，自然环境对植物生长的影响是决定性的。因此，要选择在当地表现好、适合当地气候和土壤条件的优良品种作为接穗，尽量采用当地经过筛选、培育的优良品种。

其次，也可选择当地生长良好、坐果率高、品质优良、丰产性好的挂果树作为采集接穗母树。

（2）春季嫁接接穗采集与贮藏　接穗采集时间为2月上旬。采集时间过早，贮藏时间长，容易失水；采集过晚，芽萌动，影响成活。择优良品种核桃树上生长健壮、芽饱满、无病虫害的枝条作为嫁接枝条。枝条采集后，捆成30根一捆或剪成15～20cm长节，捆成50根或100根的捆。选择背风阴地，挖1m深沟，宽依枝条的多少而定，铲平铺5～10cm的湿沙，把捆成捆的枝条平放在沟内，上面铺10cm厚的湿沙，这样一层枝条一层沙，最多摆放3层，每1.5m竖一草把以利通气，最上面一层放20cm厚湿沙后，再盖一层秸秆以利保湿，15～20天在上面洒水以防失水。也可选3～5m深的薯窖，用高锰酸钾溶液消毒后铺5～10cm的湿沙，按层积法堆放，以3层为宜，每15天左右检查1次接穗湿度，管理至砧木离皮即4月上旬左右。采用接穗封蜡，具体操作参见"嫁接工具和用品"中的"蜡封接穗"内容。

（3）夏季嫁接接穗的培育与采集　核桃优良品种的特点是坐果率高，节间短，新枝生长一年只有几厘米到十几厘米，且花芽多，叶芽少，可供嫁接的叶芽更少。因此，果实收获后对一年生新枝要进行短截2/3，这样次年可以形成2～3个强壮枝条作为接穗。

接穗采下后立即剪掉叶片，留1cm长的叶柄，以防止穗条水分蒸发。采集的接穗直立放在塑料桶里，桶底加水3～5cm，防止接穗因失水造成取芽困难、成活差。嫁接时，放于阴凉处，随取随用，用时再用湿麻袋片包裹，适时淋水保持麻袋片湿润。

3.砧树处理

（1）春季嫁接　根据树龄和树形要求确定嫁接部位和数量，处理砧树（图5-8）。

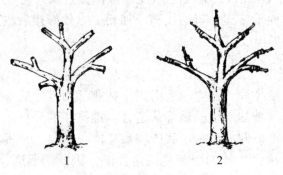

图5-8　核桃砧树处理及嫁接后

1—砧树树冠处理；2—嫁接后

根据核桃伤流特点，嫁接前10天在选定的嫁接部位以上30cm处截干放水，锯后5天观察，伤流严重的树在嫁接部位以上10～30cm处第二次截干放水，伤流小的树不再进行放水。嫁接时在选定的嫁接部位再截干。嫁接时仍有伤流的树（占比例较小），在砧枝基部用刀纵向造伤，深达木质部，达到放水目的。

也可嫁接前先在核桃树干下部深砍2～3刀，深入木质部，使伤流液从下部伤口流出来，接口的伤流液减少后再嫁接（图5-9）。

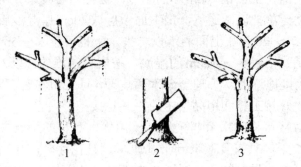

图5-9　核桃春季伤流及"放水"处理

1—砧树伤口流出伤流液；2—砧树基部"放水"；3—砧树伤口伤流液明显减少

　　另外，砧木可留一些枝叶，特别是留下部的枝叶，这样做可引一部分树液到树叶中，从而减少伤口的伤流液量。

　　（2）夏季嫁接　根据树龄和树形要求确定嫁接部位和数量，处理砧树。栽后3～5年不结果的植株，在前一年落叶后至发芽前，锯掉树冠，留干高度因树、因人而定，以方便操作为原则，不可太高，考虑到机械作业树冠不要太低，一般留80～100cm。次年选择2～3个位置好、壮实的新枝作为嫁接砧木，多余的萌枝没有木质化时及时抹掉。大树夏季高接换头，在冬末或早春树木发芽前，将要高接的树离主干或主枝25～30cm处锯断。春季在锯断处萌发的嫩芽中，选择壮芽留1～2个，当新梢长至30～50cm、粗度达0.7cm以上时，即5月中下旬至7月份都可进行嫁接。春季高接换头根据树龄和树形要求嫁接时处理砧树。

4.嫁接方法

　　核桃高接换头的方法以插皮舌接、插皮接和大方块芽接为好。

　　（1）春季嫁接　春季嫁接采用插皮舌接、插皮接，具体操作参见"嫁接方法"中的"插皮舌接""插皮接"内容。嫁接时只要砧木的嫁接部位条件允许，中心干上嫁接的接穗应在北面，主枝上嫁接的接穗应在上面，使接穗抗风、生长正常，降低其劈折和损伤的概率。

　　为使高接伤口早日愈合，要视砧木直径大小决定接穗数量。砧木直径2～3cm，高接1个接穗；直径4～5cm，高接2个接穗；砧木直径大于5cm一般不进行高接，以防止伤口过大影响愈合。由于核桃插皮高接时处于核桃生长期，为防止伤流过多降低成活率，可在嫁接口下方的砧木枝干上用锯（锯与砧木垂直）将砧木锯伤，伤口达到砧木直径的1/4至1/3，锯2～3道伤口，而且相邻的伤口要位于砧木的对面且交错排列，以减少伤流，提高成活率。

　　（2）夏季嫁接　夏季嫁接采用方块形芽接，具体操作参见"嫁接方法"中的"方块形芽接"内容。采用方块形芽接具体到核桃上，强调以下几点：接芽要选取新梢中下部饱满芽，芽片越大成活率越高；砧树在当年的新枝上选择比较光滑的一面位置，距离基部10cm以上嫁接，嫁接部位以下叶片全部抹掉，以上留2个复叶，用于供给营养，把多余的梢剪掉；开一个与接芽相当的口，开口的下部向下撕掉宽2～3mm、长2～3cm树皮，作为伤流的放水槽，以免伤流伤芽；把取下的接芽立即放入砧木切口内，贴好、压实、绑紧，用塑料条从距开口下边缘1cm的处开始向上绑缚，到距刀口上边缘1cm的地方止，把芽片连同叶柄全部包紧裹严，防止水分蒸发和雨水渗入；嫁接后7～10天，就可以看出成活情况，活的芽饱满鼓胀，及时用刀片在开口背

图5-10　核桃嫩枝方块形芽接接芽萌发

面竖划一刀就可以达到放芽目的。死的芽变褐或黑色，在接口下2～3cm处补接（图5-10）。

5.接后管理

（1）除萌　嫁接成活后及时除萌，将砧木上萌发的芽全部抹除，减少营养消耗，促进接芽萌发，5～10天一次，否则新芽营养不足，当年不能木质化，造成嫁接失败，尤其是夏季嫁接。

（2）放风解绑　春季嫁接后20天左右，接穗芽逐渐膨大长出，及时在芽上方将塑料袋开一小孔，当接穗从小孔长出塑料袋10cm时，全部打开上口。待接芽新梢长至10～15cm时，用刀片割掉塑料条。

（3）剪砧解绑　夏季嫁接的新芽萌发3～5cm时，在新芽上方20～30cm处剪梢用来固定新枝。核桃树当年新枝髓心大，易造成砧木干枯，等砧木充分木质化后再从新芽上方1cm处剪平。待接芽新梢长至10～15cm时，用刀片割掉塑料条。

（4）绑支架　春季嫁接当新梢长到30～50cm时，将塑料袋全部去掉，及时绑支架，以防风折。

（5）芽接　春季高接失败的，留健壮萌蘖，6月中下旬进行芽接，当年生长可达50cm以上。

（6）防治病虫害　在6月中旬至7月中旬喷锌硫磷或乐果500倍液各1次。

五、板栗高接换头更新品种

1.嫁接时间

适宜的嫁接时期，各地因气候差异略有不同。一般在春季3月下旬～5月上中旬，芽萌动离皮到展叶期都可以进行。此时树液已经开始流动，树皮易剥开；气温一般在15～25℃，并且气温升高较快。只要技术过硬、管理得当，此期嫁接成活率能在95%以上。不要过早或过晚，过早由于温度低，不利于接口愈合，会降低成活率；过晚树体新梢已萌发，消耗了树体的养分，造成新梢生长量小。

2.接穗准备

品种选择应因地制宜，同一园中，应注意授粉树的合理配置。

栗树嫁接中，经常有砧穗不亲和现象。幼树嫁接遇有这种现象，砧木部分不死，下年还可以重新嫁接。大树高接则不同，常有因不亲和，连同砧树一同死亡的现象，如辽栗10号高接在久丰上。国见等一些品种高接在辽丹58号上，在除净萌蘖的情况下，前者当年夏季即连同基砧整体死亡，后者第2年春或过几年后整株死亡。因此，在嫁接前要明确砧穗品种间的亲和性，选用亲和性好的品种组合嫁接。在亲和性不明确的情况下，春季嫁接或除萌时，适当保留一小部分不靠近接头的细小枝，用以维持地上地下的平衡；在亲和性不好的情况下，保证母体不死，下年另选别的品种嫁接；亲和性好，下年再行补接，或将留枝去掉。为了提高嫁接成活率和保存率，应选择同种嫁接，板栗砧树嫁接板栗品种，油栗砧树嫁接油栗品种，丹东栗砧树嫁接丹东栗品种。

接穗应从品种纯正、品质优良、粒大、色泽红亮、生长健壮、丰产稳产、无传播性病虫害的树上选取。选用树冠上部充分成熟的一年生新枝，徒长枝、病枝、冗枝不能当接穗使用。接穗应选择充实健壮、节间短、顶端有2～3个饱满芽的一年生结果母枝或发育枝，禁用细弱枝。

接穗采集在2月下旬到3月中旬，结合冬季修剪进行。被采枝条应按品种和粗细选好，每50根或100根一捆，挂上标签，在窖中存放，贮存的条件为低温5℃以下、相对湿度95%以上。也可将枝条除去病条、冻害条，剪成长12cm的小段，每段有2～4个饱满芽，封蜡存放。接穗封蜡具体操作参见"嫁接工具和用品"中的"接穗蜡封"内容。

3.砧树处理

高接换头的栗树多数为成年树，骨干枝已基本形成，高接换头时，应考虑已有树形和预期树形，即保持原有骨架和主从关系，高低有别，错落有致，不应剃平头。可嫁接在主、侧枝上，接穗一般插在枝条的两侧；要尽快地恢复和扩大树冠，嫁接接穗数多一些为好，5年生高接10～15支接穗，10年生高接20～25支接穗，一般与树龄成正比，树体越高大接穗数量应越多。嫁接口以5～8cm粗为宜，不超过10cm，锯口部位距分枝处以30cm为宜，选光滑部位锯断，用嫁接刀将断面削光滑。如果采取主干高接，锯口部位距地面应不低于80cm。

对于树冠高大、主枝较粗、伸展较长、内膛光秃的老栗树，高接换头时，先将全树的主侧枝在枝展的外1/3处回缩，回缩部位的粗度一般不宜大于8cm；前期管理粗放、整形不当或放任生长的树，先选定主枝，然后落头开心，疏除过多大枝，再对主侧枝进行回缩。在树龄过老的情况下，应在树冠中下部的北侧留1～2个中小枝不回缩，用以缓解地上与地下的失衡问题。回缩的当年即可萌发出大量的新生枝，应加强管理。合理去留，萌芽期和新梢生长初期及时抹除或剪除丛生和过密的萌芽及新梢，同方向间隔30～50cm留1个枝；并于5～6月份新梢长到40～50cm长时进行摘心，有利于更新枝的增粗；8月末至9月初剪去未停长的梢尖，促进枝条成熟，保证安全越冬，第1年可适当多留一部分，冬剪时再做调整。更新枝生长1～2年后，当更新枝粗度达到2～4cm时进行多头高接。

嫁接前应严格区分好板栗与茅栗。由于板栗与茅栗嫁接不亲和，成活率及保存率极低，即使偶尔成活，不久也会死亡。板栗枝条红色或褐色，果实内皮易剥离；茅栗叶背具鳞状腺点，仅叶脉上有毛茸。

4.嫁接方法

栗树高接换头一般采用劈接、插皮接、插皮腹接。具体操作参见"嫁接方法"中的"劈接""插皮接""插皮腹接"内容。方法选用视部位与枝性而定，灵活应用。在换头的枝头部位可采用插皮接，对于较粗的枝条可在短截横截面插两个接穗，采用插皮接的枝条应绑缚保护木棍，但在次年一定要去除。对于有一定树龄的栗树其大枝后部形成的光秃带，为保证高接后内膛有枝结果，此处要嫁接适宜数量的接穗，宜采用插皮腹接法。大枝不离皮时，采取劈接。较粗的断面上可纵横劈裂成"十"字状，嫁接4根蜡封接穗。

5.接后管理

① 除萌。板栗高接换头成活后，嫁接口以下很快会长出很多萌芽消耗树体养分，影响新梢生长。为保证根系吸收的养分充分供应接穗的生长，应坚持10～15天抹芽一次，至接穗旺盛生长后为止。但萌蘗不要完全抹去，要保留一定数量的萌蘗，以维持地上部分与根系的营养平衡，萌蘗保留数与接穗数保持1：1。

② 解绑与绑支架。当新梢长到30cm时，就要把绑缚接口的塑料条松开，而后再较松地绑上，同时绑缚支棍。采用插皮接的枝条，在枝头部位用长50cm、宽2cm、竹节削平的竹片绑扎固定，在接口处用尼龙绳绑扎一圈，绑紧，但应打活结，以便板栗芽新梢生长变粗壮后尼龙绳陷入皮层时，可以将绑绳放松。在嫁接口以下15～20cm处再绑一圈，绑紧，再在嫁接口新梢以上20cm处绑一圈，此处应绑松动一点，亦打活结，以便以后松绑；对于采用插皮腹接的接穗，当松绑后可以直接将新梢绑缚在嫁接口前段的枝条上，绑缚位置距嫁接口20～25cm。可以先绕新梢一圈而后固定在枝条上。

③ 摘心去叶。当嫁接新梢长到50～60cm时进行摘心，一定要摘去顶端的前两片叶。促分枝。

④ 加强土水肥管理。

⑤ 防治病虫害。板栗高接换种后，由于伤口太多，易感染病虫害。病

虫害主要有栗大蚜、叶螨、桃蛀螟、金龟子、甜菜夜蛾、尺蠖、板栗疫病等。应当以防为主，综合防治。结合冬季修剪，剪掉细弱枝、病虫枝；刮掉老树皮（不可刮得过深），集中烧毁或深埋，清除栗大蚜等虫害越冬卵；芽萌动期，及时刮掉栗疫病斑部位的树皮，并用多抗霉素或过氧乙酸杀菌；在营养生长及果实生长期，喷施25%灭幼脲1500～2500倍液，防治桃蛀螟和尺蠖等。

六、柿高接换头更新品种

柿树高接换头更新品种主要针对一些油柿、实生树、君迁子以及一些劣质品种，再就是改接现有品种发展甜柿。

1.嫁接时间

柿树高接春、夏、秋三季都可进行，但以春、秋两季为主。春季嫁接一般是3月上中旬开始至4月中下旬，当砧树的树液已开始流动的萌芽期至展叶期为最好。秋季嫁接主要是8月中旬至9月中下旬，砧树的树皮容易剥离的时期进行。我国长江中下游地区，柿树的高接，一年中除严寒的冬季外，基本上全年都可进行，但最适期也是春季和秋季。至于补接或培养砧树上的萌蘖进行树冠内膛补缺的嫁接，则根据需要除冬季外随时进行，尤其是夏季。选择无风或微风的晴朗天气，有利于接口愈合，避免大风或下雨天嫁接。

2.接穗准备

（1）确定嫁接品种

① 按适地适作的原则选定品种，这是事半功倍地实现优质高效生产目标的首要环节。涩柿原产我国，在我国的栽培范围极广，除东北、西北局部的高寒地带外，几乎到处都有栽培。但各地都有各自适应当地气候生态条件的品种，引用外地品种时，特别是远距离引种，必须考虑其生态适宜性。

甜柿对气候条件的要求比涩柿严格，适应的地区范围较窄。因为它耐寒能力不及涩柿强，生长发育要求的适温比较高，年平均气温需13～18℃，全年≥10℃的有效积温需达到5000℃以上，4～11月生长期的平均气温需在17℃以上。特别是8～11月果实成熟期的平均气温需18～19℃，此时气温过低，果实在树上自然脱涩不彻底，带有涩味；气温过高，又会影响着色，且果实肉质变粗变硬，品质也下降，而且树上软化果增多。

所以，原来适应涩柿栽培的地方，不一定都可改接甜柿。但就我国长江中下游地区的气候情况来看，基本上都能符合甜柿各生育期对气温的要求，是能将原来低产、劣质的涩柿通过高接换种更换成甜柿的比较理想的地区。

因此，在气候环境条件适宜于甜柿生长发育的地方，原来品质低劣或低产的涩柿品种可以改接甜柿。当然，甜柿对土壤和肥水条件的要求也较严，对栽培管理水平的要求也比涩柿高。

②根据市场需要选定品种。除各柿主产区要高接一些具有特色的地方优良品种外，要发展一些比涩柿更具竞争能力的甜柿。因为它除果实硬熟时已在树上自然脱涩、采下即可供食、肉质松脆、别具风味外，还有商品果保脆期比脱涩后的涩柿长2～3倍，而且运销、携带、食用均方便，货架期长等优点，深受买卖双方的欢迎。

甜柿果实中富含微量元素，特别是铁、锌、硒等含量高于涩柿，又因在采后商品化处理过程中既节省人工脱涩处理的工本，也避免了脱涩过程中营养成分的损失，对人体有更好的保健功能，因此更受消费者喜爱。

甜柿的品种可分为完全甜柿和不完全甜柿两大类。前者果实中不论有无种子，都能在树上完成自然脱涩，且脱涩完全彻底；它们的果实一般都比较大，外观美丽，果肉基本上没有褐斑，品质优，种子少，商品价值高。后者只有在授粉条件好时，每果中形成的种子数达到一定标准（因品种而异）时，果肉中的涩味才能彻底脱除，如果授粉条件不好，无种子或种子少时，果肉中的涩味就不能彻底脱除；它们中除少数品种外，一般果形较小、肉质较粗硬、果汁少、种子多、品质差，而且在种子周围的果肉上褐斑多、商品性差。但它们的最大优点是很多品种有雄花，有大量的花粉，可以作授粉树利用。

所以，高接换种时，作为主栽品种的接穗一般要从优质的完全甜柿类中选择不同成熟期的品种。如果主栽品种自身没有雄花，特别是单性结实力不强的，就必须高接一定数量的授粉树品种。授粉树品种一般按雄花多、花粉量大、花粉发芽率高、花期长，且与主栽品种的花期能相遇的要求，只能从不完全甜柿中选择。如果原品种符合作嫁接品种授粉树的条件，可留部分不换头作授粉树。

③选定的接穗品种必须与砧树具有嫁接亲和性。一般用柿砧接柿（即本砧）亲和性都很好，如涩柿作为砧树嫁接阳丰、前川次郎等品种，亲和力较强。我国嫁接涩柿的传统砧木，北方是以君迁子（软枣）为主，南方浙江省是以野生的柿（本砧）为主，也有用老鸦柿、浙江柿或油柿的。南方地区作砧木的柿属植物，经过长期生产实践检验，嫁接涩柿的亲和性都很好，表现嫁接成活率高、嫁接树生长快、寿命长等。但是，用它们作甜柿砧木，表现就大不一样了。以君迁子为例，只能与大多数不完全甜柿和少数完全甜柿嫁接有亲和性，而与富有、伊豆、松本早生、卡迟莎、前川、一木系等大多数完全甜柿均存在嫁接不亲和，不仅嫁接成活率低、接后愈合不良、遇大风发生接口断裂的多，甚至种植数年后还陆续发生死树现象，给生产带来严重

损失。

　　另据浙江省农业科学院园艺研究所与中国林科院亚热带林业研究所的合作研究，浙江省各地的野柿和浙江柿都有很多类型与甜柿的嫁接亲和性表现不相同，其中浙江柿1号和野柿77号、56号和6号用来嫁接富有、前川、一木系等多种完全甜柿，均有良好的嫁接亲和性。

　　（2）接穗采集及保存　春季高枝嫁接用的接穗，在果树的休眠期，选择生长健壮、优质、丰产的优良单株为采穗母树，在其树冠的上部、外围采集发育充实、无病虫害的1年生枝作接穗，打捆在背阴处或地窖内沙藏，亦可将接穗蘸蜡保存于5℃以下的低温处。春季高枝嫁接前，把休眠期采集后沙藏或从外地运来的接穗用清水浸泡1～2天，取出晾干接穗表面的水分，把接穗的充实部分剪成带有5～7个芽直接用作嫁接的接穗，亦可蜡封后用于嫁接。

　　秋季高枝嫁接用的接穗，从采穗母树上采集发育充实的新梢作接穗，采后摘去叶片，下部插在水中或用湿布等包被或埋在湿沙中保湿贮藏备用。

　　幼树、旺树、健壮的大树采用高枝嫁接，嫁接成活率高、生长旺、恢复快。老、弱、病残树采用高枝嫁接，嫁接成活率低、生长差、恢复慢，这些树必须加强土、肥、水管理，冬季修剪适当进行疏、缩、截更新，待树势转强时再进行高枝嫁接。树势强的幼树适合秋季高枝嫁接。

　　传统涩柿树管理比较粗放，枝叶繁多，换头改造为甜柿后，为适应市场要求，必须向集约化产业发展，改善树冠通风透光状况，优化树体营养生长和生殖生长比例，可提高柿果品质，且方便管理。树形不宜高大化，主枝保留5个左右即可。嫁接时从涩柿树冠层中、下部选择皮层木栓化较轻的主枝及侧枝短截后嫁接，过高部分截除。

　　春季高嫁的砧树于发芽前喷3～5°B的石硫合剂等，消除越冬病虫害。嫁接前根据砧树树体结构，本着多接头、低嫁接部位、接头分布均匀的原则，选留枝、干进行回缩或短截作嫁接的砧桩。1年生枝截留10cm左右，一般枝组的枝轴留20～30cm，骨干枝回缩到2～3年生部位，结果部位外移较重或下垂衰弱的骨干枝，可回缩到5～6年生部位。根据砧树树冠的大小确定砧桩数量，一般10年左右的砧树留砧桩30～40个，10年生以上的砧树留50～80个。所留砧桩在砧树树冠上要上下、内外分布均匀，尽量做到枝干不光腿、冠内不空膛。

　　秋季高枝嫁接的可根据春季高枝嫁接的原则确定嫁接部位和嫁接数量，接芽要多。对一些过密的砧树枝，可疏、缩一部分，但不宜过多，以防刺激接芽当年萌发。

　　两季高枝嫁接的，要按照春季高枝嫁接和秋季高枝嫁接处理砧树的方法，选择嫁接部位和确定嫁接数量。

3.嫁接方法

柿树高接换头，因高接的时期和高接的部位不同，枝干的粗细、树皮的剥离难易不同，所采用的嫁接方法也不同。一般春、夏季高接，都以枝接法为主，有切接、腹接、插皮接、劈接、合接、皮下腹接等；而秋季高接，主要是在8～10月份砧树的树皮容易剥离期进行，一般多采用芽接法。

春季高接常在砧树的树冠上部或外围进行，嫁接位置高的，还得站在梯上或树杈上操作，这就要求嫁接方法尽量简单方便。通常采用切接、合接和插皮接3种方法，前两种适用于砧树不离皮时，特别是枝头较高，超过操作者的头部，且砧木比较细或与接穗同等粗细时，以合接法最方便；砧木横截面直径2～3cm的以切接最适宜；而插皮接则主要是用于砧木较粗，而且是已离皮时的高接。

砧树的嫁接位置比较低的，砧木截面特别大的，直径5cm以上的，多用劈接法，不论砧树是否离皮都可接。而且可以根据截面的大小，确定一个枝头高接的数量，截面小的插1～2个接穗，截面大的可插3～5个接穗。插接穗多的，有利于伤口愈合。

内膛高接，砧树大、枝干粗、树皮厚的常采用枝接法：离皮时采用皮下腹接；不离皮时采用普通腹接法。

砧树小、枝干细、树皮薄的，采用芽接法。一般果树的芽接最常用的是丁字形芽接，但柿树是丁字形芽接难以成活的少数树种之一。适用于柿高接的芽接法，砧树离皮时可用方形芽接；不离皮时则采用嵌芽接。

切接、腹接、插皮接、劈接、合接、皮下腹接、方形芽接、嵌芽接的具体操作参见"嫁接方法"中的相关内容。

4.接后管理

（1）剪砧　秋季用芽接法嫁接的枝，春季萌芽前，在接芽上部1cm左右处把枝条上部剪去。

（2）除萌　砧树因高枝嫁接进行疏、缩、截重修剪，刺激大量砧芽萌发。为减少树体营养消耗，要及时抹除萌蘖，一般5～7天抹1次。除萌时对嫁接成活率低或嫁接头少的部位或砧树，留部分萌蘖。对过旺的萌蘖要控其生长，有利于辅养树体，防止日烧，在6～7月、秋季或春季用其补接。

（3）解绑　在接穗发芽和接口愈合后，应及时松绑和解绑，防止产生缢痕或被大风刮断，如伤口未愈合，应重新绑缚，直至完全愈合再解绑。

（4）绑支架　春季多大风天气，生长旺盛的嫁接新枝容易头重脚轻，被风刮断，必须对萌发新枝绑支架固定。在第1次松绑前用结实的木棍一头固定在砧木上，另一头绑在新枝上，较长的新枝需在砧木和新梢上多绑缚几处。

（5）整形修剪　柿树虽有自剪习性，但换头改造树新枝长势比较强，分枝较少，需根据树形要求对生长较长的枝条进行摘心，以调控树冠，促进枝条加粗生长，促生侧枝。涩柿换头为甜柿品种后，嫁接的新梢大多有直立生长习性，在枝条成熟后应尽快拉大枝开张角度。柿树枝条比较硬脆，拉枝力度过大有可能使枝条从与主干连接处劈裂，因此较粗的枝条开张角度不宜一次到位，拉枝绑缚宜在枝条偏上部位，多次调整逐渐达到树形要求。另外，柿树枝条生长发育较慢，修剪宜轻不宜重。

（6）肥水管理　换头改造树应加强肥水管理，促进树冠恢复，及早进入结果期。首先做好换头改造前的准备工作，在柿树落叶前进行扩穴施基肥，以有机肥为主，配合复合肥料及秸秆或杂草类，与表土混匀，填入穴内；有条件的灌越冬水和春季萌芽水；换头后，5月开花过后追肥，注意施肥配比，促进花芽分化，防止越冬抽条；根据土壤水分状况，及时补充灌水，以免干旱影响新枝生长。

（7）病虫害防治　接芽易受柿梢夜蛾、角斑病和柿原斑病为害，应及时防治，注意防治为害接口和切口的枝干害虫。

七、枣高接换头更新品种

枣高接换头包括两个方面，一是现有品种高接换头更新品种，枣以酸枣作为砧木嫁接品种，高接新品种中原来的品种就是中间砧，原来的酸枣为基砧。长期以来，由于栽培品种产生变异的缘故，各地栽植的枣树，质量差异相当大。例如金丝小枣，在天津静海就有几十个表现型，在山东无棣县成熟期因阴雨天大量裂果，优质果率不到30%。解决这一问题的有效办法之一是高接换头，金丝小枣可以改接金丝新4号、金丝新2号，以及品质较好的类型或其他优良新品种。二是酸枣嫁接枣优良品种，小苗嫁接相当于育苗，大树嫁接就是高接换头。我国为枣原产地，很多地方都有酸枣分布，野生酸枣高接枣新品种可以充分利用资源，获得经济效益（图5-11）。

图5-11　枣树春季高接换头接穗萌发状
就这株数而言，砧树没有按照原树形处理，而是剃平头，将来可能长成圆头形

1.嫁接时间

我国河北、山东、山西一带枣的主产区，自枣或酸枣的树液开始流动起至9月上旬，都可进行枣高接换种或酸枣高接枣工作，但最适宜的嫁接时间为4月中旬到5月底。

2.接穗准备

（1）品种选择　选择品种要根据原有枣树的大小、高度、立地条件、气候条件、地理位置，结合经营目的，在适当试验的基础上进行引进发展。树体高大，可选择制干或干鲜兼用品种；树小且低，可选择鲜食品种，采摘方便，不易损坏；地质干旱、气候干燥，宜选择制干品种；水肥条件好、降水充足，宜选择鲜食；采摘园宜选择鲜食品种。

（2）接穗采集　一般在秋季落叶后到翌春3月发芽前20天为采集接穗最适期。在优良母树的树冠外围，发育充实，芽头饱满，木质化程度高，枝径0.6cm以上的一次枝或二年生健壮二次枝上采取。然后剔去粗度不够、芽头干瘪、枝条皱皮变色及有病虫为害的枝条。

（3）接穗处理　枣头剪成留1个芽的5～6cm长的接穗，即芽上1cm、芽下4～5cm；二次枝同样剪成带1个枣股长5cm左右的接穗，然后将接穗放入塑料袋内，接着制成蜡封接穗。

（4）接穗贮藏　经过蜡封的接穗，每100根装一塑料袋，贮藏在1～8℃窖内，也可在背阴处挖坑沙藏，减少水分散失。贮藏期可达4～6个月，使用时按所需数量分次取用。

3.砧树处理

根据不同情况因树造形，但一个果园类似的情况最好改造成同一树形，便于管理。有上下自然分层的树冠，可按照"层形"的要求，分别嫁接成2层或3层；为使改接树快速成形，可按照开心形树形结构要求，选留3～4个主枝；自然圆头形，或按照分层形嫁接选留主枝，或仍按照自然圆头形选留枝嫁接。选留的主枝上嫁接1～3个侧枝，外加主枝延长头。如果主干上缺少要选留的主枝、主枝上缺少要选留的侧枝，可选择光滑部位用腹接进行补空嫁接。

确定嫁接部位总的要求是：多接两侧，少接背上，不接背后。在同一层内，除了向外扩展的主要枝头外，重点嫁接两侧，一般要疏除所有背上直立大枝，留背上直径为2～3cm的枝，回缩短截后进行嫁接。

野生酸枣嫁接枣先进行砧木的选择、培育和整理。野生酸枣苗因分布地域、密度、树龄大小等环境条件不同，生长情况各异。所以，在嫁接的前一年，对砧木苗进行定向培育。一般选择生长健壮，无病虫为害，近地表主干光滑无伤疤、无分枝的作为砧木，每隔3～4m选留1株。对生长良好且适于嫁接，但密度过大的植株进行移植时，移植成活后再改接。

4.嫁接方法

枣高接的嫁接方法有劈接、插皮接、腹接、切接、带木质芽接等。具体操作参见"嫁接方法"中的相关内容（图5-12）。

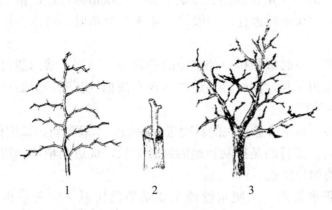

图5-12 酸枣用插皮接嫁接枣

1—酸枣植株；2—春季用插皮接将枣嫁接在酸枣上；3—嫁接后长成的栽树

不同的嫁接方法各有其特点，萌芽前嫁接以劈接为主；萌芽后以插皮接为主。嫁接方法应视具体情况灵活应用，在遇到较粗枝条时可用插皮接；直径2～3cm的枝，可用劈接、切腹接等；直径1～1.5cm的枝，可用切接；枣头枝外移，后部光秃时，可用插皮腹接。

大枝劈接和插皮接时，属直立枝或斜生枝的，接芽应在其两侧，芽眼向树干方向；属水平枝的，接芽应在其两侧或上方，芽眼向树干方向。大枝的其他嫁接方式及中小枝嫁接时，芽眼尽量向着枝的一方或南方。这样既利于枣树合理结构及树形的恢复，又利于接穗的愈合，还具有抗风、耐负重等优点。

5.接后管理

（1）检查成活与补接 嫁接后半个月检查成活情况，发现未活时应及时补接。

（2）除萌 嫁接之后，接穗与砧木之间在短时间内不能马上愈合，接穗上的芽不能及时萌发。但由于去掉很多大枝，因此树体营养相对比较充沛，这样就促使砧木上大量的隐芽萌发。如不及时去除，就会使之形成大量的枣头，从而消耗掉树体贮藏的大量养分。导致接穗和砧木的接口因养分不足而愈合缓慢或不能愈合，进而影响嫁接的成活率和成活后的生长量。随着砧树不断萌芽，除萌需多次进行。

（3）绑缚新梢　接穗成活后，因树体养分充裕，新梢生长很快，并且生长量很大。一般当年嫁接的新梢长度可达1～1.5m。由于新梢生长快，又因高接所处位置较高，因而最易遭受风害。因此要及时绑缚，选用较为坚固的木棍或竹竿，长度一般在80～100cm，粗度在1.5～2cm。对新梢的绑缚应分两次进行，第一次是在新梢长度达到20～30cm时进行，第二次是在新梢长度达到50～60cm时进行。一般第二年冬季修剪时，可以去掉绑缚木棍或竹竿。

（4）解绑　及时解除接口处绑缚的塑料条。否则，常因塑料条的禁锢而影响接穗的加粗生长，同时容易造成接穗和新梢的折断。因而应在新梢长到20cm左右进行解绑。

（5）摘心　对生长量过大的新梢进行摘心。一般在新梢长度达到80cm时进行摘心，其主要目的是控制新梢的加长生长，促进新梢的加粗生长，同时促进二次梢的加长生长。

（6）土肥水管理　土肥水管理主要是清理树冠下的杂草和未嫁接的萌蘖苗或酸枣苗。6月上旬以后进行土壤施肥。一般株施果树专用肥或尿素等0.5～1kg，并及时浇水；或每隔10～15天叶面喷布0.3%尿素+0.1%磷酸二氢钾1次，连喷2～3次。干旱季节在开花期上午10点前，或下午4点后叶面喷水数次。

（7）花果管理　枣树高接冬枣等良种后，当年就能开花结果，为了解高接品种的好坏，可采些果实以供鉴定。但枣自然坐果率较低，可采取花期喷水，花期喷生长激素和微量元素，5月上旬新生枣头、二次枝及枣吊摘心等措施增加坐果。9月初果实着色前冠下铺反光膜，促进果实着色和提高糖度。

（8）病虫害防治　嫁接后的枣树，新梢幼嫩，很易受病虫危害，主要是枣瘿蚊危害，在萌芽期喷1～2次25%灭幼脲3号2000倍液，可有效防治。结合解绑，对伤口涂抹愈合保护剂1次，防止伤口有甲口虫危害，一般防治效果在97.6%以上。接穗芽长到0.5cm、3cm、5cm、8cm长时喷香农1000倍液，防治绿盲蝽象、枣瘿蚊、食芽象甲。6月初～8月末用哒螨灵1500倍液或1.8%阿维菌素2500～3000倍液防治红蜘蛛。8月上旬开始用25%粉锈宁1000倍液防治枣锈病，半月喷施1次，连喷2～3次。

八、大樱桃高接换头更新品种

大樱桃高接换头包括两个方面，一是现有品种高接换头更新品种，例如红灯改接为乌克兰品种等；二是中国樱桃（小樱桃）高接大樱桃，更新品种。

1.嫁接时间

大樱桃高接换头一般在春季进行，从3月中旬开始至4月初樱桃叶芽萌动时结束，时间15～20天。嫁接过早，温度低，切面易形成隔离层，易抽干；过晚，树液开始流动，易流胶。

中国樱桃改接大樱桃的最佳时间在3月初至3月20日，此时中国樱桃正进入开花期，而大樱桃正处于休眠后的苏醒期，中国樱桃的养分正好供给脱离母体进入苏醒期的大樱桃枝条，加之惊蛰后气温迅速回升，有利于嫁接和砧木伤口的愈合，嫁接成活率最高。

生长季嫁接在6月底至7月上旬或在9月份进行。夏季主要是补接春季嫁接未成活的枝位。秋季嫁接时间为9月中下旬，此时温度适中，伤口易愈合，来年发芽早、长势强。秋季嫁接过早，温度高，伤口周围流胶严重，接芽断面极易发生褐变；过晚，枝条停长早，接芽愈合慢，成活率降低。大樱桃伤口易发生褐变，所以嫁接时应避开雨天。

2.接穗准备

（1）品种选择　尽量选用实践证明在当地表现良好的品种，对国外引进的品种，一定要在当地作区试后，才能大面积发展。从目前看，意大利早红、红灯、斯特拉、红艳等品种，综合性状表现比较好，可以推广。

大樱桃多数品种自花不实，少数品种自花结实率稍高，改接时要考虑授粉品种的搭配。嫁接时就选好授粉品种，同建园一样配置授粉树，一般2～3个品种按照行列式配置，便于管理；最少按照中心式配置；也可以在每株砧树上部嫁接1个或几个授粉品种接穗。

（2）接穗采集　接穗要求品种纯正可靠，从生长健壮、无病害的结果树上剪取外围、充实、叶芽饱满的发育枝作接穗。这类枝条成活率高，接后叶芽萌发早，当年新梢长势旺，扩冠快，早花、早果效果明显，如结合人工摘心、拉枝，当年成花株率达50%以上，第二年开花坐果良好。徒长枝与弱枝不宜作接穗，因其嫁接成活率低、扩冠慢、结果晚。

3.砧树处理

大樱桃高接换头砧树处理主要是确定树形与嫁接数量，将不嫁接的部分去掉。砧树处理根据树体结构、树龄、树冠大小、枝量多少、树势强弱、栽植密度以及立地条件等来进行。树龄小、枝量少、改接枝数在10个以下、栽植密度大、立地条件好，改接部位可少些；否则宜多。1～2年生树，可直接在中干及主枝上嫁接，枝接每个枝嫁接1个接穗；芽接每隔20～25cm接

1个接芽，均匀分布，以便及早成形。3～4年生以上的树，一般改接主枝，侧枝或大辅养枝15～20个。要注意选留的主枝和侧枝长势尽量均匀，角度开张，无病虫害及机械损伤。嫁接时要先疏除强枝、直立枝、细弱枝。一般在距着生基部5～10cm嫁接。水平枝在枝的两侧嫁接，利于开张；斜生枝、下垂枝在背上嫁接，以增强接芽的生长势。

中国樱桃改接大樱桃，以10年生以下树最好；10年生以上的树，只要枝干没有病虫危害、没有枯朽的健壮枝条都可以嫁接；衰老树可以对根部发出的粗度在2cm以上的枝干进行嫁接。大树嫁接时，主干最好保留60～80cm，嫁接2～3个接穗；幼小树嫁接时，可在地面以上5cm处剪去上部枝干进行嫁接，嫁接成活后，在嫁接部位培土，可缓解"小脚"现象对树体生长的不利影响。

9月份嫁接时，如果土壤含水量低于16%，要在接前1周进行浇水，而后再嫁接。

4.嫁接方法

大樱桃高接换头，采用的嫁接方法有劈接、切腹接、插皮接、嵌芽接、丁字形芽接，可根据嫁接时间、嫁接树龄、嫁接部位等选择适宜的方法。具体操作参见"嫁接方法"的有关内容。

5.接后管理

（1）解绑除萌　秋季芽接的应于次年3月下旬解绑剪砧。春季嫁接的，由于是露芽接，应于嫁接后10天左右剪砧，50天后解绑。剪砧后给剪口处涂抹愈合剂，防止风干流胶。只要嫁接枝成活生长良好，原品种上的萌蘖，除根据需要在适当部位留一部分作为高接砧木外，其余的要及时抹掉或剪除，以集中养分，加速接枝生长。

（2）补接　未成活的接穗皮部皱缩干枯。对未接活的，要及时补接，补接时将枯桩锯去一截再接。

（3）绑支柱　当新梢生长到20～30cm时，应在解绑的同时将嫩枝牵引捆到木棍支柱上。冬季修剪时就可以把支柱去掉。

（4）整形修剪　当接芽长到20～40cm时摘心，促发新梢，增加枝量。6～8月通过揉、拿、拉等方式开张枝条角度，合理利用空间，促进树体早成形、早结果。由于大樱桃分枝角度小、枝条硬，拉枝很容易劈裂造成分枝处受伤流胶，因此，拉枝时应先用手摇晃大枝基部，使之软化。

（5）病虫害防治　接芽萌发后，喷50%杀螟松乳油1000倍液，重点防治金龟子及初代毛虫类。每次喷药时加入杀菌剂，防止嫁接口腐烂病的发生。

九、杏高接换头更新品种

杏高接换头主要应用于现有品种高接换头更新品种、实生杏高接换头更新品种、野生杏高接换头更新品种。

1.嫁接时间

杏嫁接一般选择在春季树液开始流动时进行最好，在3月中旬至4月上旬即惊蛰之后至清明进行为宜。气候寒冷的地方可适当推迟。嫁接应在晴朗无风的天气进行，最好嫁接后几天无雨，以利于接口愈合快、成活好。试验表明，杏高接换种最理想的嫁接时间是叶芽萌动后10天。生长季在夏末秋初进行。

2.接穗准备

从品种纯正、生长健壮、发育良好、丰产稳产的杏品种母树上采集接穗。选择母树树冠外围芽饱满、枝势健壮的1年生发育枝，取其中段作接穗。

休眠期嫁接的接穗可结合冬剪进行采集。接穗每30～50条为1捆。如果马上嫁接，可用湿布包裹或将接穗下端浸入清水中保湿；如在次年春季嫁接，可将接穗放于窖内或开沟贮存，一层接穗一层湿沙。远距离运输的接穗，应用蒲包包裹，途中要喷水和通风，保持接穗的活力。若冬剪时未采集接穗，可于3月底4月初现剪，采集后的接穗一定要沙藏或在湿土中埋藏7～14天，这样嫁接成活率高。湿土不要太干也不要太湿，以含水量30%～40%为宜，湿土埋藏地的地势要稍高一些，以防积水。切忌随采随接。

生长季接穗采用当年新梢，随用随采。

3.砧树处理

已进入盛果期的大树，按照树形要求，保持从属关系，选择主枝改接，每个主枝上留1～2个侧枝，以保留原有树体结构。用于高接的主枝和侧枝，其回缩切口粗度应控制在5cm以下，一般以2～4cm为宜。这样嫁接容易操作，接口愈合程度好，成活率较高。

山杏等一般管理较为粗放，枝条杂乱无章，嫁接可依据原来树形适度修剪，一般每株树选留5～8个主枝，主枝错开排列，每个主枝回缩短截去原长的1/2～2/3，嫁接主枝头和枝组。

4.嫁接方法

休眠期嫁接一般采用枝接。试验表明，插皮接成活率最高，其次是切接、劈接，腹接成活率最低。

生长期嫁接用带木质丁字形芽接，试验证明采用带木质丁字形芽接法成活率显著高于丁字形芽接。

具体操作参见"嫁接方法"的有关内容。

5.接后管理

（1）检查成活、补接　接后10～15天，若天气晴朗、气温正常，则可成活。成活的标志是接穗芽鳞变色、破裂，否则接穗枝皮失水皱缩死亡。对死亡接穗应立即补接。

（2）松绑解绑　待新梢长出7～8cm时可松绑，松绑时用嫁接刀先割开砧木截面处固定接穗的塑料条，方法是沿接穗延伸方向割开。发现过紧的，视情况及时解除绑缚物，以免绑缚物陷入皮层，影响枝干加粗生长。

（3）绑支柱　夏季给新梢绑以支撑物，以防风折及因为自身重量过大而折断。高龄枝的大截面上若所接的两个接穗均成活，则连同砧木一起去掉生长不良的1个。具体做法是，在大截面适当位置（靠近但不超过其直径3/4处），沿砧木极性方向斜向下去掉部分砧木，削平砧木斜伤面，涂接蜡或封口剂，以便于砧木与接穗快速愈合。

（4）肥水管理　生长季节，土壤干旱时应浇水增墒、适时追肥，以利于枝、芽生长。

十、李高接换头更新品种

李高接换头主要是现有品种进行更新。

1.嫁接时间

高接时期共有3个。一是树体萌芽前带木质芽接从4月初开始；二是枝接以芽体萌动后至展叶前的4月下旬至5月上旬为最好；三是6月下旬再芽接。初次嫁接后，定期观察其成活率，并对嫁接未成活的立即进行补接，补接可一直进行到展叶为止。若补接不成功的，则需对基枝上抽生的强壮枝摘心、抹芽，到5、6月份枝条半木质化时再进行芽接。

2.接穗准备

选择在品种纯正、生长健壮、结果性状良好的结果树上采集接穗。要求采集树体外围、枝条充实、无病虫害、枝条顶端有四五个饱满芽的枝条为接穗。休眠期嫁接接穗采集时间为2月初，接穗采集后按品种标记，用提前准备好的封蜡封闭接穗剪口，可以促进成活。将接穗保存于温度1～5℃、湿度在85%以上的地窖中。也可以早春芽眼萌动前采集接穗，采后用青苔包装好，放置在阴凉处，隔3天洒水1次。生长季嫁接接穗随用随采。

3.砧树处理

根据树形要求和树龄，确定留枝和嫁接接穗数量。按照树形选留骨干枝、枝组进行嫁接，其余骨干枝、枝组疏除。幼树主要改接中心干、主枝，初果树主要改接中心干、主枝、侧枝和主枝、侧枝之间的枝组。成形大树，中心干、主枝、侧枝回缩1/3，然后确定中心干、主枝、侧枝，在主枝、侧枝之间的改接枝组。大树多头嫁接有利于当年恢复树冠、缓和树势和均衡体营养，一般5年生接头30个左右、6～9年生树40个左右，10年生树50～60个为宜。嫁接枝粗度在2cm以下为宜，嫁接部位在砧木枝基部5～10cm处。对截留伤口及时涂抹伤口保护剂。

4.嫁接方法

树体萌芽前嫁接用嵌芽接，芽体萌动后至展叶前嫁接用切接、舌接，生长季嫁接用丁字形芽接、嵌芽接、带木质丁字形芽接等方法。具体操作参见"嫁接方法"的有关内容。

一般是选择适宜时期、适宜方法一次嫁接完成，没有成活的再选择适宜时期、适宜方法补接。也可以分次完成，春季选择适宜时期、适宜方法完成一部分，生长期针对枝条太粗、枝干老化的树体，在早春时低位截干，促发的新梢进行嫁接。同时，对春季嫁接长势不好、位置不好、没有成活的进行补充。

5.接后管理

（1）检查成活　嫁接后10～15天检查成活率，没有接活的立即进行补接。

（2）除萌解绑　砧木上抽发的大量萌蘖，须及时多次地抹除，以免和接芽争夺养分。待新梢长出10cm左右进行松绑。发现过紧影响生长时，及时解除绑缚物。

（3）肥水管理　为促进接芽迅速生长，在抽梢期根外追肥3～4次，每次均用0.3%尿素+0.2%磷酸二氢钾。秋季每株施人粪尿25kg+复合肥0.25kg+尿素0.2kg。

（4）整形修剪　因砧木根系较发达，养分供应集中，成活后极易抽生大量丛枝，风大时，因受力面大易被刮断，应选不同方位的3～4个强壮枝条，绑以支撑物，以防风折及因为自身重量过大而折断。其余及时疏除，以节省树体养分，并通过摘心培养副梢。投产后，主要以长放、疏剪为主。

（5）病虫害防治　嫁接部位若发生流胶病，应及时刮除流胶，涂上托布津。如蚜虫为害时，及时用蚜虫净或杀灭菊酯等药剂防治。发现天牛及时人工捕捉。如新梢枯萎，梢上有洞口的是桃蛀螟为害，应及时剪去、烧毁。结果期主要做好桃蛀螟、金龟子的防治工作。

十一、柑橘高接换头更新品种

1.嫁接时间

柑橘高接换头在每年的2～3月与9～10月是最恰当的时机，嫁接成活率也较高。春季嫁接成活率在95%以上，当年能抽生2～3次梢；9～10月嫁接成活率在90%以上，第2年春季萌芽早、抽梢整齐，1年能抽梢3～4次。可以减少果园嫁接果树的经济成本，提升柑橘树种植的经济效益。

2.接穗准备

根据本地资源情况、生产目的、市场需求和栽培条件选用优良品种。从经过鉴定的品种纯正、无明显病虫害的良种树上采集生长发育充实、芽体饱满的一年生春、秋梢作为接穗。

3.砧树处理

根据树形结构、大小以及树体生长情况进行截干，按自然开心形树形，保留3～4个分布均匀、健壮的主枝以及主枝上的部分侧枝作为高接换头枝，其余枝干全部疏除。一般截干部位距离地面1～1.5m以内，树干过高会加大养分运输距离，影响接芽成活率。一般8年生以下的树嫁接口离地面1m以下，每株嫁接10～15个芽；8年生以上的树，嫁接口离地面1.5m以下，每株嫁接25～30个芽。

剪锯口要平滑，切忌撕裂柑橘树皮层。对大的剪锯口涂上凡士林和多菌灵，以防止水分蒸发，还可以起到消毒杀菌的作用，促进伤口愈合。

4.嫁接方法

柑橘的嫁接大多数采用切接和腹接。单芽嫁接，以切接为主，结合腹接。切削接穗时要注意，从枝条相对较窄的一侧入手，从芽的下部1.2cm处向前斜削出60°的斜面。之后将接穗翻转，平整的一面朝上，从芽的下部2～3mm处向前削去皮层，不带木质部或稍带木质部，使削面平滑呈白绿色，要求控制好切削的力度，去除的皮层不宜过厚也不宜过浅，保证削平，一次到位。削面如果呈绿色，证明削皮力度不足，削得太浅，虽能愈合，但不会发芽；如果削得太深，削面呈白色，接后不易成活。削后翻转枝条，在长削面的芽眼上方2～3mm处将其削断，即为接芽。接芽削好后，立即置入盛清水的盆中备用。切接和腹接的其他具体操作参见"嫁接方法"的有关内容。

5.接后管理

（1）挑芽 春季高换，当嫁接新芽萌动后，用小刀挑破萌芽处薄膜，让芽自然长出。

（2）解绑 当春梢老熟后，用刀划断绑缚的薄膜，不可解膜，秋梢停长后解除全部薄膜。

（3）除萌、抹芽和摘心 砧树上的萌芽要尽早去除。新梢长2cm时进行抹芽，每个基枝保留两三个新梢，多余的抹去。春梢长至20～30cm时摘心，夏秋梢长至25～30cm时摘心，晚秋梢留3～4片叶摘心。

（4）新梢管理 新梢第2次生长后，对外围、顶部的新梢要设立支柱保护。9月上旬对树冠四周及顶部直立旺长、扰乱树形的枝可疏除，长势较强的枝可用撑、拉的办法开张角度，促进花芽分化。

（5）土肥水管理 果园的杂草一般不会特别多，但也要提早预防果园生杂草。高接换头后果园内一般不间作其他作物，实行果园生草。可在9月撒三叶草等绿肥作物，如果三叶草长势差，可在第二年3月补撒一次，防止果园内长出其他杂草，减少除草成本，形成良好的果园生态环境，提高果品品质。

5～9月每月施肥一次，以高氮复合肥为主，根据柑橘树体大小及长势确定施肥量，配合施用有机肥，各次新梢停长后用0.3%尿素加0.3%磷酸二氢钾以及其他叶面肥进行根外追肥，一年根外追肥5～6次。

土壤施肥后浇水，其他时间根据土壤墒情和天气情况浇水。

（6）病虫害防治 高接换头果园主要病虫害有蚜虫、潜叶蛾、炭疽病和红蜘蛛、黄蜘蛛等，根据情况及时防治。一般5～10月每月喷施一次杀虫剂＋杀菌剂＋叶面肥，加强病虫预防。

 第二节 藤本果树高接换头更新品种

一、葡萄高接换头更新品种

葡萄是世界范围栽培的重要果树，近几年我国葡萄栽培面积不断扩大，已培育和引进很多优良品种。采用高接技术能加快新品种的推广速度和种植范围，特别是老产区，存在很多品种老化、产量很低的葡萄园，采用高接技术对其调整品种结构、加快建园速度和提高经济效益有较好的效果，对促进葡萄产业健康发展有一定的帮助。另外，高接葡萄接穗生长快速，可以加快繁育苗木品种所需的接穗，这种生产措施在我国多地已被广泛应用。

因早年品种选择方面的随意性，一些品种亟待更新换优，面临重新定植、重茬土壤改良以及大树体结构重新整形培养等问题，经与相关专家咨询采用了大树高接换优技术，并于2015年优先改接了北京市农林科学院林业果树研究所选育的香味好、早熟的红色系新品种'瑞都红玉'，现将该品种高接后的表现，以及改接技术进行介绍。

葡萄建园费用很高，想把老品种进行更新，并做到既要见效快又要节约成本，通过绿枝嫁接更新葡萄品种是最佳的方法。

1.嫁接时间

葡萄利用成熟的一年生休眠枝作为接穗进行的嫁接叫硬枝嫁接，利用绿枝或新梢作为接穗进行的嫁接叫绿枝嫁接。

硬枝接硬枝为硬枝嫁接，嫁接时间以春季伤流期末期或伤流结束后至发芽前这一阶段为最佳。伤流即春季萌动前枝干伤口处吐水的现象，葡萄伤流期一般在萌芽前半月左右开始，维持约10天。各地应根据当地情况安排嫁接时间。一般来讲，华中、华北南部3月上中旬至4月初为嫁接适期；华北中部、北部地区要待葡萄出土后才能进行。

绿枝接硬枝亦为硬枝嫁接，绿枝接绿枝为绿枝嫁接。绿枝接硬枝、绿枝接绿枝在5月底至6月上旬，当砧木树体的新梢半木质化时进行。通常当砧树的新梢长度达到40cm左右时即可进行绿枝嫁接。绿枝接硬枝需要在低温下保存一年生枝条作为接穗，等到砧木新梢长成后再嫁接。

设施中嫁接时间相应提前，在能提供接穗的情况下，尽早改接为好，以利于更好地成熟和快速成形。

2.接穗准备

（1）确定嫁接品种　高接接穗品种应依据品种区域化要求，选择经济效益高、适应当地自然条件、市场效益高的品种。

（2）接穗采集及保存　硬枝嫁接所用的接穗于11月上旬采集当年充分成熟、芽眼饱满的枝条，采集后进行贮藏，翌春进行嫁接。嫁接前将贮藏枝条剪成2～3芽的接穗，放清水中浸12～24h。绿枝接硬枝采用的接穗，随着春季气温转暖，需要存放于冰箱等0～5℃的环境中，抑制发芽。

绿枝嫁接所用接穗采于当年5月底至6月上旬的半木质化新梢，剪取半木质化的新梢，这时剪口刚露白茬。为使接穗芽体饱满，可于采穗前一周对新梢摘心。接穗最好在阴天或早上采集，随采随接。选树冠生长健壮、无病虫害的半木质化的新梢，取新梢中段作为接穗。新梢剪下后留叶柄剪去叶片，立即包裹于湿毛巾内，以防止接穗失水。若用不完，应将接穗用湿毛巾包好，在3～5℃低温保存。若需进行远距离运输，接穗须采用剪口封蜡、用苔藓或锯木屑填充保湿、外加塑料薄膜包扎等措施，运到后宜立即开包取出接穗，并埋于阴凉处的湿沙中，以防止接穗失水。

3.砧树处理

葡萄主要是利用篱架和棚架进行春季硬枝嫁接和夏季绿枝嫁接，其砧树处理大同小异。

春季嫁接采用硬枝枝接、篱架栽培的，根据株行距选择2～4个无病虫伤害、位置适当、生长相对一致的枝，距离地面或主干20～30cm锯断或剪断，进行嫁接（图5-13）。棚架栽培的，在直立主干转为水平后，各个主蔓距离主干30cm处锯断或剪断，进行嫁接；多主蔓上架的，主蔓转为水平后30cm处锯断或剪断，进行嫁接。

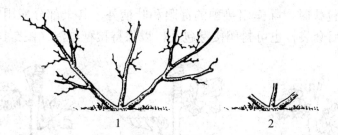

图5-13 葡萄篱架自然扇形及高接换头树冠处理

1—自然扇形；2—自然扇形换头树冠处理

夏季嫁接采用绿枝接硬枝的硬枝枝接，或绿枝接绿枝的绿枝枝接。砧树处理同春季嫁接基本相同，篱架根据株行距选择2～4个无病虫伤害、位置适当、生长相对一致的枝，距离地面或距离主干20～30cm锯断或剪断。棚架在直立主干转为水平后，各个主蔓距离主干30cm处锯断或剪断；多主蔓转为水平后30cm处锯断或剪断，但不进行嫁接，促其萌发新枝条，等到半木质化时，进行夏季嫁接。

设施中嫁接砧树同样处理，只是时间相应提前。如果生长季嫁接，重剪后的葡萄大树生长旺，在萌芽初期注意及时选留生长方向与主蔓相一致、生长良好的新梢，生长季嫁接用，将其余的新梢去除，可多留1～2个备选新梢，一是可适当放缓生长势，二是可以为改接时的操作失误或损伤留出备选余地。

4.嫁接方法

葡萄高接换头各地成功的经验是采用劈接，接穗留单芽。具体操作参见

"嫁接方法"中的"劈接"内容。

　　春季硬枝接硬枝，为提高嫁接成活率，可在接口以下留1～3个长势较差的枝条作为"引水枝"。引水枝的选留要适当，树势旺、多雨或果园潮湿的应多留，反之则应该少留，原则是去粗留细、去直留斜、去内留外、去密留疏。为避免嫁接伤口处产生伤流，亦在嫁接前在枝蔓基部造一伤口，使伤流发生在主干下部，起到"截流"效果，避免嫁接部位发生伤流影响接穗成活。

　　生长季绿枝接硬枝时，在新梢上大于接穗粗度的节间中部截断，取新梢中段作为接穗，进行嫁接。绿枝接绿枝时，砧木新梢在半木质化处截断，剪口下的叶片全部保留，使其制造养分供应接穗萌发生长；而叶腋内的全部副梢则需及时抹除，以减少养分消耗，集中养分供应接穗生长，同时可避免品种混杂，使原有老树和嫁接品种果实同时出现。取新梢中段部分作为接穗。接口和接穗包扎时，除露出接穗的芽眼和叶柄外，其余部分应用塑料薄膜全部包住，然后套袋，也可封闭接芽包扎，以保持接穗湿润（图5-14）。

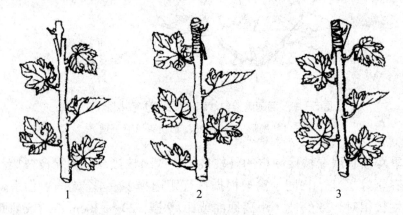

图5-14　葡萄绿枝嫁接

1—单芽劈接接穗插入砧木接口；2—绑缚；3—套袋

5.接后管理

　　（1）检查成活与补接　检查接后成活情况，对未成活者及时进行补接。

　　（2）解绑　一般接后10～15天发芽，发芽后1个月左右于阴天破袋，以利幼梢生长。当接穗新梢长40cm左右时，接口愈合，解除绑缚物，否则会折断新梢。

　　（3）除萌　在接穗接近萌芽的前期，会有较集中的砧木隐芽大量萌发，必须将其从基部全部清除干净，直至接穗芽萌发并成营养的主要供应对象。

　　（4）绑支柱　对接穗发出的新梢在30～40cm时应固定保护，防止风折和碰断。

（5）整形修剪　嫁接较早、接穗新梢生长旺盛的情况下，可以考虑当年整形，主梢进入旺盛生长期摘心，发出的副梢分别培育主蔓延长蔓和侧蔓或结果母枝，达到要求长度摘心，促进成熟。一般情况下，在新梢长出 8 ～ 10 片叶时进行摘心，使新梢在秋季能充分木质化，提高成熟度，副梢均留 2 片叶反复摘心，控制生长。

（6）肥水管理　接后当天浇水，以后根据土壤的干湿情况来确定每次浇水的时间。施肥与浇水相结合，生长前期以氮肥为主，促进营养生长，后期改用磷、钾肥。在生长期每隔 10 ～ 15 天进行 1 次叶面喷肥，可交替施用 0.3% 的磷酸二氢钾和尿素，以促进根系和枝条生长。

（7）病虫害防治　主要防霜霉病，每 7 天喷 1 次波尔多液；发现葡萄霜霉病，可喷 50% 的瑞毒霉锰锌 600 倍液或 64% 杀毒矾可湿性粉剂 500 倍液防治；发现白腐病，可喷 600 倍液福美双防治。

二、猕猴桃高接换头更新品种

猕猴桃原产于我国，分布很广，其种植已成为很多地区农民脱贫致富的重要手段。猕猴桃果实中种子很多，很容易用种子实生繁殖，因此品种非常混杂；现在优良新品种很多，老品种需要更换；还有野生猕猴桃要进行经济栽培。高接换头可以尽快实现更新品种的目的，提高生产效益。

1. 嫁接时间

猕猴桃同葡萄一样，春季有伤流，影响嫁接成活率。猕猴桃的伤流在萌芽前达到高峰，发芽后逐渐减少，嫁接的适宜时间为展叶期；但也不能太晚，因为展叶后砧木消耗养分增多，不利于嫁接后的成活及生长。其次，在伤流前进行嫁接，注意控制伤流量。夏季 6 ～ 7 月进行绿枝补接，只要接芽老熟即可开始，接后当年萌发。秋季嫁接以 9 月上中旬为终止时间，再推迟嫁接，接口愈合比较困难，接芽很难保证成活。

2. 接穗准备

（1）确定嫁接品种　我国选育出不少猕猴桃优良品种，并且也从国外引进许多优良品种，可以根据当地实际情况、市场需要从中选用。猕猴桃是主要果树中少有的雌雄异株树种，同建园一样，嫁接时必须按照雌株、雄株比例要求合理搭配，一般雌株、雄株比例为（6 ～ 8）：1。授粉品种要按照规划，做好标记，同期高接。嫁接品种要与砧树有较强的亲和力。

（2）接穗采集及保存　接穗应采自树势强健的结果树，取枝条基部径粗不低于0.6cm、芽眼饱满、枝条粗壮充实、无病虫害的一年生发育枝或结果枝作接穗。接穗注意保鲜，最好随采随接。冬季修剪采集接穗，应沙藏贮藏。品种接穗、雄株接穗用标签写清楚，分别捆绑。

猕猴桃适宜嫁接时间比较晚，沙藏接穗在树芽萌动时应及时转入冷库保存，温度控制在0～5℃之间，避免接穗芽萌发。

生长季嫁接，为避免水分蒸发接穗抽干，采集接穗时将叶片剪去，只留叶柄，最好随剪随嫁接，保持接穗新鲜。

（3）接穗的利用　接穗要利用生长充实的发育枝，以节间较短的为好。猕猴桃结果枝开花或结果的节位为盲节，不再生芽，不能作为接穗。要选择有明显主芽和副芽的节位作为接穗。

3.砧树处理

猕猴桃高接换头要求在适宜的生态区，并且根系生长年龄在10年以下的植株。根据经验，10年以上的猕猴桃根系逐渐衰老，即使在重新萌生的萌蘖上嫁接也不会达到新品种的丰产性状，挂果寿命也很短。砧树根系和主干无溃疡病或根结线虫及严重的黄化病等病虫危害。

因为猕猴桃春季有伤流，修剪过迟伤流严重会影响树体，可以冬季修剪就定好树形，减少损失。也可在嫁接前10～15天按要求剪好。嫁接部位在近地面或架面以上。1～2年生树可以平茬修剪，在嫁接部位以上10cm处剪掉枝干，根据株行距要求，单株留2个枝左右，其余疏除；3年生以后的大树，可以把篱架、多主蔓及单干伞形树形改造成单干多头树形，按照大小保留6～10个枝，其余枝疏掉。疏掉的大枝伤口用油漆或封蜡等涂抹保护，以免水分蒸发和伤口感病。如果在萌蘖徒长枝上嫁接，冬剪时砧木修剪要根据嫁接的品种特性、现有的栽植密度及将来的整形办法来确定，对于栽植过密的，如果要栽植海沃德等品种，或要采取长梢修剪、平行整枝，可间树嫁接，随后间伐。

4.嫁接方法

猕猴桃高接换头嫁接方法有合接、皮下接、劈接、腹接、切接、舌接等，具体操作参见"嫁接方法"中的相关内容。

春季展叶期嫁接，要保留接口以下的枝叶，以减少接口伤流量。有些砧树，特别是地处潮湿地区的果园，如果伤流量仍然很大，就要进行"放水"处理，即在枝干的近地面部位，斜横向切2～3刀，深至木质部，使伤流液从此口流出，以减少接口的伤流量。猕猴桃嫁接可以套袋保湿，也可以埋土保湿（图5-15）。

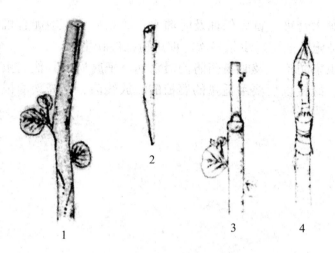

图5-15　猕猴桃展叶期合接

1—砧木切削及留枝叶与切"放水"口；2—接穗切削；

3—接穗与砧木接合；4—绑缚及套袋

5.接后管理

（1）检查成活与补接　嫁接后10天左右观察，如发现接穗皱缩，证明未接活，可立即补接。

（2）解绑与除袋　在不影响接芽生长的情况下，解绑一般愈晚愈好。待接口愈合完全后再解绑。接穗萌芽后，塑料袋破顶，以便新梢长出，清除套袋可在解绑时进行。

嫁接埋土的，遇大雨应及时疏松表土防止板结。只要埋土适当，接穗萌芽后可自然长出来。如埋土过厚，可轻轻除去部分埋土以防破坏嫩芽。除土要在阴天或下午阳光不强时进行，以免嫩芽晒伤。

（3）除萌　抹除砧木萌芽，可以保证接芽的养分供给，还可保证接芽的顶端生长优势，所以抹芽应及时。除萌时注意暂时保留几片老叶，作为拉水枝叶，待新梢进入旺盛生长时再清除。未接活的，不能反复除萌，否则砧木会枯死，要保留适当新梢补接。

（4）绑支柱　当接芽萌发抽梢到30～40cm时，近地面的要插竹竿，高接的要绑支柱固定新梢，以防风吹断。

（5）整形修剪　近地面嫁接的，当接芽长到架上时，在架下20cm摘心促发二次枝，培养主蔓。高接的生长势特旺的，当长到25cm左右时摘心，促发副梢。以后枝条开始出现缠绕就轻摘心，促进组织充实和枝干加粗生长。

（6）土肥水管理　首先保证及时灌水，防止积水，增加有机质含量，多用有机肥，补施叶面肥，少量多次，促进植株健壮生长。

（7）病虫害防治　及时喷药防治溃疡病、干腐病及其他病虫害，特别对于较大龄树，嫁接以后要用适量的腐植酸、放线菌、甲壳素灌根防杀根结线虫、根腐病、溃疡病。

第六章

果树嫁接的应用

第一节 嫁接在果树生产中的特殊应用

一、授粉品种花芽嫁接

花芽嫁接或花芽高接，是指嫁接带花芽的枝条，成活后接着开花，甚至结果。多数果树的绝大部分品种自花不结实，必须配置适宜足量的授粉品种，才能授粉结实，为优质、高产、稳产打下基础。但是，由于建园时没有配置授粉品种，或授粉品种配置不足、不当等情况，授粉品种缺乏，果树不能正常结果。重新补植授粉品种往往来不及，这时就需要嫁接授粉品种来解决。另外，大树高接换头也存在配置授粉品种的问题。嫁接授粉品种实质上也是大树高接换头，有时整株换头，有时更换树冠的一部分，或者几个枝，达到授粉的目的即可。大树高接换头嫁接授粉品种，一般按照建园要求配置，选择中心式或行列式。具体嫁接技术参见各树种高接换头更新品种的有关内容。

花芽嫁接的主要作用是改接当年就能给主栽品种提供花粉来源；有一定的产量；可以一劳永逸地解决缺乏授粉品种的问题。有时也利用花芽嫁接平衡结果，当一植株花芽分布不均时，可以从花芽多的枝上剪取结果枝，嫁接到花芽不够的营养枝上；还可充分利用修剪删除的花枝，嫁接到徒长枝、交叉枝、直立枝上，补空增产。

1. 嫁接时间

以梨树为例，露天嫁接从9月上旬至翌年2月均可进行。一般插皮接适期以9月上旬至10月上旬花芽已形成、砧树易剥皮时为适期；切接、腹接适期以砧树开始落叶后至花芽萌动，即10月至次年2月为适期。设施栽培，以大棚甜樱桃为例，升温后15天至花芽萌动期，以早接为宜，选择晴天进行，棚内温度过低影响成活率。

2.接穗准备

接穗随用随采。选择优良品种的壮年树上花芽饱满、无病虫的强壮长果枝作为接穗。大棚甜樱桃亦可选用2～3年带有短果枝分枝的枝段作为接穗。

3.砧树处理

结合整形，在主、侧枝基部10～20cm处剪截，骨干枝之间选择枝组回缩，截缩枝干一般直径2～4cm。骨干枝光秃部位采用切腹接，以充分利用空间、培养枝组、提高产量。每株嫁接30～50个头。如果每株只是嫁接几个枝，一定要在优势部位嫁接，有利于接活后生长，也有利于传粉。

大棚甜樱桃嫁接前2～3天，对改接树进行充分浇水，以提高成活率，而嫁接后则严禁浇水，以免引起流胶，影响成活。

4.嫁接方法

采用插皮接、劈接、切接和切腹接。枝接接穗8～10cm长，带有2～3个饱满花芽。大棚甜樱桃亦可选用2～3年带有短果枝分枝的枝段"带花长枝"嫁接，接穗长度50～60cm。用塑料筒或地膜包扎严密。具体操作参见第一章第五节"嫁接方法"的有关内容。

5.接后管理

以甜樱桃设施栽培花枝高接加以说明。

（1）解绑　嫁接后15天视愈合程度去掉接口上包扎的薄膜。解绑过早过晚都影响成活。若解绑过早，尚未完全愈合；解绑过晚，又易使塑料膜束进树皮，使嫁接枝折断。要根据接口愈合情况分2～3次解绑。

（2）除萌　改接后，破坏了树体的根冠比例，嫁接口以下部位易萌发蘖芽，为集中养分、促使嫁接带花长枝的生长，于嫁接后7～10天进行1次除萌，以后每隔7～10天再除1次，连续进行3～5次，直到无萌蘖抽生为止。树冠内膛光秃缺枝部位，可适当保留萌条，待以后补接。

（3）肥水管理　在施足基肥的前提下，从成活后开始每隔10～15天追肥浇水1次，连续4～5次，以氮肥为主。展叶后，每隔7～10天叶面施肥1次，连续喷施。前期以氮肥为主，加有机液肥。

（4）绑支柱　绑缚支棍，防止生产管理过程中人为损坏或折断。摘果后，立即去掉支柱。

（5）整形修剪　为促生长、多出枝、增加嫁接枝的分枝数量，骨干枝延长新梢长到30～40cm重摘心，促发二次枝。二次枝新梢长到20～30cm时，再重摘心，促发三次枝。

二、设施葡萄花芽嫁接增加产量

设施葡萄栽培中，由于前期弱光照和低温等，有的品种，例如红地球，两年后不易形成花芽；棚栽品种杂乱，市场需求的适应性差，都会影响经济效益。此外，随着消费者对四季新鲜葡萄需求量的加大，急需改变鲜食葡萄季节产、季节销的格局和鲜食葡萄冷冻贮藏的弊端，实现鲜食葡萄四季供应。设施葡萄花芽嫁接提供了一种鲜食葡萄能连续丰产和四季供应市场的方法。

1.嫁接时间

在北方地区设施栽培环境下5月20日至7月10日嫁接，当年萌发结果，11月到来年2月果实成熟。

2.接穗准备

嫁接品种为红地球和维多利亚，嫁接其他品种尚需试验。休眠期采集一年生枝第4节到第8节、具有饱满花芽的部分作为接穗。采集的枝条在温度–5～5℃条件下沙藏保存，或–1～2℃的冷库中保存。

3.砧树处理

砧树品种为奥古斯特、6-12、雄风2号和红地球，其他品种作砧木尚需试验。选择2年生以上的葡萄树上的当年生无花序（发育枝）或花序少（结果枝）且质量差的半木质化的新梢为砧木，每株嫁接3～4新梢。全树改接可以根据树形要求和结果枝需要数量确定嫁接接穗数量。

4.嫁接方法

采用单芽劈接，嫩枝嫁接硬枝。用切接刀在接穗芽下方0.5～1cm处两侧向下削2.5～3cm长的斜削面，呈三角体形。砧木在基部半木质化处剪截，在截面的中央垂直向下切开深达3～4cm的劈口，将削好的接穗插入砧木的切口内，对齐砧穗形成层，露白2～3mm，用塑料条从砧木切口的下方向上螺旋式缠绕，将接口缠严，松紧适宜。具体操作还可参见第一章第五节"嫁接方法"的"劈接"内容。

5.接后管理

（1）浇水　嫁接结束后，浇透水，7天后再次浇水，在接穗萌芽后浇第三次水。

（2）施肥 萌芽肥，每株施磷酸二铵40g左右。膨果肥，每株施硫酸钾复合肥40g左右，每666.7m²施沼渣或腐熟基肥2m³随水施入。上色肥，每株施硝酸钾30g左右，每666.7m²施沼渣或腐熟基肥2m³随水施入。

（3）绑蔓解绑 接穗新梢长到30cm时开始上架绑缚，当枝蔓长到60cm时将嫁接口的塑料包扎条松开。

（4）摘心、副梢处理 接穗新梢长到60cm左右摘心，花序以下副梢全部抹除，顶部第一和第二副梢留两叶反复摘心后，其余副梢单叶绝后。

（5）花果管理 每个结果枝留一穗果，每穗果留60～80粒。

（6）病虫害防治 在果实膨大前，喷药预防白粉病。果实转色期，喷药预防黑豆病和白粉病。

三、骨干枝桥接恢复树势

利用一段枝或根，两端同时接在树体上，或将萌蘖接在树体上的方法叫桥接。桥接主要应用于树皮损坏的情况，通过桥接，使树皮重新接起来，重新输导养分和水分。生产上苹果树用得较多，主要是发生腐烂病等病害时，轻者可以将病疤及时去除，并且用药液涂抹在疤痕处；但若是严重则会造成树皮腐烂形成大的病疤，使得表层细胞的营养组织被破坏掉；有时遭受虫害与机械损伤，也会引起树皮腐烂，造成大的伤口。这就限制了树皮对养分和水分的运输，使树势衰弱，严重的会导致树枝死亡。采用桥接可以使伤口上下接通，恢复树势。所以，桥接是挽救树皮损坏植株的一种好方法。

1.桥接对象

桥接不一定适用于各种类型的果树。通常情况下，桥接对象应该选择长势中等的果树，在主干上有发生树皮损坏的情况，疤痕的长度不应过长。长势不好的树也不适合桥接，一方面是进行桥接后成活率不是很高，另一方面防治的意义不大。在果树侧枝上的病疤只可对其进行刮治，若是疤痕较深或者腐烂比较严重，可以在疤痕附近的好皮处缩剪，根据长势的具体情况来培养新的侧枝占据原来的地方。

2.桥接时间

果树桥接的成功与否与温度、接穗情况以及产生的愈伤组织紧密相关。一般春季树液流动后的整个生长期内都能进行，但最佳时期是树体萌芽至开花期，这时桥接，树液流动旺盛，形成层愈合组织形成快，最易成活。也就是说树体离皮后，桥接越早越好，这样有利于树体养分的上下及时疏通。

3.接穗准备

桥接接穗优先选用树体本身可利用的枝条和同一品种的枝条，这样嫁接亲和力强，成活率高。其次是采用砧木枝条和其他品种枝条。利用其他品种枝条属于共砧，亲和力没有问题。苹果选用国光枝条最好，枝条充实，萌芽率低，与其他品种亲和力强，嫁接成活率在98%以上，红星、秦冠、富士次之，成活率也在90%以上。

桥接应选择生长健壮充实，无病虫危害的1～2年生、无分枝、比较细长而柔软，尚未萌动的枝条作接穗。1年生外围枝为最好，内膛徒长枝、发育直立枝不宜作接穗。

接穗选好后，待冬剪时采集下来，进行沙藏或埋在低温背阴处的土壤中贮藏。在进行桥接时，将接穗从土壤中取出来。放入水中进行浸泡，保证接穗能够充分吸水，再进行嫁接。

为了提高成活率，接穗也可先进行蜡封。由于枝条长，封蜡时需要较大的容器，或用毛笔蘸蜡后刷在接穗上。也可以用塑料薄膜将接穗缠起来，防止失水。

4.桥接树处理

桥接前一年和当年的春天，对损坏部位进行处理。例如对腐烂的病疤进行认真、严格、细致的刮净和消毒。待愈伤组织形成后，方可实施桥接。

5.桥接方式

桥接按照接穗的来源和接口的部位不同，一般分为3种方式，即双向桥接、活接穗桥接和新栽苗桥接。

（1）双向桥接　所谓双向桥接是将接穗的两头分别接到疤痕的上下两端位置，成活后通过接穗上下输送水分和养分，弥补疤痕造成的损失。双向桥接适合疤痕位置比较高的植株。根据疤痕上下长度选择接穗长度，接穗比病疤长40cm。

选取适宜的枝条作为接穗，在接穗两头同一面分别切削两个马耳形斜面。在疤痕上下边缘光滑的好树皮处，各切一个丁字形切口，用插皮腹接的方法将接穗两头分别插入上下切口，贴紧，再用小钉钉住。如果疤痕较大，可以接两个及多个接穗（图6-1）。最后用塑料膜包扎好桥接部位，包扎的部位应该从接口下方的10cm左右开始，首先将塑料膜的一头固定在树上，再将枝干和接穗捆绑在一起，要保证将全部的伤口包扎起来，包扎紧密、严实。也可用蜡封接穗，只绑缚伤口即可。如果患腐烂病的大树树干很粗，塑料条很难捆紧，为了防止接口水分蒸发，可以在接口上涂抹少量硬质白凡士林或接蜡。

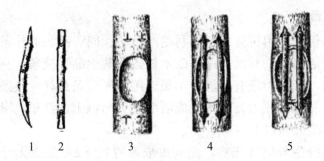

图6-1　用插皮腹接法双向桥接

1—接穗侧面；2—接穗正面；3—切丁字形切口；

4—接穗插入切口；5—用小钉固定

　　还可用去皮贴接进行嫁接。操作同插皮腹接一样，只是在疤痕上下边缘光滑的好树皮处，各切长方形的切口，用去皮贴接的方法将接穗两头分别插入上下切口（图6-2）。

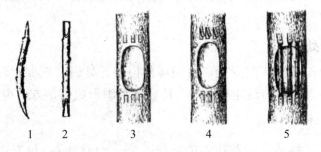

图6-2　用去皮贴接法双向桥接

1—接穗侧面；2—接穗正面；3—切长方形切口；4—撬开皮层；

5—接穗插入切口并用小钉固定

　　插皮腹接、去皮贴接的具体操作还可参见"嫁接方法"的有关内容。

　　（2）活接穗桥接　也叫脚接。是利用疤痕下部、主干基部或从根部萌发出的萌蘖枝条作接穗，用插皮腹接、去皮贴接将其上端嫁接在疤痕上方10～20cm处的光滑健皮处（图6-3）。具体操作参照上述双向桥接。这种桥接方式容易成活，但必须是病疤以下长有枝条才行。通常情况下适用于有萌蘖的病树，并且树上萌蘖的长度比疤痕高。可以有意识地保留在腐烂病斑下方生长出的枝条，和从根部萌发出的萌蘖枝条，备用。

　　（3）新栽苗桥接　也叫苗接、地苗桥接。果树的根颈部、主干或骨干枝发病较重、腐烂面积比较大的树，在树干周围附近栽植1～2株健壮的树苗，使小苗倾斜于主干45º，待树苗成活后，每年开春的时候，将其上端接于病疤上部10～20cm处的光滑健皮处（图6-3）。桥接方法同上。桥接成活后，有利于树体养分的供给和腐烂病的防治恢复。

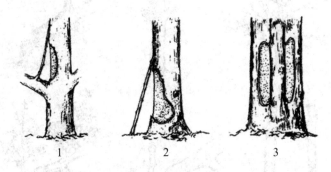

图6-3　活接穗桥接

1—利用疤痕下部枝条桥接；2—利用根部萌发出的萌蘖枝条桥接；
3—桥接效果，接穗加粗弥补疤痕损失

6.接后管理

（1）保护接穗　桥接后，要保护好接穗，防止碰撞或摇动。

（2）抹芽　成活后的枝条上萌发的芽要及时抹除。第一年也可不除，这样有利于枝条的加粗生长，到冬季修剪时再剪除。

（3）松绑解绑　桥接成活后30～40天进行松绑，再用塑料薄膜重新包扎。

（4）防治病虫害　在防治病虫喷药时，对已桥接的枝条也要喷匀喷到。

（5）涂白　主干涂白时，对桥接的枝条也要涂白。

（6）肥水管理　桥接果树，应加强肥水综合管理，促其尽早恢复树势。若是天气比较干旱，对于一些已经腐烂的树木要及时进行灌水，增强整个树体的抗性。

四、主干推倒嫁接换头

主干推倒嫁接换头，是把树冠在主干部位推倒，再在主干垂直方向嫁接新的品种接穗，而不是锯断，故通常称为推倒接。主干推倒嫁接换头既能把原树改接成优良品种、新品种，又能使原树维持一定的产量，把经济损失减到最小，长树结果两不误（图6-4）。

1.嫁接时间

推倒主干嫁接时间为清明至谷雨期间，愈合时间长、成活率高、萌芽早、抽枝长势好。

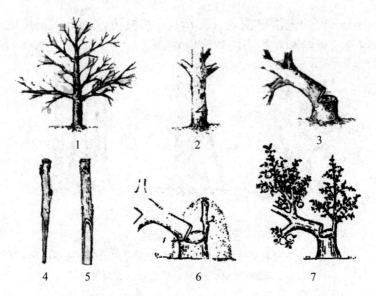

图6-4　主干推倒嫁接换头

1—准备主干推倒嫁接换头的植株；2—锯锯口；3—推倒树冠；4—接穗侧面；
5—接穗正面；6—接穗插入接口、绑缚、埋湿土；
7—嫁接成活后接穗、原植株生长结果状

2.接穗准备

首先确定嫁接品种。按照一般春季嫁接采集和贮藏接穗。

3.推倒树处理

在主干距地面20～30cm处选一段光滑部位东北方向锯两锯；横向锯主干横截面的2/3，留1/3，再在锯口以上呈45º向下斜锯，与横锯口相接（图6-4，1、2）。然后把主干轻轻向西南方向推倒，至树冠倾斜45º躺于行内（图6-4，3）。

4.嫁接方法

采用插皮接。注意把锯口削平，接穗可以按照一般长度，2～4个芽；也可以用长接穗，40～50cm。保湿采用湿土埋或套袋（图6-4，4～6）。插皮接具体操作参见"嫁接方法"的有关内容。

5.接后管理

（1）除萌　嫁接后10多天，砧木上即开始发生萌蘖，要随时除萌，小砧木上的要除净；如果砧木较粗，且接穗较小，则不要全部抹除，在离接穗较远的部位适当保留一部分，以利长叶养根。

（2）检查成活　嫁接10天后检查是否成活，未成活的要及时补接。

（3）扒土、解绑　埋土保湿的，成活后逐渐去土。新梢长到30cm时，应及时松绑，否则易形成缢痕和风折。若伤口未愈合，还应重新绑上，并在1个月后再次检查，直至伤口完全愈合，再将其全部解除。

（4）整形修剪　嫁接成活后，保留1个新梢，其余抹去。按照树形要求整形，例如达到定干高度进行摘心、选留骨干枝等。定干时必须从地面算起。8月末新梢摘心，促进梢成熟，提高抗寒能力。

原树冠的管理按常规进行。前期用木桩、绳索固定倒地树干，防止树干撕裂或折断。由于倒地树输导组织被破坏了2/3，修剪时应注意适当降低负载量，不再要求树形，疏除过密枝、病虫枝，3～4年后新品种树冠成形，将推倒的树从伤处锯断。

（5）土肥水管理　幼树嫁接的要在5月中下旬追肥1次，大树高接的在秋季新梢停长后追肥，各类嫁接树8～9月喷药2～3次，混加0.3%磷酸二氢钾，以防止越冬抽条。多施有机肥，增加土壤有机质含量，改良土壤理化性状。同时要搞好土壤管理、浇水，控制杂草生长。

五、盆栽果树花芽嫁接快速结果

盆栽果树花芽嫁接，是将带花芽的接穗，嫁接在盆栽的砧木上，嫁接成活后即可开花结果，当年形成树体矮小、结果紧凑的果树盆景（图6-5，图6-6）。当然，也可以嫁接叶芽和发育枝造景，只是当年不开花结果。盆栽果树花芽嫁接本质上同果园花芽嫁接一样，只不过在盆栽果树上进行，主要目的是快速结果。

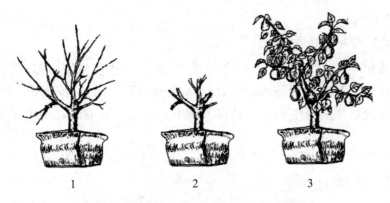

1　　　　　　2　　　　　　3

图6-5　盆栽果树多头嫁接结果枝当年结果

1—盆栽砧木；2—砧木树冠处理；

3—嫁接成活后当年生长结果状

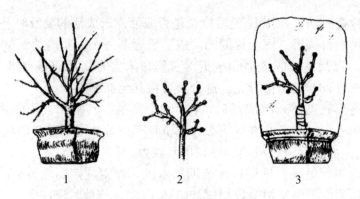

图6-6 盆栽果树主干嫁接结果枝组

1—盆栽砧木；2—作接穗的结果枝组；3—嫁接后套袋

1.嫁接时间

嫁接时间选择在10月下旬至11月份最佳，盆栽果树停止生长后至落叶后1个月也可进行。也可在早春，将砧木花盆移入温室中，等砧木芽萌动后进行嫁接。

2.接穗准备

确定嫁接品种，异花授粉树种、品种同时要考虑好花粉来源。多头嫁接的可以单株嫁接多个品种，以便互相授粉。

选择生长健壮、无病虫害、带有饱满花芽的枝条作为接穗。为顶花芽的树种用枝条顶端部分，为腋花芽的树种用枝条中间部分。接穗随接随采，或采后贮藏备用。全株换头，接穗采集带有分枝的结果枝组，随接随采（图6-6）。

3.砧树准备与处理

盆栽果树要嫁接的砧木，必须生长健壮、根系发达、有很强的生命力。最好先栽在苗圃中培养，并在砧木苗的根系下深约10cm处，埋一块砖头，以使根系往四周生长。秋后移入盆中。也可以让它在盆中再生长1年再嫁接。

多头嫁接的，按照个人喜爱的树形，选择嫁接部位（图6-5，2）。全株换头，剪断主干进行嫁接。

4.嫁接方法

采用劈接、合接、插皮接等枝接方法。具体操作参见"嫁接方法"的有关内容。

5.接后管理

① 除萌、除袋、解绑。砧株基部的萌芽应及时除去。对接穗不要碰动。接穗新梢长出后，塑料袋逐渐放风，再剪除上部，至新梢伸长、孕蕾开花后，始解除塑料袋残留部分。稳果后才可解除接口包扎物。

② 肥水管理。多施磷钾肥，忌施氮肥，并适当控水。喷施0.2%的硼酸2～3次以稳果。增施稀薄氮肥和叶面喷施0.1%的磷酸二氢钾多次，以壮果。

③ 防治病虫害。

④ 人工授粉。开花后要进行人工授粉，以提高坐果率。

⑤ 整形修剪。进行整形和圈枝、拉枝等，使树形美观。盆栽果树的根系不可能扩大，因此，只要挂果多，就可以形成小老树，具有良好的观赏效果。

六、盆栽果树结果枝靠接快速结果

盆栽果树结果枝靠接快速结果，是用盆栽砧木靠接正在结果的结果枝或结果枝组，成活后马上成为结果果树盆景（图6-7）。

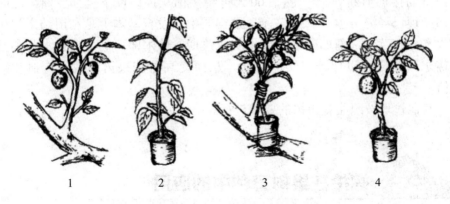

图6-7　盆栽果树结果枝靠接快速结果

1—结果树的结果枝组；2—盆栽果树砧木；3—盆栽果树砧木靠接结果枝组；
4—嫁接成活后的盆栽果树

1.嫁接时间

盆栽砧木靠接正在结果的结果枝或结果枝组，而且成活后盆栽果树上有果实。所以，嫁接时间在结果树坐果稳定以后。

2.接穗准备

接穗为结果树上的结果枝或结果枝组。首先要选好品种，而且要求砧木嫁接亲和力强。再在结果树上选择合适的结果枝或结果枝组，结果枝或结果枝组的大小要与砧树相称，性状、结果数量及分布、叶片等符合准备制作盆景的要求；部位适宜，能够带盆靠接，最好在树杈位置，以便放盆。

3. 砧树准备与处理

盆栽果树结果枝靠接快速结果，一般是培育年龄较老的树桩盆景。要先培养砧木，形成根系发达、生长健壮的盆栽砧木。砧树大小要与准备嫁接的结果枝或结果枝组相称，以使盆景上下协调，起码嫁接成活后能够满足树冠水分和养分供应。

4. 嫁接方法

将盆栽砧木的基部和所选的结果枝或结果枝组靠在一起，并将花盆绑在大树上，最好搁在树杈上并捆绑紧。用靠接法嫁接，具体操作参见"嫁接方法"的有关内容。

5. 接后管理

嫁接后的管理主要是剪砧。接后40天，把接口以上的砧木剪除，并把接口下的接穗剪断约3/4。接后60天再将接穗从接口以下全部剪断，这时砧木和接穗已经充分愈合。剪砧前，果实的生长发育基本上是利用结果树根系吸收水分和营养；剪砧时，正值果实成熟期，砧木即可满足接穗水分和营养的需求。这样可以保证果实的品质，从而提高盆栽果树的观赏价值和经济价值。

其他管理按照盆栽果树的要求进行。

第二节　嫁接在果树育种中的应用

果树育种是综合运用生物科学成就，培育果树新品种的科学技术。果树育种有实生选种、芽变选种、杂交育种、诱发突变育种、多倍体育种等方法。果树是多年生作物，其系统发育历史和个体发育过程，均不同于一年生作物。果树育种占地大、费时长，实生苗要经历5～6年乃至几十年的童期才能开花结果。

一、高接加快育种进程

实生选种、杂交育种等都是通过播种培育出实生苗。实生树有完整的发育史，一生明显分为幼年（童期）和成年两个阶段。幼年阶段从种子萌芽开始，到具有开花的潜力（不一定表现开花）为止。幼年阶段为性不成熟阶段，任何人为措施均不能使其开花，只有达到一定生理状态之后，才获得形成花芽的能力，达到性成熟，此发育过程也称为性成熟过程。成年阶段从具备开花潜力开始，直至衰老死亡为止。实生选种、杂交育种等，只有实生树达到性成熟，形成花芽结果，才能知道是否达到育种目标。而幼年阶段（童期）又比较长，缩短童期就能加快育种进程。大树高接实生苗的枝条，可以促进枝条的生长，提早开花结果，及早鉴别果实性状的优劣，淘汰表现不好的植株，表现好的植株提早发展为无性系，为育成新品种奠定基础。

1.嫁接时间

从理论上讲，只要有合适的砧木、接穗及生长条件，一年四季均可进行嫁接。

2.接穗准备

实生选种种子、杂交种子萌发后长成的嫩梢、枝条即为接穗。为加快生长和结果，种子可在早春播种，或在设施内冬季播种，促进种子提早发芽、加速生长，长出新芽后马上嫁接；较大种子的胚芽可以直接嫁接到砧木的嫩梢上。一般是种子萌发长成植株，枝条达到嫁接要求的粗度后进行高接。

3.砧树准备

砧木选用本树种生产上采用的砧木或共砧，树龄较大或盛果期树，无病虫害。先将树冠重剪，加强肥水等综合管理，使树冠外围长出旺盛的枝条，嫁接后有利于接穗的加快生长。

4.嫁接方法

嫩梢嫁接采用劈接。春季嫁接采用枝接、芽接均可，根据离皮情况选用劈接、切接、嵌芽接、插皮接等不同的方法。夏季采用丁字形芽接，6月份进行，当年剪砧萌发。秋季采用丁字形芽接、带木质丁字形芽接、嵌芽接等，来年剪砧萌发。选用方法的具体操作参见"嫁接方法"的有关内容。

嫁接部位，选择砧木树冠外围生长旺盛的枝梢。每株砧树可以同时嫁接几个不同实生种子或杂交组合植株的枝条，每个实生种子或杂交组合植株的枝条可以同时嫁接几株砧树。嫁接后挂上标签，注明不同情况。

5.接后管理

管理的重点是围绕促进接穗迅速生长，尽快成花结果，尽早看出育种结果。根据不同的嫁接时间和方法，及时剪砧、解绑，控制砧树枝芽的生长，促进接穗枝芽的生长。砧树土肥水管理等正常进行。夏季嫁接萌发的，要及时摘心，使枝条充实，安全越冬。春季萌发的，新梢长到20～30cm摘心，促进副梢形成，增加分枝级次，有利于缩短童期，尽早形成花芽。

二、高接鉴定芽变稳定性

植株的体细胞往往会自然发生遗传物质的变异，如果变异的体细胞发生于芽的分生细胞中或经分裂发育进入芽的分生组织，就会发生芽的变异，这就是芽变。当变异的芽萌发成枝条，乃至开花或结果以后，表现出与原品种的性状有明显的差异时，才会被发现，所以芽变总是以"枝变"的形式表现出来。这种变异的枝芽有时在被人们发现之前，已经被无意识地用于无性繁殖，在长成新的植株时才被首次发现，就成了"株变"。芽变在果树上普遍存在，许多变异都是优良的变异。由发生变异的芽长成枝条或植株，通过鉴定、选择，获得新品种的方法为芽变选种，是果树育种的方法之一。众多的红富士苹果品种，多数是通过芽变选种培育出来的。芽变选种的程序和步骤是初选、复选、决选，复选阶段要进行高接鉴定，可以在较短时期内为鉴定提供一定数量的枝、叶、花、果，为进一步深入鉴定变异性状及其稳定性提供依据，也为扩大繁殖准备材料。

1.嫁接时间

只要有合适的砧木和接穗，一年四季均可进行嫁接。一般是春季嫁接和夏季嫁接。

2.接穗准备

接穗为芽变的枝芽和原品种的枝芽，原品种作为对照。接穗随用随采。

3.砧树准备

同高接加快育种进程一样，砧木选用本树种生产上采用的砧木或共砧，共砧也可以选用原品种植株。选择无病虫害、树龄较大的或盛果期树。

4.嫁接方法

春季嫁接采用枝接、芽接均可，根据离皮情况选用劈接、切接、嵌芽接、插皮接等不同的方法。夏季采用丁字形芽接，6月份进行，当年剪砧萌发。秋季采用丁字形芽接、带木质丁字形芽接、嵌芽接等，来年剪砧萌发。所选方法的具体操作参见"嫁接方法"的有关内容。

嫁接部位，选择砧木树冠外围生长旺盛的枝梢。要求将变异枝芽与原品种对照高接在同一种砧木上，以消除因砧木不同而产生的影响。嫁接后挂上标签，注明不同情况。逐株进行调查记载，建立档案。

5.接后管理

根据不同的嫁接时间和方法，及时剪砧、解绑。砧树同其他植株一样，进行正常的土肥水管理等。在相同的环境条件下，观测变异的生长结果情况，以及果实性状。

参考文献

[1] 河北农业大学.果树栽培学总论.2版.北京：农业出版社，1985.

[2] 河北农业大学.果树栽培学各论：北方本.2版.北京：中国农业出版社，1987.

[3] 李道德.果树栽培：北方本.北京：中国农业出版社，2001.

[4] 高新一，王玉英.果树林木嫁接技术手册.2版.北京：金盾出版社，2016.

[5] 高新一.果树嫁接新技术.2版.北京：金盾出版社，2012年.

[6] 李友.林木嫁接技术图解.北京：化学工业出版社，2018年.

[7] 王兆顺，王林军，胡怡林，等.威海金（维纳斯黄金）苹果的品种特性及栽培技术.落叶果树，2019，51（2）：31-33.

[8] 宋长新.圆黄梨品种特性及套袋技术.河南农业，2018（19）：16-17.

[9] 朱学亮，贾丽.'夏黑'葡萄高效栽培技术.北方果树，2020（1）：34-35.

[10] 范培格，李连生，杨美容，等.日本葡萄品种红巴拉蒂的引种表现.中外葡萄与葡萄酒，2010（5）：58-59.

[11] 杨崇杰，张兆伟，曹海军，等.葡萄单削面舌状芽片贴接法.河北果树，2004（2）：45.

[12] 高新一，尹魁林.果树、林木嫁接成活率的提高与嫁接方法的选择.科学种养，2013（2）：20-21.

[13] 杨凤英，关海春，张政，等.几种苹果矮化砧木介绍.落叶果树，2014，46（2）：53-54.

[14] 姜润丽，宋彩莲，马起林，等.酿酒葡萄嫁接苗生产技术.河北果树，2006（1）：51.

[15] 齐立静，赵德辉，齐明东，等.葡萄绿枝嫁接苗的培育.北方果树，2014（4）：33+38.

[16] 谭根堂，周撑科.嫩枝扦插繁育樱桃矮化自根砧苗.西北园艺，2016（1）：29-30.

[17] 王永吉，刘振，许涛，史锋厚.烟台大樱桃嫁接繁殖技术规程.北方园艺，2017（15）：200-202.

[18] 赵林，韩秀清.苹果压条繁育苗木技术.果农之友，2019（5）：4-5+14.

[19] 王林军，王兆顺，周志卫，等.水平压条繁育苹果自根砧苗木技术要点（一）.果树实用技术与信息，2016（8）：15-18.

[20] 王林军，王兆顺，周志卫，等.水平压条繁育苹果自根砧苗木技术要点（二）.果树实用技术与信息，2016（9）：16-20.

[21] 杨映红，张丽君，赵新红，等.大樱桃矮化砧木colt基部培土压条繁殖技术.林业实用技术，2014（2）：36-37.

[22] 王晓芳.用垂直压条法培育矮化自根砧苗木.落叶果树，2011，43（6）：60.

[23] 邓丰产，马锋旺.苹果矮化自根砧嫁接苗繁育技术研究.园艺学报，2012，39（7）：1353-1358.

[24] 薛永发.我国苹果矮化自根砧苗生产现状及繁育技术.北方果树，2014（4）：23-25.

[25] 史双院，叶粉玲，付磊，等.西安果树大苗繁育建园情况调查与建议.西北园艺，2017（1）：44-46.

[26] 陈长兰.果树矮化砧和矮化中间砧的致矮机理研究.中国农学通报，2000，16（3）：31-32+70.

[27] 魏明杰，姜凡，盖永佳，等.矮化中间砧苹果苗繁育技术.北方果树，2011（6）：36.

[28] 李丽军，赵京献.梨树矮化中间砧快速育苗技术.安徽农学通报，2008，14（10）：79+122.

[29] 安国宁，路超，郑夕同.苹果矮化中间砧的要求及利用.农业知识，2010（4）：4-5.

[30] 杨战科.果树根接法.农村新技术，2007（12）：11.

[31] 杨振宏.果树根接技术.河北果树，2002（2）：54.

[32] 廖小宝，江四清.梨根接育苗技术.柑桔与亚热带果树信息，2003，19（9）：39.

[33] 孙儒波.梨冬季根接育苗当年出圃技术简介.落叶果树，1999（1）：3-5.

[34] 宋建伟，卢铁柱，程学元.核桃根接技术要点.山西果树，2010（5）：44.

[35] 董凤祥，冯月生.子苗砧嫁接培育核桃良种苗试验.林业科技通讯，2000（6）：19-20.

[36] 郭东峰，宋全义，宋宏.板栗子苗嫁接技术.林业科技开发，2001，15（Z1）：75-76.

[37] 王仲常，葛云峰.银杏"子苗嫁接"育苗技术.河南林业科技，1993（3）：38.

[38] 李建国.苹果大树高接换头技术.现代农业科技，2016（11）：140+144.

[39] 王百祥，辛梅.苹果树秋季多点嵌芽高接换头技术.陕西农业科学，2002（8）：37-38.

[40] 袁景军，赵政阳，王雷存，等.黄土高原旱地苹果高接换头品种更新技术研究.陕西农业科学，2004（3）：65-67.

[41] 李敬岩，刘时静，左秀霞.辽北劣质梨高接换头栽培技术.内蒙古农业科技，2007（2）：121-122.

[42] 崔惠英，张惠娟.梨树高接换头技术.河北林业科技，2007（6）：49-50.

[43] 成艳霞.新梨七号梨高接换头优质丰产管理技术.中国园艺文摘，2007，33（3）：188-189.

[44] 贾胜各.成年桃树的高接换头技术.果树实用技术与信息，2019（8）：9.

[45] 李小娟，田定庆，李喜林.桃树秋季高接换头及管理技术.落叶果树，2003，35（4）：53.

[46] 吕宝殿，李惠生.桃树高接换头丰产技术.中国果树，2001（1）：53.

[47] 蒲学丁.核桃高接换头技术.山西果树，2015（4）：54-55.

[48] 郭江，郭久丞，杨立华，等.河北迁安核桃插皮高接换头技术.果树实用技术与信息，2012（11）：13-15.

[49] 龙飞.核桃高接换头嫩枝嫁接技术初探.农民致富之友，2016（16）：174-175.

[50] 王广鹏，刘庆香.板栗高接换头五要点.河北果树，2004（5）：45-46.

[51] 张来道.板栗高接换头技术.安徽林业科技，2010（1）：27-28.

[52] 付全，毛立仁，孙羽.老龄栗树高接换头新方法.北方果树，2010（5）：28-29.

[53] 魏志勇，邓辉.山地板栗劣种改优高接换头技术.河北果树，2011（6）：50-51.

[54] 姜廷玉，杨丹，姜树忠.栗树高接换头技术.北方果树，2009（6）：34-35.

[55] 陈炜潘.甜柿高接换种与栽培技术.现代农业科技，2009（6）：39.

[56] 郭创业，苏彩虹，黄雪民，等.涩柿更新甜柿换头改造技术.现代农业科技，2016（7）：97-98.

[57] 李建华.枣树高接换头嫁接方法.河北果树，2018（2）：59-60.

[58] 李光锋，李清双.枣树高接换头关键技术措施.现代园艺，2019（3）：70-71.

[59] 李如纲.制干枣树新品种曙光3号高接换头及早期丰产技术.现代园艺，2019（6）：15.

[60] 韩振虎，田新，马秀萍，等.金丝小枣高接换头优质丰产栽培技术.北方果树，2019（1）：38+48.

[61] 韦红霞，高彦，史大卫，等.大樱桃高接换头技术.西北园艺，2005（3）：16.

[62] 刘文.大樱桃嫁接改造中国樱桃技术.西北园艺，2010（3）：24-25.

[63] 屈建辉.欧洲甜樱桃授粉品种高接技术.陕西农业科学，2010，56（2）：221-222.

[64] 宋天华.老龄杏树高接换头新技术.西北园艺，2015（1）：26-27.

[65] 刘浩宁.甘肃宁县曹杏高接改良技术.果树实用技术与信息，2016（7）：28-29.

[66] 焦连成，陈永杰，贾强生，等.杏高接换头方法对比试验.河北果树，2009（2）：3-4.

[67] 陈鸿才, 钭凌娟, 周秦, 等. 桃形李高接换种技术. 现代园艺, 2010 (8): 17-18.

[68] 甘全善, 雷军, 张涛, 等. 兰州市红古区李园大面积高接换头技术研究. 农业科技与信息, 2017 (1): 93-94.

[69] 张建国, 董丽萍, 蓝玉才, 等. 优良李品种高接换头试验. 山西果树, 2004 (1): 39-40.

[70] 李从英, 王小平, 张勇军, 等. 柑橘优新品种高接换种关键技术. 四川农业科技, 2017 (7): 28-29.

[71] 廖建康, 代必丽, 孙芳查. 柑橘优新品种高接换种技术. 河南农业, 2018 (23): 19-20.

[72] 邓付军. 柑橘优新品种高接换种关键技术研究. 种子科技, 2019, 37 (10): 86.

[73] 任洪春, 张志昌, 解振强, 等. 葡萄高接技术及其应用. 中外葡萄与葡萄酒, 2018 (3): 49-51.

[74] 姚林啟, 王维霞. 葡萄新品种'瑞都红玉'高接表现及其嫁接技术. 山西果树, 2018 (4): 18-19.

[75] 艾尔肯·合里力. 吐鲁番地区葡萄绿枝嫁接换头技术研究. 现代园艺, 2012 (19): 7-8.

[76] 宋海艳, 孙彩芬, 邹积田. 绿枝高接换优技术在葡萄上的应用. 北京农业, 2009 (3): 21-23.

[77] 高新一, 王玉英. 如何提高猕猴桃春季高接换种的成活率. 科学种养, 2018 (4): 9-10.

[78] 颜送贵. 梨树花枝嫁接技术. 果农之友, 2006 (10): 45.

[79] 高秀花. 甜樱桃设施栽培花枝高接试验. 烟台果树, 2010 (3): 15-17.

[80] 郭建侠, 姚小强, 曹文辉. 苹果树腐烂病疤的桥接防治技术. 现代农业研究, 2019 (10): 95-96.

[81] 王旭霞, 谢超杰. 苹果树腐烂病疤的桥接防治技术. 果农之友, 2012 (6): 24.

[82] 韩武装，杨景社，何思明.苹果主干推倒高接换优技术.西北园艺，2017（4）：49-50.

[83] 张玉霞.盆栽果树花芽嫁接技术.农业科技与信息，2005（3）：22.

[84] 陈华湘.几种盆栽树的果枝嫁接.中国花卉盆景，1990（5）：12-13.